U0259495

智慧海绵城市系统构建系列丛书 第一辑 5

丛书主编 曹 磊 杨冬冬

海绵校园景观规划设计图解

Sponge Campus Landscape Planning and Design Diagram

王 焱 曹 易 雷泽鑫 罗俊杰 著

图书在版编目（CIP）数据

海绵校园景观规划设计图解 / 王焱等著 . -- 天津：天津大学出版社 , 2019.12

（智慧海绵城市系统构建系列丛书 / 曹磊，杨冬冬主编 . 第一辑）

国家出版基金项目

ISBN 978-7-5618-6590-3

Ⅰ . ①海… Ⅱ . ①王… Ⅲ . ①校园规划 - 景观设计 - 图解 Ⅳ . ① TU244.3

中国版本图书馆 CIP 数据核字 (2019) 第 293609 号

HAIMIAN XIAOYUAN JINGGUAN GUIHUA SHEJI TUJIE

出版发行 天津大学出版社
地　　址 天津市卫津路 92 号天津大学内（邮编：300072）
电　　话 发行部 022-27403647
网　　址 www.tjupress.com.cn
印　　刷 廊坊市瑞德印刷有限公司
经　　销 全国各地新华书店
开　　本 787mm×1092mm 1/16
印　　张 16
字　　数 370 千
版　　次 2019 年 12 月第 1 版
印　　次 2019 年 12 月第 1 次
定　　价 120.00 元

序言

PREFACE

水资源作为基础的自然资源和具有战略性的经济资源，对社会经济发展有着重要影响。然而，中国目前所面临的水生态、水安全形势非常严峻。近年来，中国城市建设快速推进，道路硬化、填湖造地等工程逐渐增多，城市吸纳降水的能力越来越差，逢雨必涝、雨后即旱的现象不断发生，同时伴随着水质污染、水资源枯竭等问题，这些都给生态环境和人民生活带来了不良影响。

党的十九大报告指出，“建设生态文明是中华民族永续发展的千年大计”。我们要努力打造人与自然完美交融的“生态城市、海绵城市、智慧城市”。开展海绵城市建设对完善城市功能、提升城市品质、增强城市承载力、促进城市生态文明建设、提高人民生活满意度具有重要的现实意义。

伴随着海绵城市建设工作在全国范围的开展，我国的城市雨洪管理规划、设计、建设正从依靠传统市政管网的模式向开发灰色、绿色基础设施耦合的复合化模式转变。海绵城市建设虽然已取得很大进步，但仍不可避免地存在很多问题，如经过海绵城市建设后城市内涝情况时有发生，人们误以为这是因为低影响开发绿色系统构建存在问题，实际上这是灰色系统和超标雨水蓄排系统缺位所导致的。即使在专业领域，海绵城市的理论研究、规划设计、建设及运营维护等各环节依然存在很多需要深入研究的问题，如一些城市海绵专项规划指标制定得不合理；一些项目的海绵专项设计为达到海绵指标要求而忽视了景观效果，给海绵城市建设带来了负面评价和影响。事实上，海绵城市建设既是城市生态可持续建设的重要手段，也是城市内涝防治的重要一环，还是建设地域化景观的重要基础，它的这些重要作用亟待被人们重新认知。海绵城市建设仍然存在诸多关键性问题，我们需要考虑雨洪管理系统与绿地系统、河湖系统、土地利用格局的耦合，从而实现对海绵城市整体性的系统研究。不同城市或地区的地质水文条件、气候环境、场地情况等差异很大，这就要求我们因“天”“地”制宜，制定不同的海绵城市建设目标和策略，采取不同的规划设计方法。此外，海绵城市专项规划也需要与城市绿地系统、城市排水系统等相关专项规划在国土空间规划背景下重新整合。

作者团队充分发挥天津大学相关学科群的综合优势，依托建筑学院、建筑工程学院、环境科学与工程学院的国内一流教学科研平台，整合包括风景园林学、水文学、水力学、环境科学在内的多个学科的相关研究，在智慧海绵城市建设方面积累了丰硕的科研成果，为本丛书的出版提供了重要的理论和数据支撑。

作者团队借助基于地理信息系统与产汇流过程模拟模型的计算机仿真技术，深入研究和探讨了海绵城市景观空间格局的构建方法，基于地区降雨特点的雨洪管理系统构建、优化、维护及智能运行方案，形成了智慧化海绵城市系统规划理论与关键建造技术。作者团队将这些原创性成果编辑成册，形成一套系统的海绵城市建设丛书，从而为保护生态环境提供科技支撑，为各地的海绵城市建设提供理论指导，为美丽中国建设贡献一份力量。同时，本丛书对于改进我国城市雨洪管理模式、提高我国城市雨洪管理水平、保障我国海绵城市建设重大战略部署的落实均具有重要意义。

“智慧海绵城市系统构建系列丛书 第一辑”获评 2019 年度国家出版基金项目。本丛书第一辑共有 5 册，分别为《海绵城市专项规划技术方法》《既有居住区海绵化改造的规划设计策略与方法》《城市公园绿地海绵系统规划设计》《城市广场海绵系统规划设计》《海绵校园景观规划设计图解》，从专项规划、既有居住区、城市公园绿地、城市广场和校园等角度对海绵城市建设的理论、技术和实践等内容进行了阐释。本丛书具有理论性与实践性融合、覆盖面与纵深度兼顾的特点，可供政府机构管理人员和规划设计单位、项目建设单位、高等院校、科研单位等的相关专业人员参考。

在本丛书出版之际，感谢国家出版基金规划管理办公室的大力支持，没有国家出版基金项目的支持和各位专家的指导，本丛书实难出版；衷心感谢北京土人城市规划设计股份有限公司、阿普贝思（北京）建筑景观设计咨询有限公司、艾奕康（天津）工程咨询有限公司、南开大学黄津辉教授在本丛书出版过程中提供的帮助和支持。最后，再一次向为本丛书的出版做出贡献的各位同人表达深深的谢意。

曹磊

2019 年 12 月

前言

FOREWORD

快速的城市化进程破坏了自然水循环，使得城市地下水枯竭、城市内涝频发。全球各地的研究者针对雨洪问题进行了很长时间的工程探索，并从中汲取经验教训，最终一致把目光投向自然——尊重自然、模拟自然，努力恢复自然水循环。

我国结合国情和城市发展状况，提出了建设海绵城市的指导方针。自 2013 年，建设自然积存、自然渗透、自然净化的“海绵城市”在中央城镇化工作会议上被提出后，与海绵城市相关的技术指南、指导意见、建筑标准设计体系、专项规划编制规定一一出台，海绵城市建设试点城市纷纷启动海绵建设。这将是一个长期、复杂的系统过程，海绵城市建设不会一蹴而就，必须贯穿于城市建设的各环节。

海绵城市的自然属性使其与景观建设关系尤为紧密。本书的编写团队在景观设计工程实践中充分重视场地水循环，将雨洪管理方案渗透到景观设计的全过程——雨洪管理不是设计完成之后追加的一张或者几张系统分析图，而是决定景观设计形态与脉络的重要因素之一。本书的编写团队立足海绵校园景观设计工程实践的全方位解析，探索将海绵城市策略运用于校园景观规划设计的方法。本书介绍了海绵校园建设的特征及趋势，通过图解案例对海绵校园的规划与设计进行探讨，并给出了海绵校园从基础调研、雨洪规划、设施布局到雨洪智慧化监测的设计程序。

编写团队在编写本书的过程中得到了天津大学建筑学院曹磊教授、杨冬冬老师的指导与帮助，在此表示衷心的感谢。

随着智慧化城市和海绵城市建设技术的不断发展与更新，有关海绵校园建设的理论必将逐渐完善。本书虽然努力紧跟海绵城市建设的技术前沿及发展趋势，但因作者学识所限，书中难免还有问题及不足之处，敬请读者批评指正。

王焱

2019 年 12 月

目录
CONTENTS

第 1 章　绪论

“大学之道，在明明德，在亲民，在止于至善。知止而后有定，定而后能静，静而后能安，安而后能虑，虑而后能得。物有本末，事有终始，知所先后，则近道矣。”自古以来，教育被视作国家发展、民族繁荣、社会进步的基本战略之一。学校是国家培养人才的重要基地，也是知识经济的核心部门。

纵观西方园林的发展历史可知，以大学校园为代表的校园的环境建设可以追溯至千年以前。英语中“campus”一词的词源为拉丁语，包含三重含义：一是有界限的绿色场地；二是建筑与绿化结合形成的景观环境；三是环境中相对固定的场所。根据“campus”一词的词义，校园应该具备独立性、景观性和特定氛围。千百年来的校园发展体现了教育适应社会、引领技术、培养人才的过程。因此，校园作为教学育人的场所，需要具备相对独立的文化环境，满足人们较高的审美要求，为学生提供课堂之外对于美的体验。

校园作为教育的物化形式，势必随着社会兴衰和教育发展，在不同时期呈现出不同的景观风貌。我国早在周朝就有了“学在官府”的教育形式。辟雍和泮宫是最早的官学校园。根据《诗经》中的记载，官学校园建筑形制规整，山环水绕、花木丛生。春秋战国时期，我国私人讲学风气兴起，私学发展初具规模，以孔子讲学的杏坛（图 1-0-1）最具代表性。

图 1-0-1 山东曲阜孔庙杏坛

在之后漫长的两千多年里，随着封建社会国家机构的日趋完善、教育制度的建立健全，太学（后称国子寺、国子监等，图 1-0-2）官学的校园布局呈现出祭祀类建筑与学校建筑相结合的特点，体现出皇家园林气派的对称规整形制。以书院为代表的私学校园经过长期发展逐步完善人文与自然景观和谐统一的设计理念，形成集山林水系、学田园艺与诗书意趣于一体的传统书院景观（图 1-0-3、图 1-0-4）。

图 1-0-2 北京国子监门楼

图 1-0-3 依山而建的岳麓书院

图 1-0-4 清幽雅静的白鹿洞书院

近代以来，尤其是 1905 年传统科举制度被废除以后，东西方思想激烈碰撞，新式教育思潮不断涌现，校园景观建设在探索中不断发展。天津大学的前身北洋大学堂成立于 1895 年，是中国第一所现代大学，随后清华大学、燕京大学等学校相继设立。

早期的大学在办学模式和校园建设方面承袭了中国传统，同时又大量借鉴了西方近代的办学理念。例如，现东南大学四牌楼校区以及南京师范大学附属小学所在地为国立中央大学旧址。作为中华民国时期中国的最高学府及中华民国国立大学中系科设置最齐全、规模最大的大学，国立中央大学由外国设计师在 20 世纪 20 年代完成校舍规划（图 1-0-5），现存建筑主要是 20 世纪 20—30 年代依据规划所建的。建筑群呈南北向对称布局，属西方折中主义风格。建筑多用爱奥尼柱装饰门厅，采用钢筋混凝土和砖木结构。南大门（图 1-0-6）现为东南大学正门，由杨廷宝设计，于 1933 年建成，式样为 3 开间，有 4 组方柱和梁枋。大礼堂（图 1-0-7）（现为东南大学大礼堂）位于校园中央，由英国公和洋行设计、新金记康号营造厂承建，1930 年 3 月始建，1931 年 4 月底竣工，建筑面积为 4 320 m^2，有 3 层。

于 1929 年 3 月开始勘测规划的国立武汉大学的主轴线由李四光勘测所定。1929 年 10 月，学校正式聘任美国建筑师开尔斯为新校舍建筑工程师，之后通过他做的总设计图。1930 年 3 月，新校舍建设工程开工。到 1937 年，校园工程基本完成。校园因山就势，与自然融合，大量运用“地不平天平”的设计手法，建筑、人文景观与自然景观有机结合。建筑组群变化有序，特别是在规划上，建筑群相互构成对位对景，面面相观，最大限度地丰富了环境的空间层次。建筑采中西建筑形式之长，把西方的水泥、钢结构、双立柱与中国的歇山顶屋檐结合起来，使单体建筑有了西式建筑的宏伟之感（图 1-0-8）。校园紧临东湖，环抱珞珈山，满园苍翠，桃红樱白，鸟语花香。中西合璧的宫殿式建筑群古朴典雅，巍峨壮观，堪称“近现代中国大学校园建筑的佳作与典范”。

著名的华侨实业家、教育家陈嘉庚先生于 20 世纪 20 年代出资兴建的集美学村与厦门大学的

图 1-0-5 国立中央大学老照片

图 1-0-6 东南大学正门

图 1-0-7 东南大学大礼堂

图 1-0-8 武汉大学内中西合璧的建筑

早期建筑既体现了西方古典建筑风格，又体现了中西结合的建筑形式。集美大学财经学院的尚忠楼群于1921—1925年建造，由尚忠楼、诵诗楼和敦书楼组成；航海学院的允恭楼群于1921—1926年建造，由即温楼、允恭楼、崇俭楼组成。厦门大学的群贤楼群于1922年建造，由囊萤楼、同安楼、群贤楼（图1-0-9、图1-0-10）、集美楼、映雪楼组成；芙蓉楼群于1923—1954年建造，由芙蓉一楼、二楼、三楼、四楼和博学楼组成；建南楼群于1951—1954年建造，由成义楼、南安楼、建南大礼堂、南光楼、成智楼组成。

图1-0-9 厦门大学群贤楼旧照

图1-0-10 厦门大学群贤楼现状

中华人民共和国成立后，我国的校园建设曾经历了办学理念与景观风貌全盘苏化的转变。随着 1952 年的院系调整，我国开始了以高等院校为主的大规模校园建设。对于校园建设，人们提出了教育为生产服务、为工农大众服务等大方向。当时的校园规划和建筑设计深受苏联的影响，形成了 20 世纪 50 年代“民族的形式、社会主义的内容”这种特有的建筑风格。例如，山西大学位于我国重要的工业基地之一山西太原。1954 年，山西大学迁入坞城路校区（现山西大学北区）。北区校园布局严谨规整，轴线严格对称；主楼高耸，裙楼中轴对称、造型简洁，选材用料朴素；入口广场平整开阔，毛泽东主席雕像位于广场中心，尺度巨大，与建筑群呼应（图 1-0-11）。1963 年落成的南开大学主楼的建筑造型风格与莫斯科大学主楼相似。主楼前广场绿草茵茵，对称平整，庄重肃穆，周恩来总理雕像矗立在广场中央（图 1-0-12）。这个时期的校园规划形式较为单一，不可避免地模仿苏联大学校园的规划模式和教学主楼的建筑形式，形成了校园规划布局以及主要建筑形式的固定模式——追求气势并采用严格的轴线对称式布局。改革开放后，随着国际交流的增多、人们思想的解放以及现代教育观念和教学方法的引入，以大专院校和科研院所为主力的教育事业高速发展，校园景观日益多元化。

随着教育事业的蓬勃发展，当下校园建设正经历着高速、高效、整体跃升的发展阶段。校园规划、校园景观、校园建筑三者共同构成校园的整体环境，在保障校园独特性、提高学校知名度、营造优良学风等方面发挥着重要的作用。我国的高等教育走向国际化，对学校的教学方式、教学环境提出新要求，校园规划建设也表现出新趋势，如校园功能的体系集约化、校园空间的体量巨型化、校园景观的文化个性化、校园环境的生态系统化、校园管理的数字智慧化等。面对城市化进程加快、城市水资源短缺、水生态环境恶化等现实问题，雨洪管理技术和海绵城市相关技术也在逐步应用于校园的规划建设中。如今，海绵化已成为我国校园景观规划设计的新方向。在海绵校园建设的过程中，我们需要进一步思考，如何更有效地优化整合校园景观生态资源。

图 1-0-11 山西大学主楼前广场

图 1-0-12 南开大学主楼前广场

1.1 我国校园景观建设的主要特征

1.1.1 校园功能的体系集约化

校园的实体环境是由不同形态、不同功能的建筑和空间构成的有机整体，建筑与建筑之间、建筑与环境之间按照不同的功能分区组织空间、协同运作。功能分区是校园规划建设中至关重要的一环，它直接决定了校园的整体布局和结构。传统的校园主要有教学科研、生活休闲和体育运动三类功能区。如今，随着学生素质培养与视野拓宽要求的提高和校园功能的日臻完善，无论是大专院校还是中小学校都依据自身的需求增加了科技园、国际交流区、植物园、实践基地以及创业创新园等功能性建筑或地块。当前许多大学新校区的规划建设都顺应发展趋势，采用校园组团的布局模式，特别是按照学科大类划分的教学建筑逐步趋于组团化、集约化、网络化。相较于分散式的教学建筑，集约化建筑体系有利于设施集中，最大限度实现资源共享，而且批量建设的模式可大大缩减投资，节约土地资源，也有利于各学科师生的交往交流和良好学术氛围的营造，促进学生成长成才。

以大学校园建设为例，随着校园的扩建和功能的完善，在传统分区的基础上，功能分区发展呈现集约化趋势。校园因为包含了教学工作、生活生产、娱乐休闲等能够满足师生日常基本需求的各类功能，形成了协调有序的有机体系。校园功能的体系集约化追求功能实用和区域优化，在有限的土地上实现了“整体大于部分之和”的效果。

1.1.2 校园空间的体量巨型化

在全球化、信息化、知识化的时代，随着知识经济的快速发展、城市化进程的加快，全国的校园规划建设进入新高潮。校园空间的体量巨型化正成为校园规划建设的突出特征，主要表现如下。

1. 多所学校集中建设，形成大学城或教育园区

校园新建和扩建都需要征用大量土地，但市区土地稀少且价格高昂，因而许多城市开始尝试在城市郊区等土地价格相对低廉的区域集中建设大学城或教育园区。从 1998 年到 2012 年，我国许多城市，如北京、上海、南京、重庆、武汉、西安、厦门等都在积极建设大学城和教育园区。如南京仙林大学城占地约 47 km^2，从 1995 年开始规划建设，是江苏省发展高等教育产业的重点地区。截至 2013 年年底，仙林大学城已有 12 所高校、6 所中小学和近 20 家幼儿园入驻，规划范围内已集中了江苏省约 8% 的在校大学生，高等教育资源总量约占江苏省的 15%，是江苏乃至中国重要的高等教育集聚区。又如天津海河教育园区是国家级高等职业教育改革实验区、教育部直属高等教育示范区、天津市科技研发创新示范区，规划总用地面积达 37 km^2，规划办学规模达 20 万人，居住人口为 10 万人。规划区域内，现状植被茂盛，河流水系遍布，生态环境优美宜人，园区内的天津大学新校区规模很大（图 1-1-1）。

大学城和教育园区的形式顺应了社会发展的需要，既满足了校园自身的发展要求，节约了教育成本，又在一定程度上促进了高校间的资源共享与交流合作，为学生提供了多样化的学习机会，有利于丰富人才类型，同时产生辐射与集聚效应，为社会提供终身教育服务，调动政府、企业、大学及社会各方面的积极性，推动城市的现代化进程。

2. 校园规划占用的土地面积大

一方面，在知识经济的背景下，社会对高等教育的需求持续增长，高等教育从精英化快步走向大众化。越来越多的学校纷纷扩招，校园需容纳的学生人数不断增加，这要求学校在建设过程中不断完善各类生活配套设施和后勤管理系统。另一方面，随着知识体系的不断更新，学科细化和学科交叉发展使新的研究领域和教学方向产生。校园教育人才观从单一型转为复合型、开放型，学术交流更加频繁，学科交叉更加广泛，这都需要更多的教学空间和场地。2018 年 2 月 14 日正式获教育部批复设立的西湖大学是一所坚持发展有限学科的理念，紧紧围绕理学、生命与健康、前沿技术方向，注重学科交叉融合的新型高等学校。西湖大学云谷校区一期用地面积约为 99.7 万 m^2，其中首期建设用地面积为 42.3 万 m^2，首期总建筑面积为 45.6 万 m^2，规模巨大。

图 1-1-1　天津大学新校区规划效果图（局部）

3. 校园建筑的体量不断增大

按照功能，校园建筑可分为教学区建筑、学生生活区建筑、校前区建筑等类型。教学区建筑（特别是图书馆、主教学楼等主导建筑）体量较大，可为学生提供舒适的学习环境。浙江大学图书馆是我国历史最悠久的大学图书馆之一，其前身是始建于 1897 年的求是书院藏书楼。现在浙江大学图书馆由五大馆舍组成，总建筑面积达 8.6 万 m^2，总阅览座位达 4 027 席。天津大学图书馆现有馆舍总面积约 6.9 万 m^2，由卫津路校区的图书馆（北馆）、科学图书馆（南馆）以及北洋园校区郑东图书馆组成。其中郑东图书馆分为 4 层（图 1-1-2、图 1-1-3），围绕中心景观庭院布局。馆内有公共服务大厅、阅览室、网络机房、会议室、报告厅等多个功能区，为师生营造了一个集

图 1-1-2 天津大学北洋园校区郑东图书馆 1

图 1-1-3 天津大学北洋园校区郑东图书馆 2

阅读、休憩、学术交流、景色欣赏于一体的空间环境，还可以举办各种典礼仪式和文化活动。此外，校园建筑体量的增大为学科教育与科研活动提供了相应的支撑与保障。为方便建立同一门类学科的学科群，校园宜采用组团化的整体式建筑布局，促进校内跨专业交流、产学研结合，同时有利于管网设施的经济布局，有利于节约用地和预留发展用地。

4. 休闲活动场所种类多、规模大

随着校园建设规模与体量的不断扩大，学生拥有了宽广开阔、类型多样的休闲活动场地。校园为学生综合素质的提高和身心的全面发展提供了有力的场地支持和良好的物质条件。校园内常见的活动空间类型有运动场所、室外社团及文艺活动空间、交谈空间、植物空间等。校园环境是学生日常生活所依赖的空间，当前校园规划更注重以师生为本，营造安全、健康、舒适、宜人且功能多样化的活动空间。此外，学校还可以结合院校、学科特点，依靠校内特色空间组织学生活动，如东北林业大学拥有大片的校园森林景观保护区和实验林地供学生学习和研究；沈阳建筑大学结合院校特点，在校内设置大片稻田并与学生活动相结合。天津大学卫津路校区的大学生活动中心于1996年竣工并投入使用，有“新世纪的风帆”的雅称。此大学生活动中心是在香港知名人士邵逸夫捐款200万元的基础上，由学校多方筹措建设资金共计750万元建成的，该中心局部五层，建筑面积达4 000 m^2，是当时天津市规模最大、设备最先进，而且设计、施工、装潢在全国范围内均堪称一流的大学生文化活动场所。

1.1.3 校园景观的文化个性化

创造文化氛围浓厚、个性生动鲜明的校园形象，既是学校自身发展的需求，也是地区发展的需要。校园文化的承载体主要是校园建筑和景观。学校的历史积淀、文化传统以及人文精神体现在校园景观上，而这些景观反作用于校园中的师生。

一般来说，校园景观或结合当地地域文化特色、气候特点、文化传统、地形地貌营造个性氛围，或将当地的特殊材料等抽象提炼形成自身特点，如香港岭南大学通过建筑和景观营造出中国传统合院空间关系。校园景观也可以结合学校历史文脉、教学特点、办学模式等营造景观氛围，如天津大学北洋园校区运用老校区的空间序列特色和海棠、桃李等重要景观文化元素进行规划设计，使老校区的景观基因在新校区得以延续和传承；南京大学仙林校区的建筑规划选取红与灰作为主要的校园建筑色彩，其颜色选择源于南京大学鼓楼校区的北大楼（图1-1-4）等重要历史建筑的主要色调，体现了新老校区之间的文脉相传（图1-1-5）；由郑万钧、陈植等著名林学家和园林学家提出的南京林业大学“森林花园式”的校园规划体现了农林类院校的办学特色和学科基础。有的校园景观能够充分体现建筑师或规划师的个性风格，如王澍所设计的中国美术学院象山校区的整体规划就将建筑师对材料的独到见解融入其对校园文化的理解与追求中。此外，校园景观还可以结合植物营造独特的植物景观，开展特色活动以体现校园特色，同时传播校园文化，提高学校知名度，如武汉大学樱花节、天津大学海棠节（图1-1-6）等。

图 1-1-4 南京大学鼓楼校区北大楼

图 1-1-5 南京大学仙林校区

1.1.4 校园环境的生态系统化

生态文明建设注重人与自然的和谐共生，是城市规划建设发展的方向，也是校园可持续发展

图 1-1-6 天津大学海棠节

的趋势。一方面，校园的功能集约化和体量巨型化给用地建设带来严峻挑战，其大规模扩张加大了城市环境的生态压力，生态化校园建设是校园发展的必然趋势；另一方面，城市化是未来很长一段时间内我国城市建设的总趋势，校园作为城市生态系统的重要组成部分，在城市的进一步生态化建设和城市化进程中应该充当更重要的角色。

校园具有成为城市生态斑块或廊道的潜在优势。在城市生态层面，校园是城市的重要单元，校园生态系统也是城市生态系统的重要斑块或廊道；在校园规划层面，校园占地面积大，有的还有山有水，道路绿地将教学区绿地、生活区绿地、运动区绿地联系成为一个整体，构成完整的“基质—廊道—斑块”生态体系；在校园功能层面，校园旨在创造良好的育人环境和科研环境；在投入和专业技术支撑层面，高校有条件、有技术、有能力形成良好的生态体系。

位于玄武湖畔、紫金山麓的南京林业大学校园实际占地面积为 79.877 万 m^2，其中绿地面积达 4 万 m^2，绿化覆盖面积为 62.3 万 m^2，校园实际绿地率达到 53.8%，校园人均绿地面积为 19.03 m^2。它是南京市区内占地面积较大的城市森林之一。校园中共有植物 94 科 222 属 400 余种。校园内植物茂盛、种类丰富、群落层次丰富，成为南京“玄武湖—紫金山”生态廊道上的节点性的生态斑块（图 1-1-7）。因此，在校园规划建设中，建设人员应尊重自然、保护自然，结合功能分区最大限度地保护原场地生态环境，强调营造绿色、环保、生态的校园，注重资源的节约与再利用，减少和避免污染物的排放，重视人工生态绿化与自然生态绿化的结合，努力营造山水相映、鸟语花香的既美丽又生态的宜人景观。

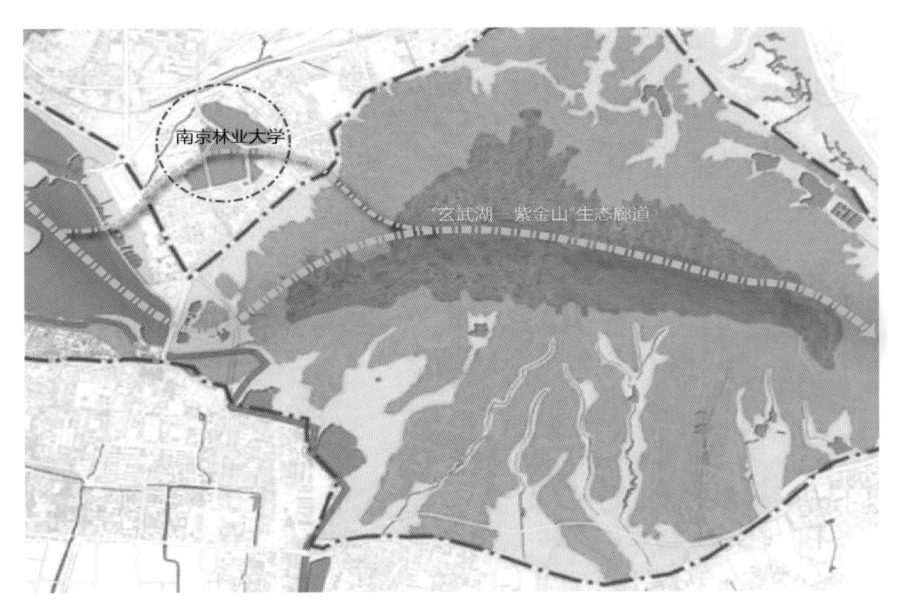

图 1-1-7 南京“玄武湖—紫金山”生态廊道

1.1.5 校园管理的数字智慧化

当今，我国正处于工业化与信息化建设的重要时期，作为知识经济的传播载体，传统学校的教学方式、办学模式、师生关系等已经发生了变革。学校应当适应时代变革，继续在信息化社会中有效发挥其社会职能，持续为国家培养优秀人才。数字智慧化的管理方式是校园管理顺应发展趋势、适时更新管理模式、将教育与现代信息发展相结合的有效方式。

数字智慧化校园是以数字化信息和网络技术为基础的一种虚拟教育环境，其通过计算机和网络对后勤管理、生活服务等方面的校园信息进行收集、处理、整合、存储、传输和应用，使数字资源得到充分优化利用。它功能性强、安全性高，具有一定的经济性，满足教学、科研和管理工作的需要，有利于提高工作、管理、决策、信息利用效率，提高学校的核心竞争力。

将智慧海绵城市技术应用于校园管理是实现校园数字化管理的必由之路。智慧化海绵校园建设是物联网在海绵校园雨洪管理与景观环境综合管理方面的技术应用，能为学生构建智能化的学习和生活环境。该技术充分利用信息化相关技术，通过监测、分析、融合、智能响应的方式，协调学校各职能部门，整合优化现有资源，提供更好的服务，构建绿色的环境、和谐的校园，以保证学校教育的持续发展。

1.2 海绵校园景观规划设计概述

1.2.1 校园景观雨洪管理的必要性

近年来，随着城市化进程的不断推进，加之受到全球变暖和极端气候的影响，国内各大城市洪涝灾害频发。同时，城市面临着严重的水资源短缺、水环境污染、水生态破坏等问题。这些问题引发的“城市病”不仅影响城市的正常运转，甚至对城市居民的人身财产安全造成威胁。城市中导致雨洪问题产生的原因错综复杂，其中最为核心的原因之一为过度城市化下的城市迅速扩张与高速建设造成城市下垫面产生巨大变化，导致城市水文循环过程改变。雨水通过硬化屋顶、路面等城市下垫面流入城市市政排水系统并排出，使排水系统的负担不断加重，老旧的排水系统无法承担逐渐增加的雨水径流，致使城市内涝严重。同时，城市硬化面积的增大也使雨水无法下渗，致使城市雨水资源不断流失、地下水资源减少。

同样的问题在城市校园中也难以避免。随着校园人口急剧增加，校园建设用地面积有限，致使校园内的建筑、道路、停车场、运动场、广场等不透水表面面积较大；建筑密集，下垫面不渗透率较高，导致雨水径流的速度加快和总量增加；排水系统设计得不合理，导致排水管道雨水溢流、路面积水的现象发生。雨天时校园“看海”现象时有发生（图 1-2-1）。从城市水文过程的角度分析，校园雨洪管理的问题主要表现在以下 4 个方面。

1. 硬质铺装面积过大且不透水

与城市其他用地类似，校园中的广场、道路、建筑以及停车场都是以硬质铺装为主的场地。由于校园中人员密集，而且校园对人群的集散功能要求高，因此校园中的广场、停车场的占地面积较大，而且场地设计鲜有对水净化设施的考虑。不透水的铺装方式易形成较大的场地径流和径流污染。自然降水无法直接渗透进入地下，无法及时补给地下水，同时会带给周边的城市排水管网超负荷的排水压力，进而引发更严重的后果。

2. 绿地渗、滞、蓄、净能力弱

传统校园绿地的建设和景观设计仅重视师生的使用需求、校园环境美化以及历史文化传承等方面的功用，而忽略了绿地本身作为生态要素与雨洪管理相结合的功能的考虑。降水落到校园中占比较高的硬质铺装上，雨水沿道路迅速汇流到道路上的雨水口排出，校园绿地基本没有发挥自

图 1-2-1 校园雨涝现象（组图）

身的渗透、滞留、调蓄等作用。特别是道路两旁的附属绿地普遍高于道路基本标高，很难发挥雨水调蓄作用。

3. 河湖调蓄不足、水质差

水系是校园生态和景观空间的骨架。它为校园景观建设和生境营造提供了良好的自然基底。一方面，校园水系中不同类型的水体对于蓄积雨水、分流下渗、调节行洪发挥着重要作用；另一方面，校园水体能通过自然下渗的方式补给地下水，在地表水与地下水相互转化的水文过程中，实现了校园小系统中的水循环和水净化。但是，传统校园中的很多水景设计都基于美化需求或校园建设的发展要求，并未重视所在场地的地势、水源等情况，更没有和校园雨洪管理有机结合，更有甚者，还抽取地下水或者引入城市饮用水源构建水景观，给校园的生态和经济带来双重压力。

4. 景观与海绵功能脱节

传统的校园景观以为学生提供学习场地和休闲娱乐场地为主，通过物质要素进行视觉传达，校园的雨洪管网直接连通市政管网。在这种传统模式下，雨水径流经过校园中的道路、建筑、停车场和广场等不透水下垫面大量汇流并通过排水口进入市政排水管网，不仅造成了雨水资源的浪费，使校园内的水文循环遭到破坏，而且增加了城市管网的雨洪排放压力。值得注意的还有暴雨过后的校园污染问题。校园内人员密集，一旦发生内涝，造成的负面影响非常大。

面对校园中存在的雨洪管理问题，通过提升景观的方式改变校园水文现状，优化校园雨洪管理模式，疏解周边环境的雨洪压力是海绵校园建设的目标。

1.2.2 校园景观雨洪管理的适用性

城市雨水径流中的污染物种类较多。污染物主要有以下来源。一是来源于机动车道路面。通过相关学者的研究可知，来自道路的雨水径流的污染成分主要包括有机或无机化合物、氮、磷、金属、油类等。二是来源于建筑屋顶。来自屋顶的雨水径流受屋顶材料、屋顶沉积物和屋顶防水材料的影响较大。屋顶沉积物主要有灰尘、垃圾等。三是来源于城市绿地。为保证城市绿化景观风貌，城市绿地需进行养护和管控，除草剂和化肥等化学用剂影响来自绿地的径流水质。

相比于城市环境，校园环境中雨水径流的水质状况较好。一方面，校园内机动车较少，车流量不大，且校园中的山水环境多受到精细化的管理，来自不透水下垫面的雨水径流中的污染物较少；另一方面，校园内人群素质较高，他们注重环境保护，因此校园内的生活、生产垃圾有限，鲜有废水、废气排放，较少发生环境污染问题。此外，校园虽然是城市建设用地的组成部分，但是它是一个能够自我运作的管理系统。校园功能的特殊性使得校园环境具有一定的封闭性而相对独立完整，因此对校园景观进行海绵化建设难度低、实操性强。

高校是向社会输送高质量人才、与社会发展密切相关的重要的教育系统之一。推动校园管理集约化发展，将在生态化、环境保护、水资源节约等方面对学生起到教育作用，并且提高师生对雨水处理问题与城市发展关系的认识水平。同时，海绵技术在校园中的应用将会大大推动海绵城市建设的进程。大学校园的海绵建设实践也能对城市绿地建设起到示范性作用，为城市绿地生态建设提供可借鉴方法，对最终改善城市内涝、修复城市生态起到实质性作用。

1.2.3　校园景观雨洪管理的研究进展

1. 国外的研究进展

国外雨洪管理系统发展较早，已经有较为成熟的研究理论，例如美国的低影响开发（LID，low impact development）理论、澳大利亚的水敏感城市设计（WSUD，water sensitive urban design）理论、英国的可持续排水系统（SUDS，sustainable urban drainage systems）理论等。国外已经将雨洪管理系统应用于诸多学校的景观建设中，实现了对校园水资源的利用和保护。校园景观规划设计或改造与可持续发展理念相结合形成了较为完善的校园可持续发展理论，在这一方面国外累积了不少成功经验。

1）开展雨洪管理的理论研究

美国马里兰大学在校园中展开了相关课题的试验研究。宾夕法尼亚大学与耶鲁大学编制了可持续校园雨洪管理规划。一些学者利用校园的场地条件，建立了水文模型，保证了雨水径流管控的最终效果。也有学者侧重于对校园各项绿色基础设施作用于水体中污染物的净化效应进行专项监测研究。

2）保护校园生态系统

水资源是生态系统的重要组成部分，在营造校园氛围、打造生态景观等方面发挥着重要作用。加利福尼亚大学在校园建设中提出保持水文系统的生态功能。耶鲁大学参考校园水文条件对校园进行雨水管理的整体规划，并将雨水管理设施的运转维护纳入校园的整体规划中。

3）建设独立的校园雨水管理体系

独立的校园雨水管理体系既可以减小城市雨水体系对校园雨水体系的影响，也可以在校内最大限度地收集利用雨水，实现自给自足。如德国特里尔应用科技大学贝肯菲尔德校区是德国的首个“零排放校园”，在将雨水留存于校园的理念下形成了完整的雨水利用设计，处理后的雨水还可以作为校区内景观和绿化用水，这不仅减轻了排水系统和污水处理系统的压力，同时美化了校园生态环境。

4）景观生态化改造与建筑节水改建

建筑和景观是校园规划的重点。哈佛大学、麻省理工学院通过校园景观改造建成具有生态效益的雨水花园。以宾夕法尼亚大学、普林斯顿大学为代表的多所高校均委托特定的专业机构制定校园雨洪管理方案，根据学校中建筑和绿地的使用状况进行校园雨水回收再利用的项目策划。

5）新材料的运用

日本早稻田大学采用渗水性混凝土和沥青道路，美国宾夕法尼亚大学莫里斯植物园的停车场采用多孔的沥青铺面等。这些新材料不仅透水性强，能够增大雨水渗透量，有利于补充地下水，而且能够满足使用强度和耐久性要求。

总体来看，国外校园雨水管理与校园的更新改造同步推进。重新构建整体水环境系统，或将雨水管理设施与校园现有场地设施进行结合是国外校园雨洪管理的建设方向。同时，国外的高校对雨水管理的实施效果等方面十分关注，对于雨洪管理绩效和后期运行维护有较为深入和细致的研究。

2. 国内的研究进展

我国在雨洪管理研究方面起步较晚。近年来，我国开始关注和统筹城市雨洪问题的解决方案。2014 年，我国住房和城乡建设部（以下简称“住建部”）发布了《海绵城市建设技术指南——低影响开发雨水系统构建（试行）》（以下简称《指南》）。2015 年 4 月，财政部、住建部、水利部联合发文，公布了首批包括 16 个城市的海绵城市建设试点名单。2015 年 5 月，各学科专家、学者齐聚清华大学，参加城市雨洪与景观水文国际研讨会。2016 年 4 月，财政部、住建部、水利部公布了福州等 14 个城市作为第二批海绵城市建设试点城市。

在这些海绵城市建设试点城市中，由于校园是教学科研用地，兼具社会公用属性和服务教育功能，因此有不少校园成为城市的海绵试点改造或新建重点项目。例如江苏苏州的昆承中学锦荷校区及香山幼儿园新建工程是 2016 年江苏省 15 个海绵城市建设示范项目中的重点项目。2018 年，甘肃省庆阳市海绵城市建设项目中校园海绵化改造项目有 16 个。

高校也是海绵城市建设实践和技术探索的主力军。高校中的学者、教授具有相关学科背景，能够接触到前沿的科研发展动向，而且具有较丰富的专业知识和技术。如清华大学胜因院使场地内的 6 处雨水花园与排水明沟等相互结合形成了良好的雨水调节景观，使其在不同季节呈现不同季相，不仅解决了场地低洼造成的雨洪问题，而且烘托了胜因院本身历史建筑所营造的气氛；天津大学在北洋园校区的设计中也重点采用了 LID 措施，构建了系统性的低影响开发系统和中水回用系统；北京林业大学在校园景观品质提升的过程中，采用了雨水景观的营造理念；西安建筑科技大学在东楼花园、南门花园的景观改造中，开展了场地雨水利用和植物选型造景的研究；北京交通大学、北京建筑大学、深圳大学等多所高校也开展了相关项目建设及研究。

3. 国内外研究比较

国内学者对海绵校园建设的探索研究主要集中在海绵校园景观规划方法和雨水管理技术、方法等方面，以理论研究为主。海绵校园规划建设实践案例较少。由于现实条件的制约，雨洪管理项目的落地成果与规划预期存在一定差距。而落地后的实践项目在使用后期也普遍存在缺乏维护管理造成的雨洪管理绩效不佳等问题。

相比之下，发达国家的雨洪管理体系建立较早，有成熟的雨洪管理经验，已经在更大范围内推广符合国情的雨洪管理理念。这些国家在雨洪管理的前期数据分析、实施效果模拟、设计方案确立以及后期运行效果检测方面均有较为成熟的做法。这些成熟的做法在一些新建校园或旧校区改造中直接被纳入区域的雨洪管理设施体系，使校园内的水文循环逐渐恢复为开发前的状态，而且在雨洪管理设施体系建设完成后，学校能够利用自身的资源实现对雨洪管理实施效果的监控。监测研究结果则成为下一步设施改进和雨洪管理措施升级的实践经验和理论依据。发达国家在校园雨洪管理技术方法方面多年积累的成功经验是我国校园雨洪管理和建设的努力方向，也是我国海绵城市建设实践可借鉴参考的范本样式。

1.2.4 校园景观海绵化的发展趋势

面临城市化高速发展、生态环境恶化等问题，我国的城市建设必须走生态环保、可持续的道路。海绵城市建设是一项具有长远意义的重要举措。海绵校园建设作为海绵城市建设中的重要组成部分，可以对海绵城市建设起到积极的推进作用。由于海绵城市建设的相关技术和研究日臻完善，校园系统可充分借鉴其经验，加快自身海绵化进程。将海绵城市建设的相关技术应用到校园景观规划设计中，探索海绵校园建设的景观理论方法，对减轻环境负担是非常有效的。海绵技术融入校园设计将创造具有水安全、水环境、水生态的校园景观。各种校园景观要素（如建筑、小品、铺装、种植池等）都可以经过改良与海绵技术相结合，在美化校园环境的基础上融合生态理念，建设海绵校园。

校园是城市建设和发展的重要组成部分。校园与雨水的和谐共处也将为城市其他功能区提供海绵城市建设的成功范例，带动城市雨洪管理系统建设。

第 2 章　海绵校园景观规划图解

2.1 海绵校园景观规划原则

海绵校园指整个校园在面对雨洪引起的环境变化时像海绵一样，具有弹性与韧性。海绵景观建设，能使校园应对暴雨灾害，减小城市雨洪灾害对师生安全、学校环境以及财物设备的影响，降低面源污染，改善景观环境，保障校园中师生正常的教学生活。对于已建成校区的海绵化改造，学校可以利用校园景观提升改造的契机，采用可持续雨洪管理理念，在绿地中引入绿色基础设施；对于新校区的校园建设，学校可以直接将校园的绿色基础设施引入校园的整体规划设计中，在保障校园各项基本功能的基础上，大幅减少雨水设施的占地面积和成本，提高雨水系统的总体效益。

2.1.1 生态优先

校园一般分布在城市周边。校园良好的绿化环境不仅可以营造出山水相映、绿树成荫、鸟语花香的生态景观，为读书育人创造美丽宜人的校园环境，而且可以改善城市空气质量，为城市区域生态发展作出贡献。海绵校园景观规划应该遵循的基本原则是生态优先。

第一，树立“尊重自然、顺应自然、保护自然”的思想，尽量减少对原始植被的破坏，尽可能保留校园原有的地形地貌，因地制宜地进行校园功能布局。在规划设计之初，规划人员应对场地的生态环境进行调研与分析，如坡度分析、日照分析等，尽量减少土方开挖，保持场地原有的生态平衡。只有与周边地块相互协调，校园的雨水径流与排水问题才能得到有效解决，因此校园的规划建设应从整体上系统考虑与周边地块的协同关系，建立完整的水循环体系。此外，在进行新校区规划时，应当预留部分建设空地，为学校的未来发展提供空间，而这一部分未建设用地能够保障校园海绵规划的有机生长结构。

第二，规划应利用乡土材料，强调校园环境的地域特色。应根据场地所在地的气候特点布局景观空间，运用乡土植物与材料打造低成本、动态生长的景观，选用适生植物和乡土物种完成植物选型和造景。这样的有机组合方式，传递着校园的生态含义和有趣自然的审美意趣。同时，抽象提炼当地的文化传统，利用地形地貌以及当地植被和特殊材料，有利于营造具有地域属性和场地个性的景观氛围。

第三，考虑经济性和环保性。雨水是自然界一种优质的淡水资源，经过中水回用设备处理之后即可实现冲厕、路面喷洒、绿化浇灌的功能，回用雨水具有显著的节水效能。可以说，雨水回用是未来水资源利用的重要方向。海绵校园建设是实现雨水资源回收再利用的有效方式。建筑的生态建设理念也要求通过运用适当的建造技术，最低限度地使用不可再生资源，采用对环境污染小、可回收再利用的绿色环保材料，提倡“4R”原则［即 reduction（减量）、recycling（回收）、

reuse（复用）和 regeneration（再生）原则]，节约人工环境的运行成本，创造有利于自然环境的、满足人们基本需要的、节约能源的使用空间。

生态优先是海绵校园景观规划的依据，也为校园规划设计注入了新的活力。从美学角度来看，自然的美具有视觉、听觉、嗅觉等方面的多重价值，是人工景观不可代替的；从人的需求角度来看，接近自然是人的本性，也是人们舒缓身心、放松心情的重要方式，是师生对于校园环境的必要需求；从生态建设角度来看，生态优先的校园景观有利于保护校园的生态多样性，改善校园局部小气候，促进校园生态循环系统的构建，从而推动所在城市的生态建设进程。

2.1.2　传承文脉

校园文化是校园历史的积淀，是学校的灵魂与内涵所在，是学校历史沿革的集中体现，是构建特色校园重要的精神基础。校园文化的传承影响着学校的办学理念、教学观念和师生的行为。以大学校园为例，作为一个充满学术氛围、拥有丰富文化内涵的场所，经过多年的办学，大学通常具有比较成熟和完整的校园文化体系。校园文化体现了人对物质空间的认知和理解，同时文化空间的塑造能让人在其中获得认同感和归属感。大学积淀的历史文化、校园环境所承载的人文精神对学生的性情陶冶和品格熏陶的作用不可替代。

在进行海绵校园景观规划设计时，设计人员应充分了解和尊重学校自身的历史文化，通过建筑、景观等对校园的历史文脉和校园特色进行转译和表达，实现校园文脉的传承。在新校区的规划设计中，设计人员既要注重对学科、学术文化的传承，也要对老校区的历史文脉进行迁移、转录和再现。在老校区的改造过程中，设计人员要注意不能破坏学校原有的历史文脉，在细部设计和整体格局上保留学校原有的符号和历史记忆，采用“以旧修旧”的方法对建筑和景观进行修缮和更新；要注重新旧建筑、景观及整体环境的协调统一，注重它们与文化的交融和对应，在延续历史风貌的同时兼顾都市的现代特征；对于单体建筑和离散景观，在追求时代特征的同时，应从尺度、空间、风格、细部等方面保持其与历史风貌的协调；对学校具有代表性的历史传统、精神氛围、优势学科、生活方式、自然环境、地域文化等进行充分表达。以上这些对于增强校园特色、深化校园文化具有重要的作用。

2.1.3　以师生为本

现代社会快速发展的科学技术对大学教育提出的学科交叉、创新创造力培养等各方面的要求，同时会体现在校园环境塑造上。校园是学生日常活动的主要空间，校园景观应该满足师生交往和日常互动的需求，为师生提供宽松自由的科研交流环境。其中，校园公共空间的设计是校园景观设计的重点之一。校园公共空间是环境育人的物质基础，有助于培养师生的行为方式和交流习惯。海绵校园景观规划的首要目标是为师生提供学习交流、休闲娱乐的良好的场所环境。

第一，强调校园景观的使用主体是师生。相应的景观规划必须从使用者的角度出发，基于相应年龄段的学生的行为习惯和行为特征，以适宜尺度建立校园内各建筑、各景观之间的联系，规划必要的步行体系和交流场所。设计人员需一方面通过交通规划，构建步行为主、人车分流的道路体系；另一方面结合地形特征，营造适合师生交流学习、休闲娱乐的不同功能类型的空间。

第二，强调校园景观的安全性与舒适性。安全性是校园景观设计中最重要的原则，包括环境安全性和心理安全性两部分内容。其中，环境安全性是“硬件指标”，如植物的无毒性、设施的安全性、路面坡度符合规范等；心理安全性是指在设计中避免使用容易引起人心理恐慌或心理不适的设计语言。景观舒适性是景观设计的又一个重要原则，是人体工程学在景观细部设计中的体现，包括尺度、活动域、交往空间尺度范围、色彩、设施形态、物理环境（如热、光、声音等环境）、视觉区域等多种因素，特别是中小学学校的规划和景观设计要考虑到适合青少年的活动方式和人体工学尺寸，并以此为标准，实现景观的安全性和舒适性。

第三，强调景观的参与性与互动性。在海绵校园景观设计中，应强调景观的参与性与互动性，让学生在环境中形成良好的生态认知，进而建立正确的环境价值观。同时，设计应赋予校园景观不同的功能区，如读书角、室外表演广场、植物园、茶座等，以增加学生的交往活动。

海绵校园景观规划应以师生为本，关注学生成长，采用促进师生融合交流、以步行为主导的校园布局模式，重视景观的安全性和舒适性，强调景观的参与性与互动性，充分考虑不同层次的需求。

2.1.4 为教育服务

校园是培养人才的主要场所，也是面向大众开展科普教育的重要空间，因此校园育人环境的构建十分重要。海绵校园景观设计应注重构建开放的分区和适合科普的场所，将服务教育融入景观建设，让校园成为无声的课堂，将校园的教育功能发挥到最大，让师生时刻感受文化的熏陶。

第一，明确服务范围。校园规划应将体育运动区、图书资讯区等组团设立在邻近城市人口密集区的位置或与外界联系方便的位置，有利于实现校园文化设施资源的社会共享；在保证校园安全的前提下，后勤生活区可与城市社区、小型商业区串联规划，满足师生的日常生活需求，同时增强校园和社会的衔接与联系；此外，校园的各个分区组团的设计应考虑各类服务和管理的协同，按照整个校园的规划用地功能分区塑造景观特质空间。

第二，结合专业和学科优势布置校园景观。校园景观设计应综合考虑不同学科师生群体的特征，将生态环境与学科发展相结合，达到科普教育的目的。一方面，海绵校园的建设体现了地理学、水文学、生态学、植物学、建筑规划等相关学科的融合，将海绵技术融入校园景观，构建“看得见”的生态校园，倡导绿色生活；另一方面，结合学科和专业特色营造独特的景观空间，形成富于变化、专业特色突出的景观氛围，如植物园、经济林等；同时，突破学科限制，加强不同学科、不同领域教学建筑之间的联系，创造出融合不同学科类型的交往空间，实现现代学科发展强调的跨学科资源共享和不同门类学科的交流。

2.2　海绵校园总体布局要点

2.2.1　布局结合自然

海绵校园建设的核心在于通过自然生态模拟过程，实现校园雨洪控制和雨水资源再利用。从海绵理念的角度理解，就是在海绵校园建设的过程中，使校园中的绿色基础设施和灰色基础设施在各个层面关联接合，形成有机海绵体网络，对校园的水文生态过程进行逐级管理调控，保证场地建设与自然水文过程形成稳定协调的关系，从而使校园具有适应环境条件变化和应对自然灾害的韧性。因此，在以生态学和景观设计为主导的海绵校园规划设计的初期阶段，对环境和可持续发展的关注体现为对场地本底条件的充分利用。我国很多校园建设的案例已经考虑到将校园生态规划与场地原有自然地形地貌相结合。例如位于山城重庆的四川美术学院虎溪校区内浅丘密布，整个场地中共有 26 处小丘和 11 条小山谷。在校园规划设计过程中，设计人员充分考虑不同高差下的景观营造，创造出极具动态个性的艺术类院校校园景观（图 2-2-1）。

图 2-2-1　四川美术学院虎溪校区丰富的高差变化景观（组图）

再如，由土人景观（即北京土人景观与建筑规划设计研究院）规划设计的某学院新校区（图 2-2-2）采用地表生态排水系统，改变传统的市政雨水管道排水方式（过路管涵除外），依山就势建设集雨水收集、滞蓄、利用于一体的生态雨洪管理体系，并利用场地中的冲沟建成校园的中央水景轴和人工湿地（图 2-2-3）。

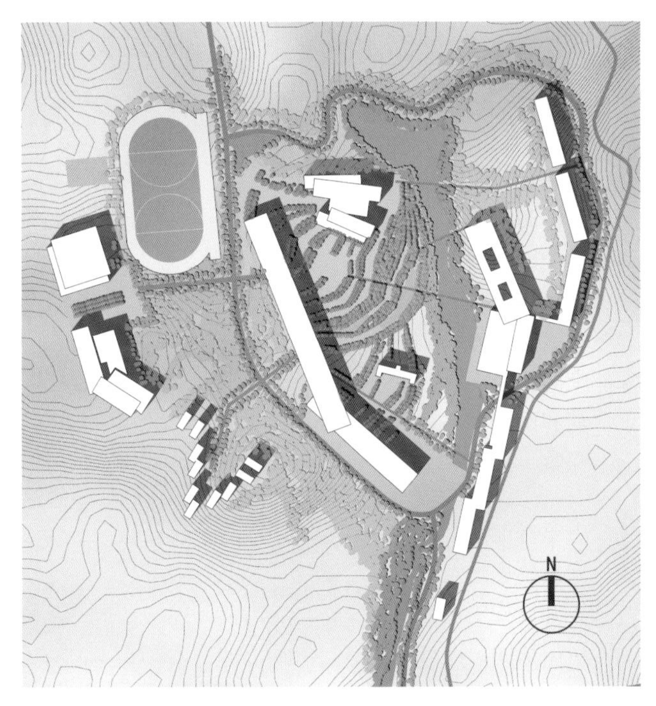

图 2-2-2 某学院新校区规划

图 2-2-3 某学院中的水景与湿地（组图）

2.2.2　整合雨水系统

由于受制于城市中各方面因素，城市的雨洪改造往往局限于增加可渗透地面等相对单一的措施。而校园作为一个较为完整的体系独立存在，在利用自然本底条件的前提下，应该构建有机网络式的校园海绵体。校园的规划设计可通过整合校园整体的雨水系统，将统一集中的水处理模式通过小面积汇水单元的划分改造为分散式雨洪管理模式。这些分散的“雨水接纳器”会依据雨水水路形成跨空间、多层级的海绵网络体系，从而增强雨洪管理体系的抵抗力与稳定性。将校园的功能空间和景观空间依据各自不同的雨洪管理能力进行合理布局，可使校园的运转性能、空间交往性能和雨洪韧性达到综合平衡。学校也可通过海绵校园雨洪系统的构建，加深对海绵理念的理解，探索一种与雨水共生的现代城市人居环境范式。

山东鲁能足球学校（图 2-2-4）占地面积为 43.33 万 m^2，整个校园拥有足球训练场地多块，包括天然草坪场地和人工草坪场地。面对足球学校中较大的草坪维护与管理需水量，在校园景观改造提升过程中，设计人员提出雨水收集利用的理念，整合雨水系统，降低校园用水量，从而打造节水型校园。在校园西侧，由垃圾回填场改造而成的雨水花园与一直延伸向东的泰山广场、足球文化长廊景观形成校园的景观轴线（图 2-2-5）。假设潍坊平均年降水量为 600 mm，改造后的雨水花园通过雨水海绵系统年收集利用的雨水量约为 5.88 万 m^3，大大节约了球场草坪的浇灌成本。校园中分散布局的球场浇灌水截留系统和污水处理站等形成了“水源收集—储存净化—回收利用”的系统模式（图 2-2-6）。

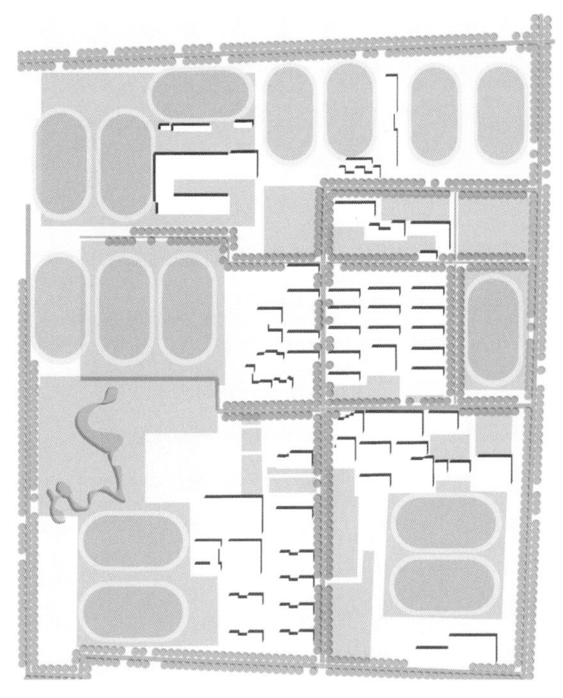

图 2-2-4　山东鲁能足球学校平面图

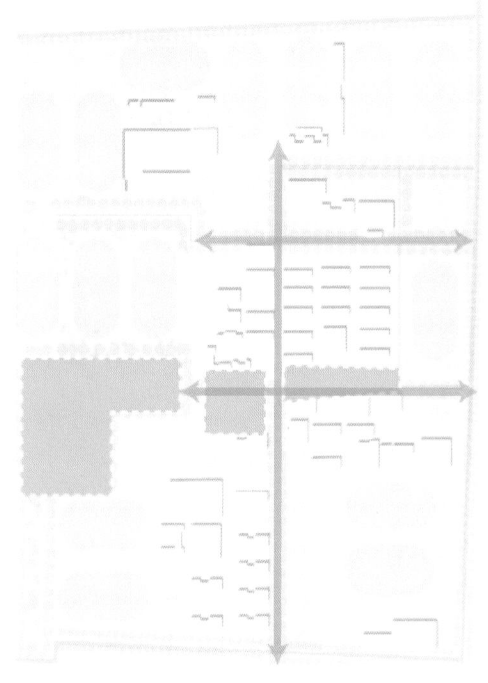

图 2-2-5　山东鲁能足球学校海绵景观轴线

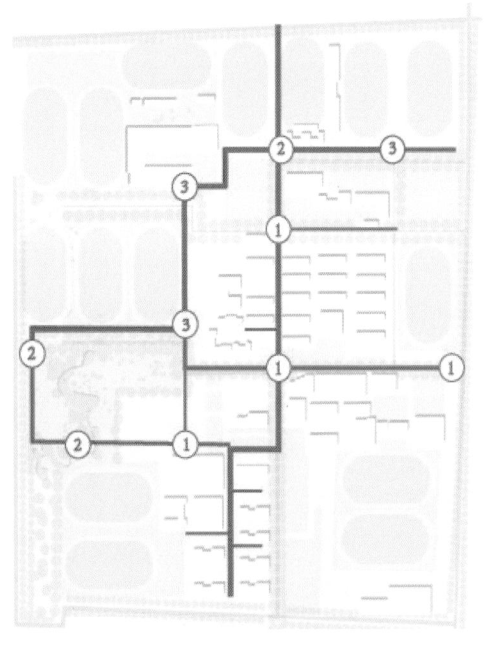

图 2-2-6 山东鲁能足球学校雨水利用模式

美国亚特兰大佐治亚理工学院的“生态水客厅”项目将增强雨洪韧性的建设作为系统整合的契机，整合校园生态系统，学院平面见图 2-2-7。校园规划以内环路为基础，打造“生态水客厅”环形空间廊道（图 2-2-8）。在景观层面，学院建立一体化的生态景观和景观化的雨洪管理系统，如在环道两侧设置用于收集雨水的凹形草渠，在地势变化丰富的绿地空间中设置净化雨水的生态湿地，在硬质广场或建筑下设置地下集水池，构建整个雨水过滤和中水处理回用系统，使校园成为一个完整的雨水收集处理利用的小系统（图 2-2-9）。

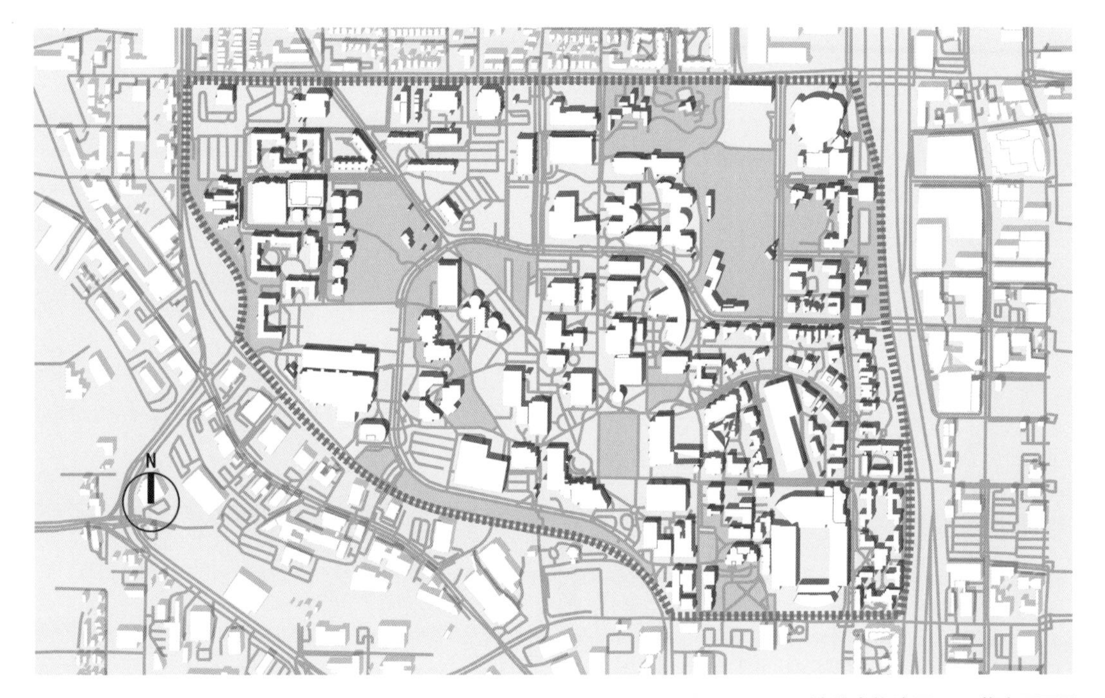

图 2-2-7 亚特兰大佐治亚理工学院平面图

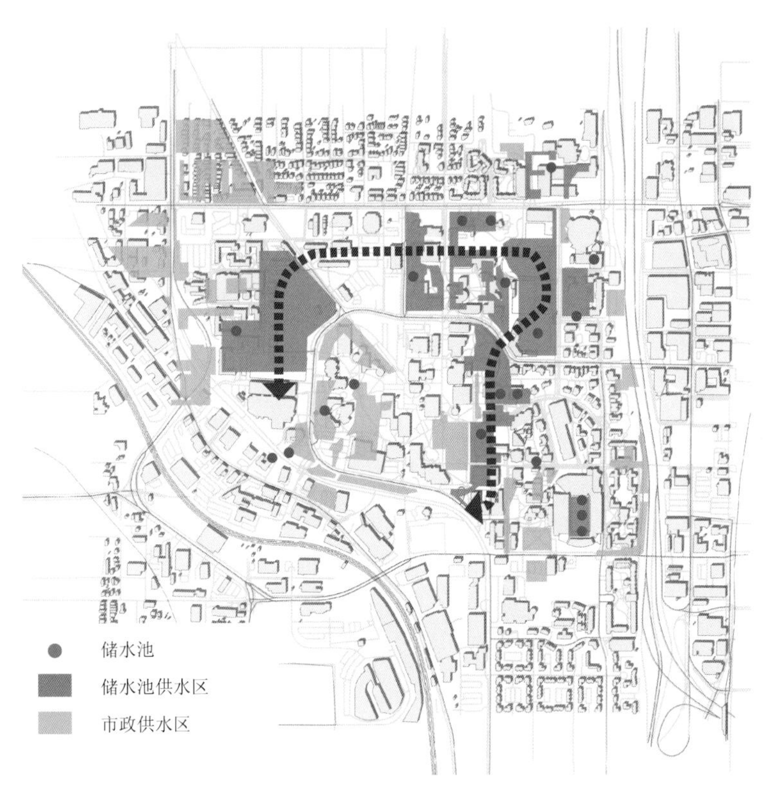

图 2-2-8 “生态水客厅”环形空间廊道

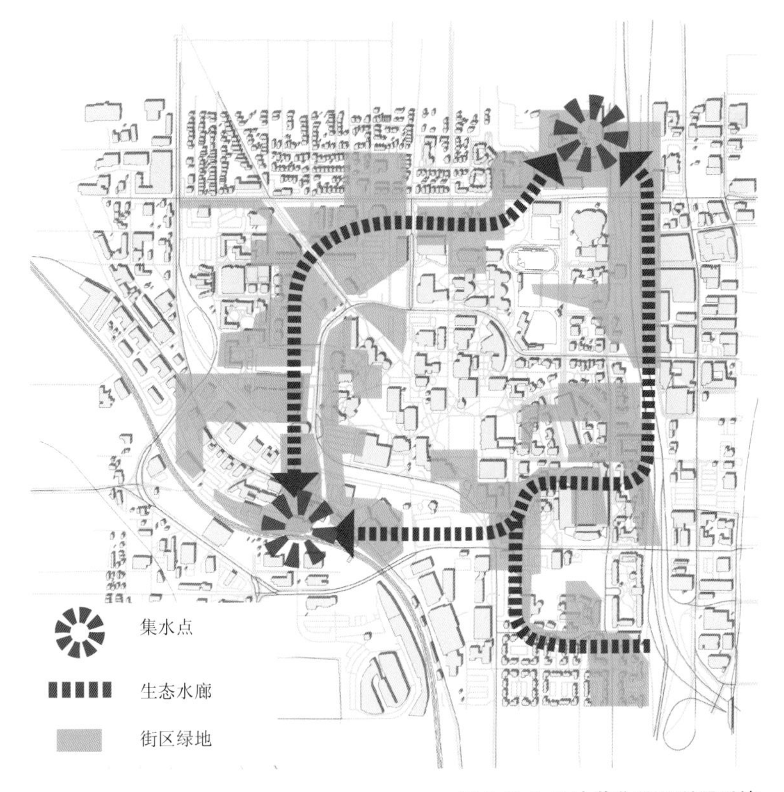

图 2-2-9 雨水收集处理利用系统

2.3 海绵校园景观骨架构建

2.3.1 河湖水系

水系是海绵校园景观规划设计的骨架，对校园中的景观、生态、文化都有重要的组织支撑作用。校园空间与水系相互渗透、融合，校园的功能分区也与水系布局相协调。校园的水系网络不仅直接影响校园的景观空间结构，而且通过引导校园的内部交通、绿地布局间接影响校园景观。以水系为主体的廊道空间成为连接校园与城市生态景观格局的纽带。水体承载和延续着校园文脉，水系的蜿蜒曲折和水体的怡人风光成为校园景观形象的点睛之笔。海绵校园致力于规划设计水循环利用的有机网络系统。水系对构建校园行洪、排涝体系起着支撑作用。

四川大学江安校区规划利用活水景观构建生态校园。规划考虑到校区良好的水文环境，依托岷江支流江安河，使明远湖与 3 条人工支渠共同构成水生态体系（图 2-3-1）。德水（取自朱德之名）、沫溪（取自郭沫若之名）和巴渠（取自巴金之名）3 条以知名校友命名的水渠穿流于建筑楼群之间。渠水汇入明远湖、江安河，后通过岷江流入长江，汇入大海，与四川大学校训“海纳百川，有容乃大”相呼应。沿河和沿湖的生态绿化带使得建筑成为镶嵌在生态景观中的节点，不仅满足功能需求而且具有美学价值。校园建筑围合出天井、中庭等景观空间，采用垂直绿化，景观又向建筑的内部空间延伸，实现了景观生态的系统化。

图 2-3-1 四川大学江安校区水生态体系示意

英国诺丁汉大学朱比丽分校在规划建设中，首要考虑的内容是对基地环境的整体组织与利用，它决定着建筑小环境的质量及与大环境的协调关系，其中心水系示意见图 2-3-2。霍普金斯的设计重点是利用现状地形拓展出 13 000 m^2 的自然式线性水域。水域将校园中的新建筑与校园周边的住宅联系在一起，不仅为校园增加了灵动的水景观，促进了校园雨水的回收利用和校园水循环，而且成为城市的新“绿肺”。水体景观设计强调避免人工化，“近自然化”的设计试图打造出一种水循环利用体系。建筑边缘的排水渠可对雨水进行自然回收利用。收集的雨水一部分用于满足校园用水需求，另一部分则经过水生动植物的净化进入湖体，带动水体的生态循环，从而减少水系景观的人工保养费用等。滨水步行道的设置实现了人工环境与自然环境的衔接过渡与互相渗透，满足了师生接触自然和亲水休闲的需求。

图 2-3-2　英国诺丁汉大学朱比丽分校中心水系示意

2.3.2　景观轴线

校园轴线对于校园整体环境而言具有关联统一、方向导引、连续均衡等作用。设计人员通过对校园轴线的应用，可以控制校园核心空间序列的开合，统筹校园景观格局。可以说，构成校园轴线的序列景观是校园总体风貌的名片，体现校园文脉，烘托学术气氛。

校园轴线的构成要素主要有建筑物、构筑物、广场、绿地和水体。轴线景观位于校园的核心区域，占地面积大，辐射范围广，景观品质要求高。将海绵理念与校园轴线结合，不仅能够直接体现校园的生态建设特点，而且由于校园场地尺度大且具有一定的连续性，还能够通过丰富的景观措施来实现雨水的管控。

湖南农业大学通过海绵设计有效保护了校园核心景观，适当降低了养护管理成本，其雨水管理模式示意见图 2-3-3。校园中一条东西向带状绿地横贯校园中心（图 2-3-4），被称为校园的“红轴”。这条“红轴”位于第二教学区，全长 780 m，宽 50 m，占地面积为 3.9 万 m^2。该绿地由分割而成的大小基本相等的 6 块小型绿地构成，有效连通南北两侧教学楼之间的步行交通通道（图 2-3-5），成为教学区的景观轴线（图 2-3-6）。“红轴”致力于打造校园雨水景观的“隐形蓄水系统模式”（图 2-3-7）：整条轴线上的绿地和广场中看不到明显的工程设施，节水、蓄水等工程设施下埋，构建低影响开发的绿色基础设施。“隐形蓄水系统”通过汇水洼地、纳水沟槽、渗水沟、地下渗蓄坑、出水管道和蓄水池塘 6 部分共同完成对雨水的管理控制。

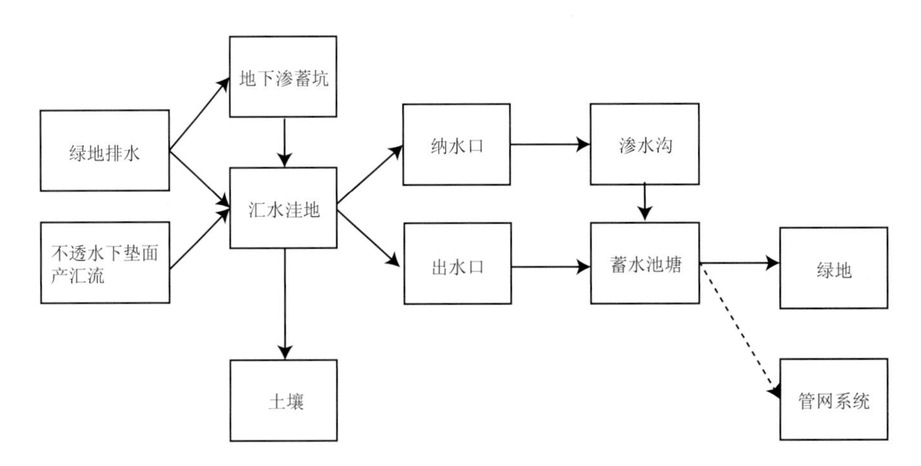

图 2-3-3 湖南农业大学雨水管理模式示意

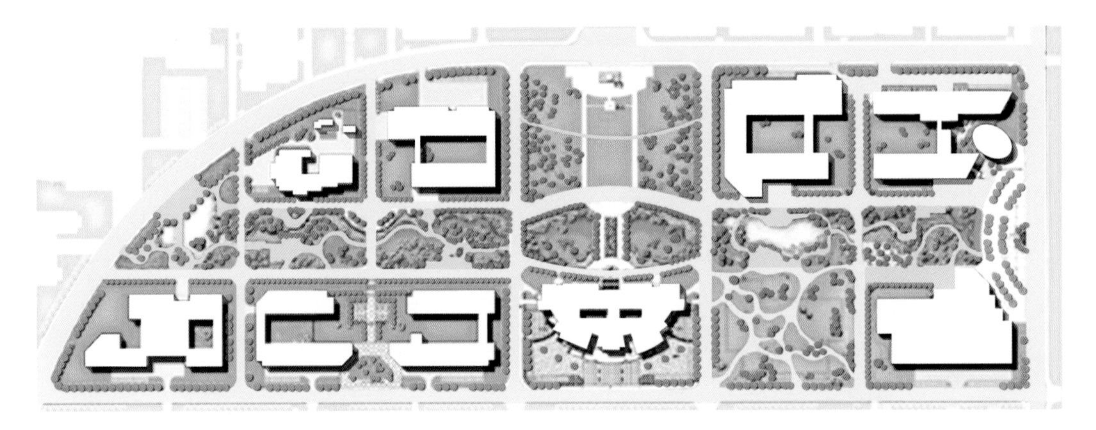

图 2-3-4 湖南农业大学中心带状绿地平面图

湖南农业大学遵循景观整体性原则，将雨水收集、利用与园林绿地中的水景工程、地形改造、地下蓄水和植物造景相结合：在校园轴线景观中利用植物和水体来改变高差，运用下凹绿地建设

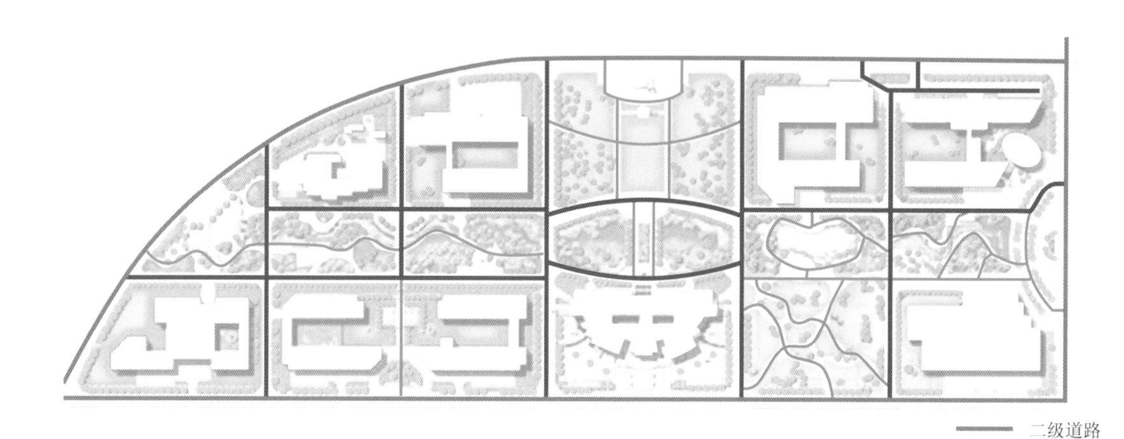

图 2-3-5 湖南农业大学中心绿地交通流线分析

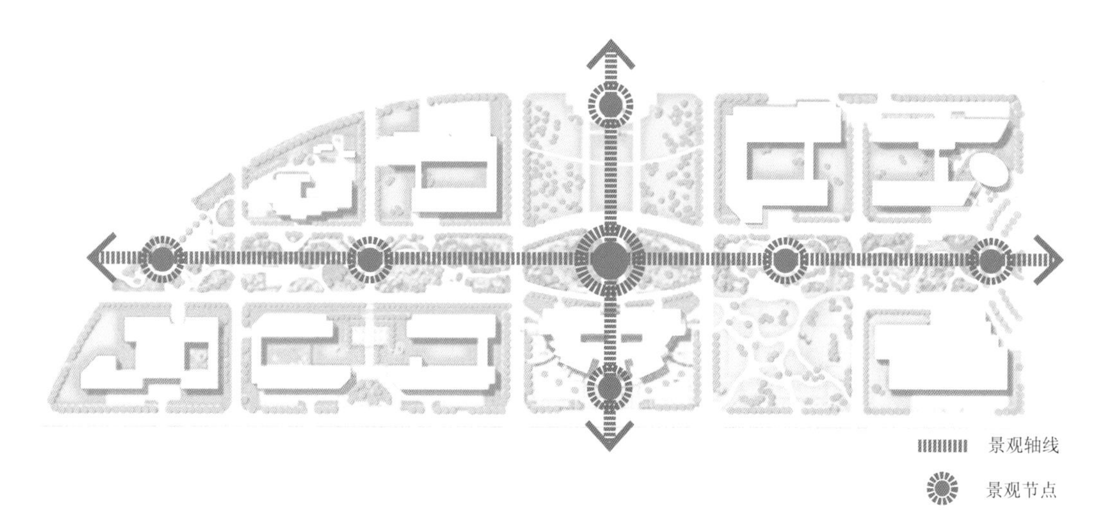

图 2-3-6 湖南农业大学中心绿地景观轴线分析

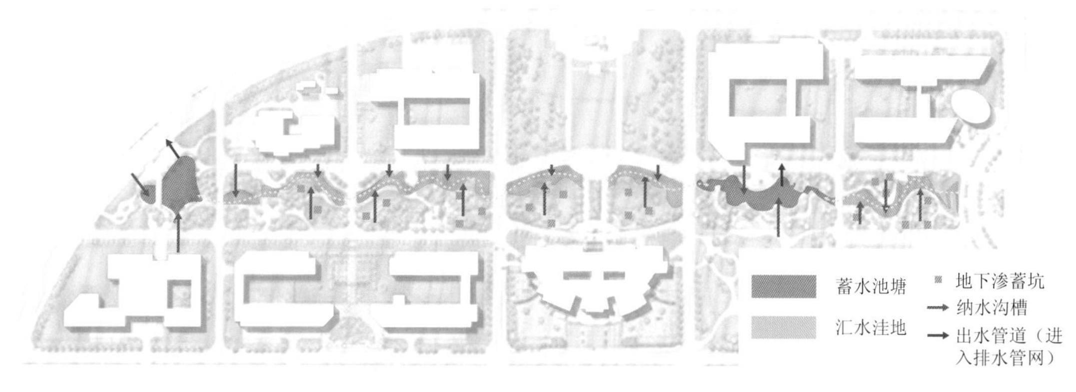

图 2-3-7 湖南农业大学中心绿地雨洪管理方式（“隐形蓄水系统模式”）示意

雨水花园，引导雨水，实现雨水的管理和利用。这不仅实现了对空间环境的组织引导，营建了丰富多样的学习交流空间，而且营造了自然与人文相结合的高校教学科研环境。

韩国的梨花女子大学则是将部分下沉校园图书馆作为中心建筑（图 2-3-8），通过通廊式的坡向交通流线构造校园核心景观（图 2-3-9），利用屋顶花园和建筑的高差变化，实现雨水的回收再利用。这栋建筑被建在一条狭长的下坡道两侧（图 2-3-10），下坡道与缓慢抬升的自然坡地形成对比，强化了校园的景观轴线（图 2-3-11）。

图 2-3-8 韩国梨花女子大学图书馆

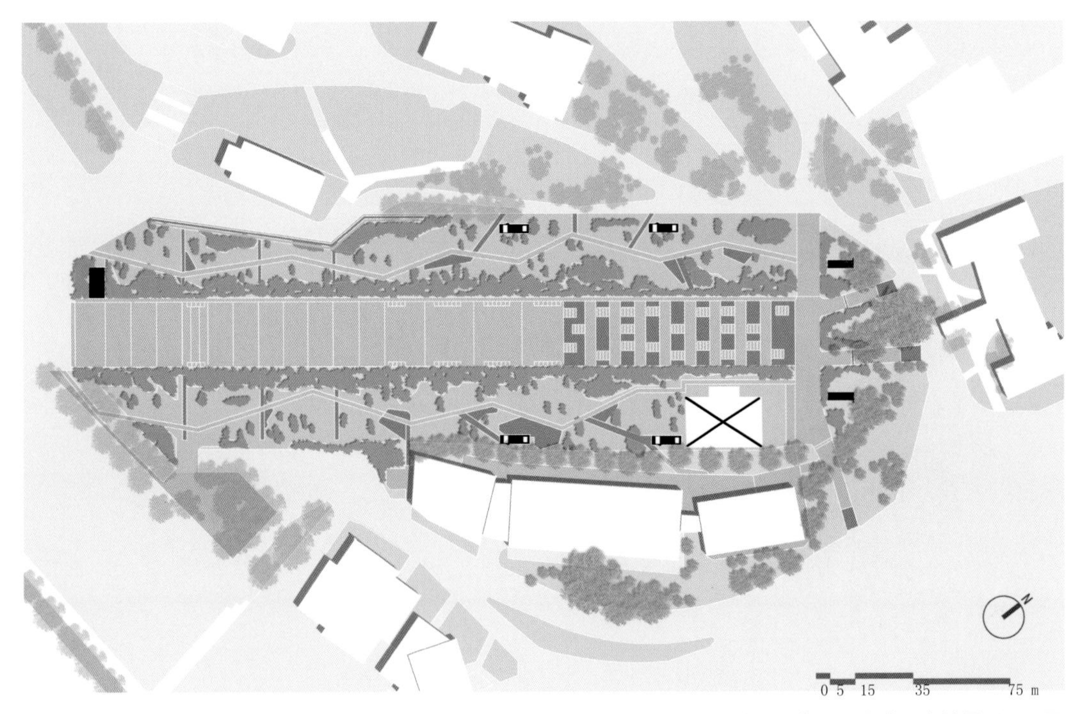

图 2-3-9 韩国梨花女子大学图书馆景观平面图

韩国梨花女子大学运用地下建筑的理念，改善雨洪管理，实现校园景观的可持续发展。绿色屋顶能够阻滞、吸收雨洪径流。屋顶花园（图 2-3-12）收集的雨水再通过建筑的排水通道被收集储存起来（图 2-3-13、图 2-3-14），根据建筑的具体用水需求实现雨水的再利用。同时，绿色屋顶不仅为校园师生提供了开阔的活动和交流空间，而且能够实现吸收空气中的污染物、隔声降噪等环境功能。大片的自然式绿地也为动植物提供了较为自然的栖息环境，有助于增加校园的生物多样性。

图 2-3-10 韩国梨花女子大学图书馆中心通道（组图）

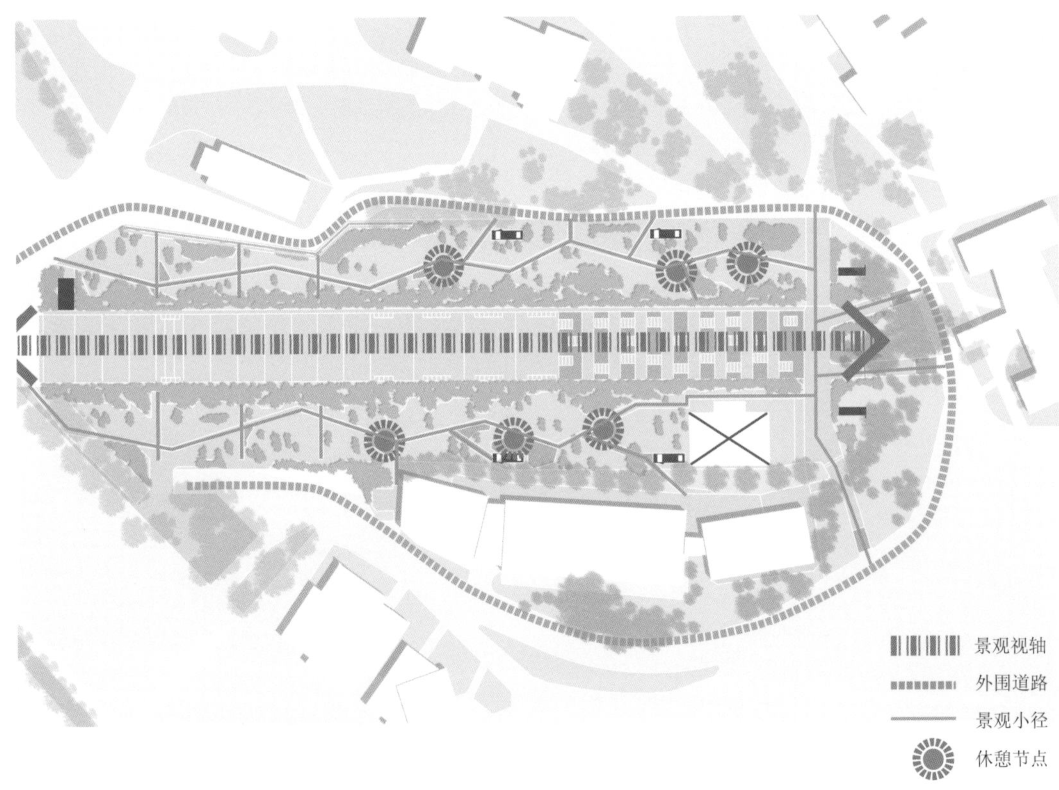

图 2-3-11 韩国梨花女子大学景观轴线分析

图 2-3-12 韩国梨花女子大学图书馆屋顶花园景观

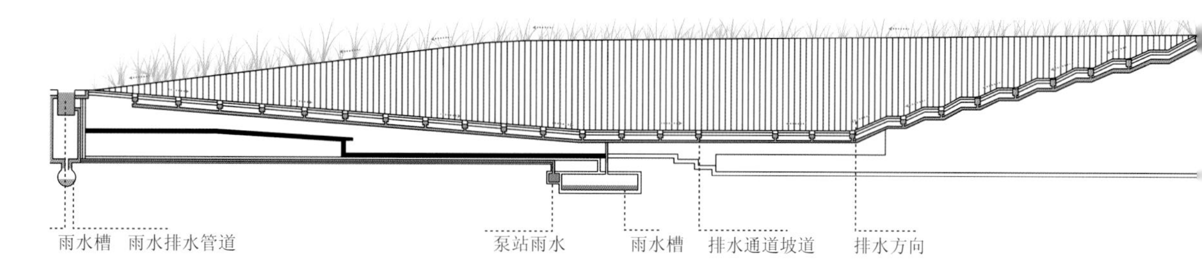

图 2-3-13　韩国梨花女子大学图书馆剖面与建筑集水示意 1

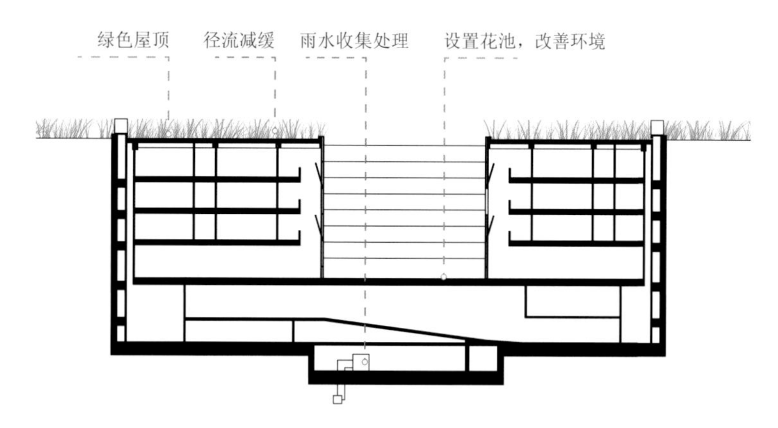

图 2-3-14　韩国梨花女子大学图书馆剖面与建筑集水示意 2

2.3.3　校园道路

道路是串联校园景观空间的骨架。道路不仅担负基本的校园交通疏导功能，而且因具有流畅优美的景观形态，与周围环境融合协调，还成为校园环境与人工构造物、建筑物相结合的过渡景观，给师生提供空间和视觉两方面的可达性。道路本身具有线性形态特征，因而成为海绵校园建设中雨水传输、汇集的有效载体。

美国坦普尔大学健康科学中心的主干道下方为通向主校区的地铁线路。在校园的可持续改造计划中，主干道运用新型雨水基础设施，使街道照明、铺装、种植材料和街道设施相互协调，实现可持续校园道路的改造设计（图 2-3-15）。该中心在校园道路设计中，在人行道使用透水铺装，减少车行道的径流汇集；增设下沉式的街旁绿地（图 2-3-16），与道路两侧下凹的种植池一起形成雨水传输路径(图 2-3-17)；在绿地中使用耐水湿的低矮灌木以增强绿地对雨水的阻滞和净化作用；最后将收集的雨水转移至远离道路的城市雨水管网，以防止发生意外时对地铁的运行产生不良影响。

美国得克萨斯大学达拉斯分校的道路景观改造，将校园入口与校园中心商场线性连通，并在其中设置节点空间（图 2-3-18），不仅能够在短时间内形成校园标识，而且可以促进学生、教师和员工之间的交流。

1.8 km 长的车道两侧种植了 5 000 多棵行道树，与周边的原生林地融为一体（图 2-3-19）。在校园入口环路用橡树作为点缀，形成入口标识；紧接着进入由 5 个倒影水池连接成的长约 210 m 的线性空间（图 2-3-20）。这为学生聚会、有组织的活动和校园博览会提供了一个动态的空间，学生们可以在草地上搭桌子，同时保持约 2.5 m 宽的通道畅通无阻。购物中心的中心节点包括 1 个

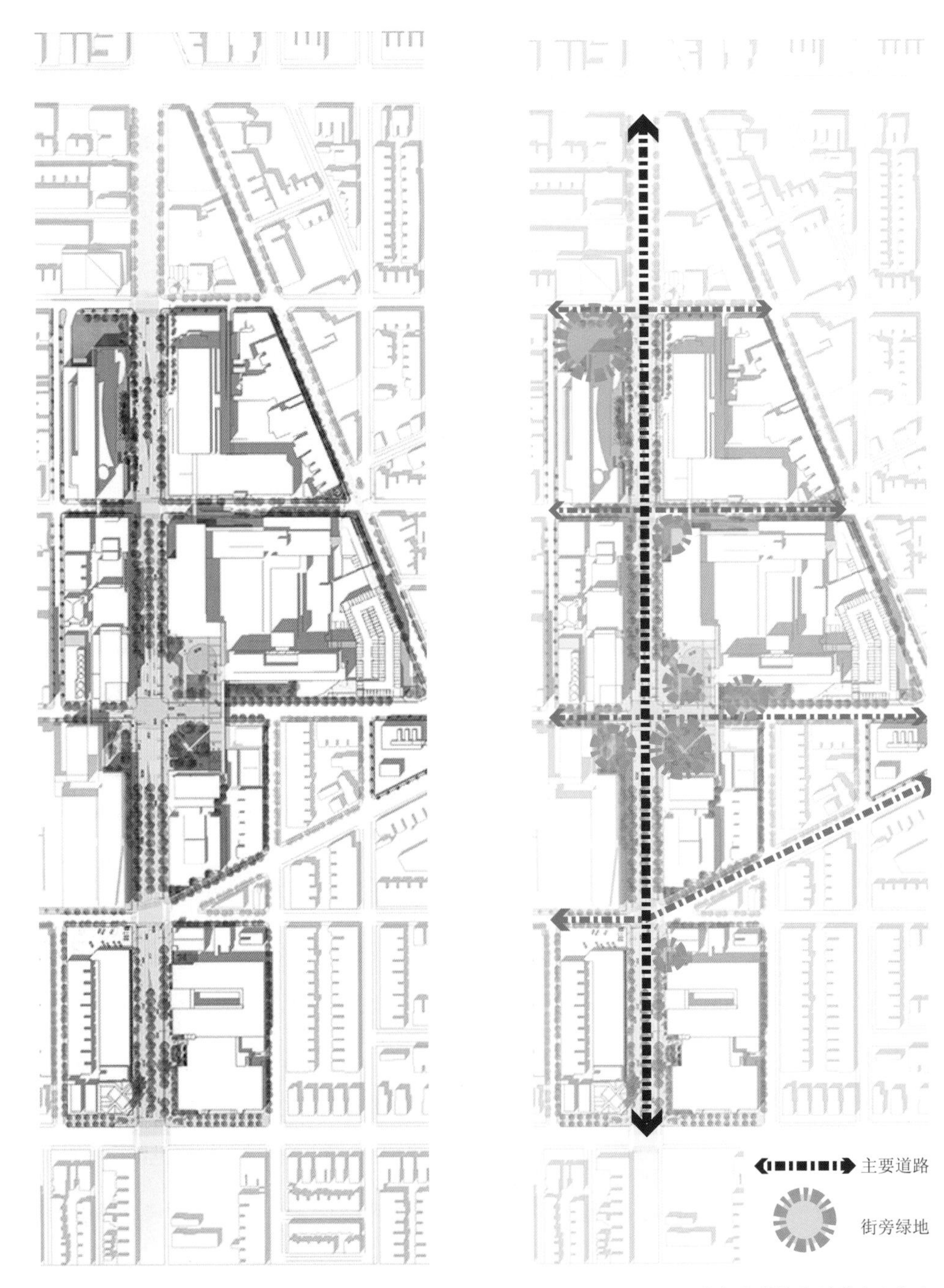

图 2-3-15 美国坦普尔大学健康科学中心主干道平面图

图 2-3-16 美国坦普尔大学健康科学中心街旁绿地位置示意

广场、4 个约 25 ㎡的网格廊架空间，其中设置若干阶梯座位可供学生休憩交流之用。商场的尽头是一个中央广场，广场中心有一个大型喷泉。沿着车道临林地侧设置带有豁口的路缘，雨水能够直接流进旁边的林地。这片林地被认为是达拉斯沃斯堡地区最大的雨水花园之一。这样一个长尺度的线性空间充分考虑到雨水的收集利用。进入校园后线性排列的 5 个水池能够在雨季成为广场的蓄水空间，同时在中央商场下方的一系列穿孔管道可使雨水渗入地下。此外，入口广场通过多种措施来减少水资源的浪费。中央广场的喷泉用水由循环供水系统提供，广场中的巨型树状造型景观小品是用玻璃纤维增强聚合物建造的。这种建筑材料被认为是一种绿色的替代品，因为它的使用寿命长，生产和维护的碳足迹更低。场地中当地的适生树种占 97%，减少了灌溉用水以及维护和保养成本。相关分析见图 2-3-21 ～图 2-3-23。

这两个对校园道路的海绵化改造案例均利用道路的线性特征，在疏导校园内外交通、引导使用者行为和视线的基础上，实现海绵校园的雨水传输、汇集。道路周边的雨水可以通过道路两侧的排水通道汇集后集中利用，也可沿着道路排入两侧绿地实现调蓄。

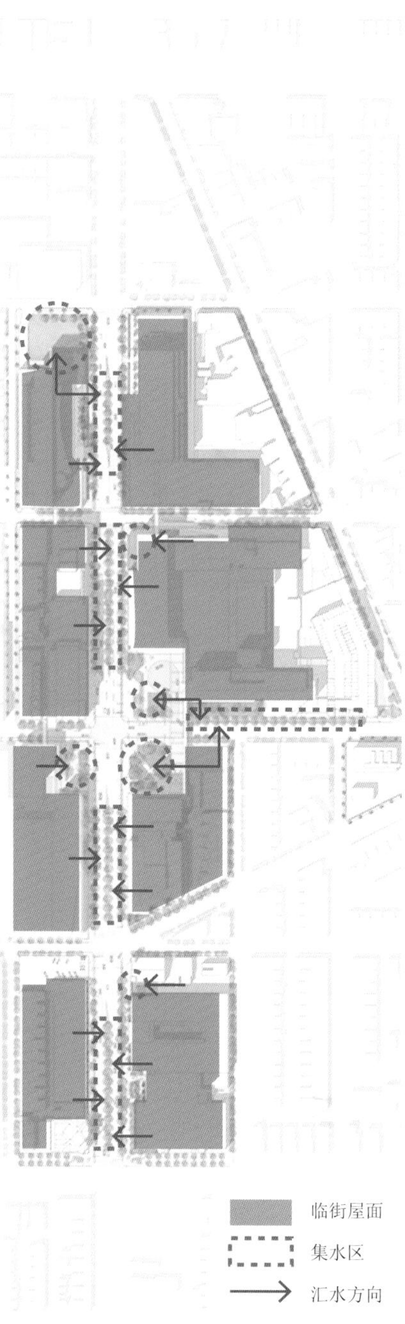

临街屋面
集水区
汇水方向

图 2-3-17　美国坦普尔大学健康科学中心道路雨水传输路径

图 2-3-18　美国得克萨斯大学达拉斯分校中心广场景观

图 2-3-19 达拉斯分校通向美国得克萨斯大学校园的道路与两边行道树

图 2-3-20 美国得克萨斯大学达拉斯分校由倒影水池连接而成的线性空间

图 2-3-21 美国得克萨斯大学达拉斯分校校园入口景观交通流线分析

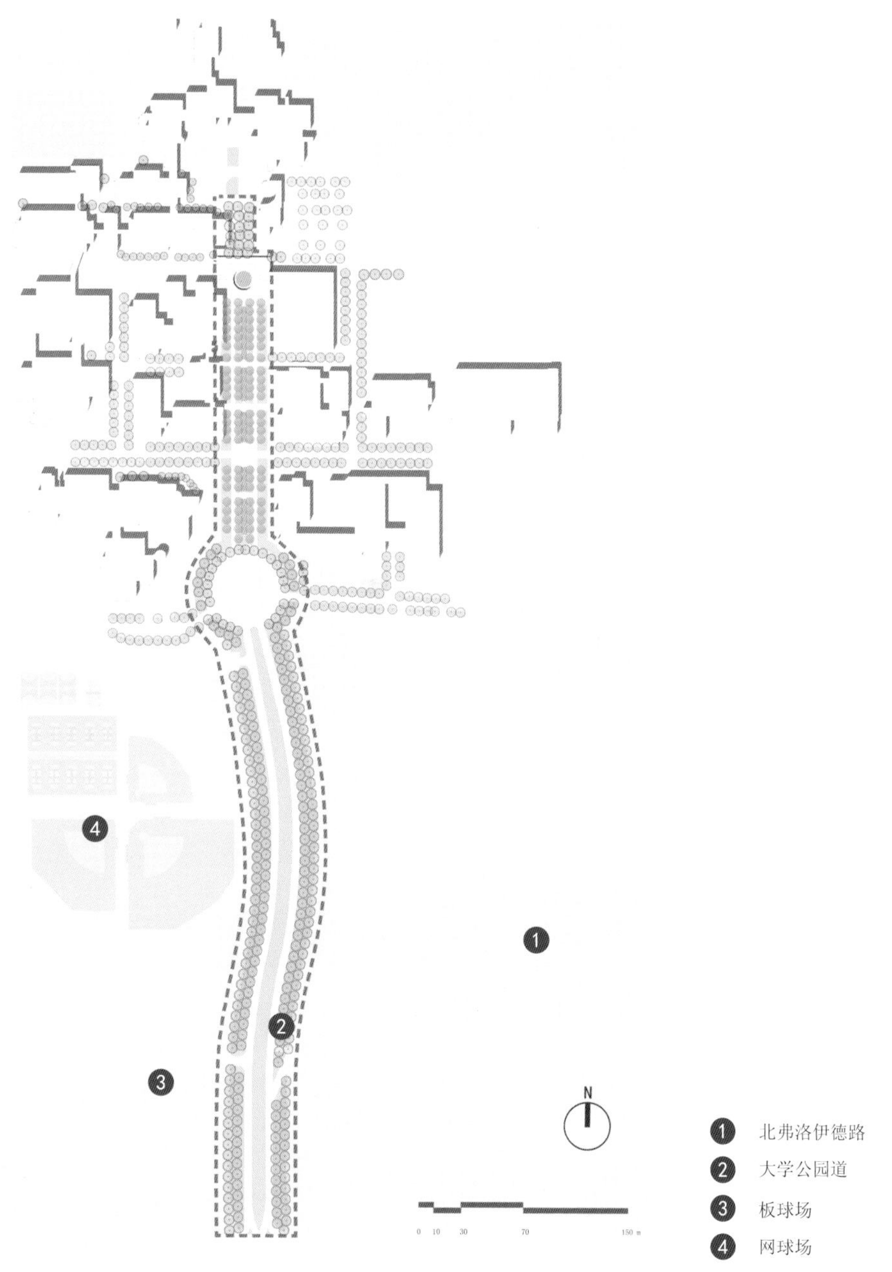

图 2-3-22 美国得克萨斯大学达拉斯分校校园入口景观平面图

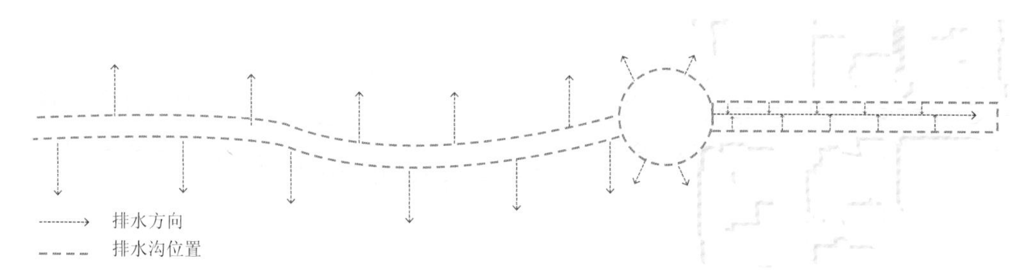

图 2-3-23 美国得克萨斯大学达拉斯分校校园入口道路雨水排放示意

2.4 海绵校园边界空间塑造

凯文·林奇在《城市意象》一书中总结人感知的城市环境 5 类要素分别是道路、边界、节点、区域和标志物。校园的边界是连接和隔离校园与城市的过渡区域。校园边界的划分既保护了校园使用者的人身安全和校园财物安全，也是校园生活有序展开的有力保障。同时，校园边界也是学校对外展示校园文化的重要窗口。

2.4.1 校园入口空间

在城市规划用地分类中，教育用地用来满足各类院校的基础建设及相关附属设施建设需要，包括为学校配建的独立地段的学生生活用地及校园活动场地。校园完备的整套功能体系用以满足师生基本的学习、生活、工作需求，因此校园景观具有相对的独立性和完整性。在整个校园景观体系中，校园入口是校园边界上的重要节点，也是校园的重要标志性景观之一。入口空间不仅成为学校特色展示的标志性空间，而且承担着划分场地边界、组织交通集散和人流疏导的作用。在校园入口景观中增加海绵功能，能加强校园与外界环境的生态连通，而且海绵景观中的水要素、植物要素也能够为校园入口景观增色添彩，能够塑造更为独特的入口景观环境。

美国弗吉尼亚大学生态公园（图 2-4-1）是一个狭长的廊道空间，也是人们进入校园的必经入口（图 2-4-2）。生态公园复原了场地中被填埋的溪流。溪流成为公园功能分区的界线，一边是具有休闲游憩功能的草坪区，另一边是由多种类型植物形成的生态雨水花园（图 2-4-3）。生态公园实现了最大限度的土地利用，为学生提供了运动场所和休闲游憩场所，成为弗吉尼亚大学的校园景点。此外，学校利用场地的地形变化与溪流的相互交错关系，打造了一个本土植物展示区（图 2-4-4），分别种植了弗吉尼亚三大生态区具有代表性的乡土植物，构建了相应的山地、坡地和沿海植物群落。随着时间的推移，校园入口的植物园渐渐成了野生动物栖息地。

该大学在生态公园的建设过程中，在废弃闲置的土地上建成雨水综合管理系统（图 2-4-5）。建设了多项雨水管理设施的生态公园能够吸收、处理两年一遇强度的降雨带来的雨量。池塘包括湿地长椅和沉淀物集水区前湾，有效增加了蓄水量，降低了径流量，沉淀了径流中的悬浮沉积物。溪流旁的雨水花园能够增加地下水补给，同时延迟洪峰到来的时间；利用地形引导雨水进入可渗透区域，使地表产汇流被绿地、坑塘吸收净化。场地排出的雨水可以随着溪流进入下游的“雨水工厂”。经过雨水工厂处理的径流进入河道，通过上游的“分流器”被分流，并通过原先的地下管道重新流向竞技场的养护管理设施。

图 2-4-1 美国弗吉尼亚大学生态公园景观

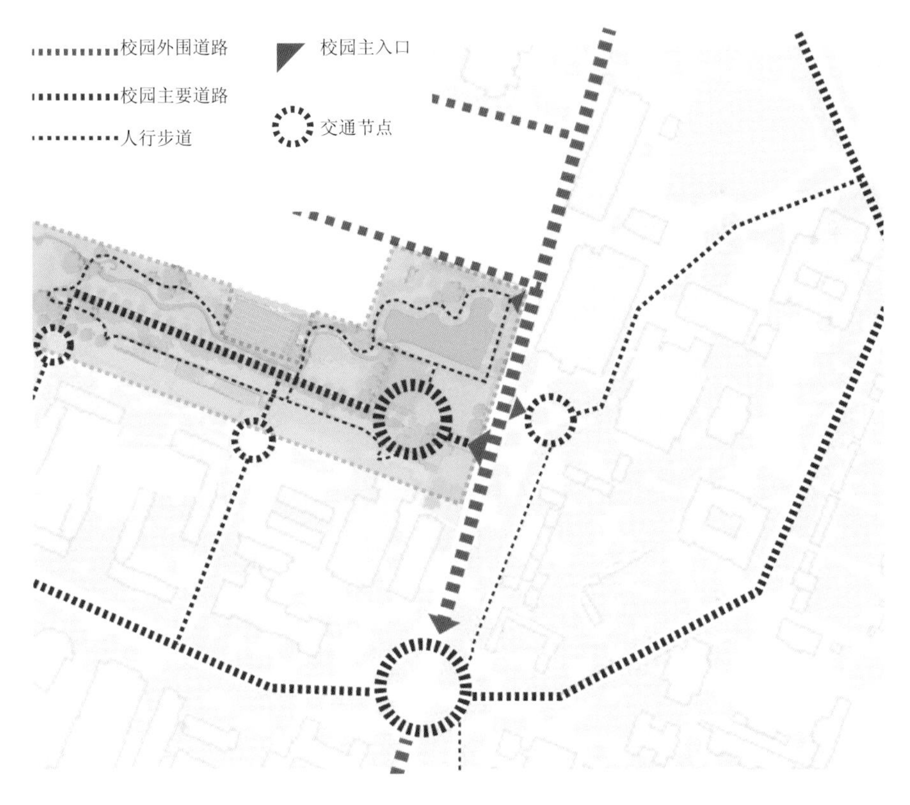

图 2-4-2 美国弗吉尼亚大学入口交通流线分析

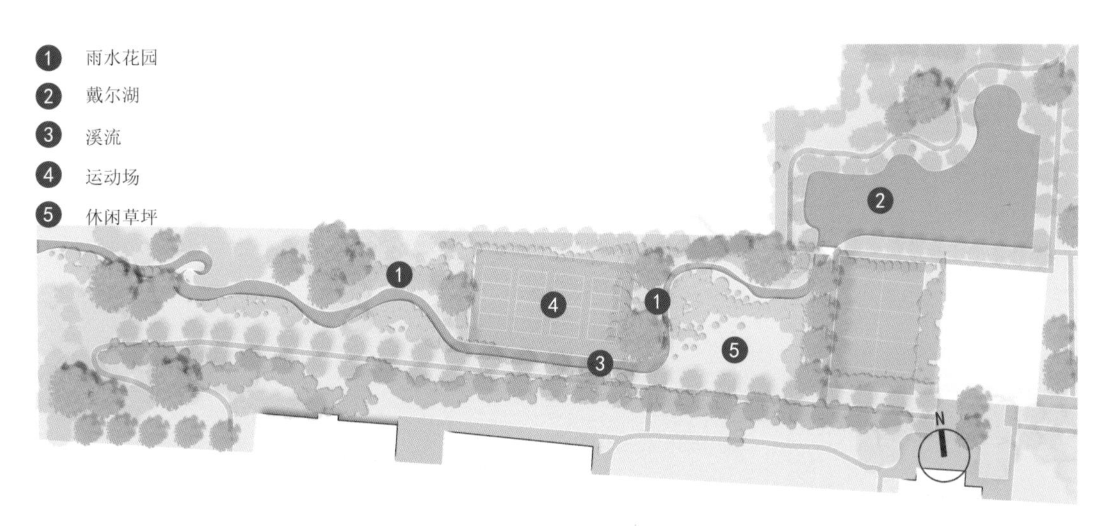

图 2-4-3 美国弗吉尼亚大学生态公园平面图

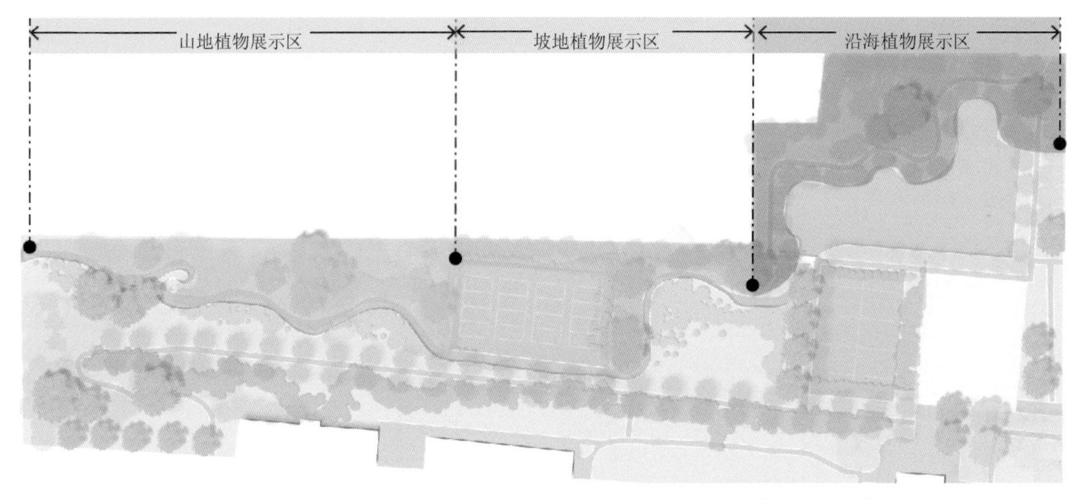

图 2-4-4 美国弗吉尼亚大学生态公园植物展示区

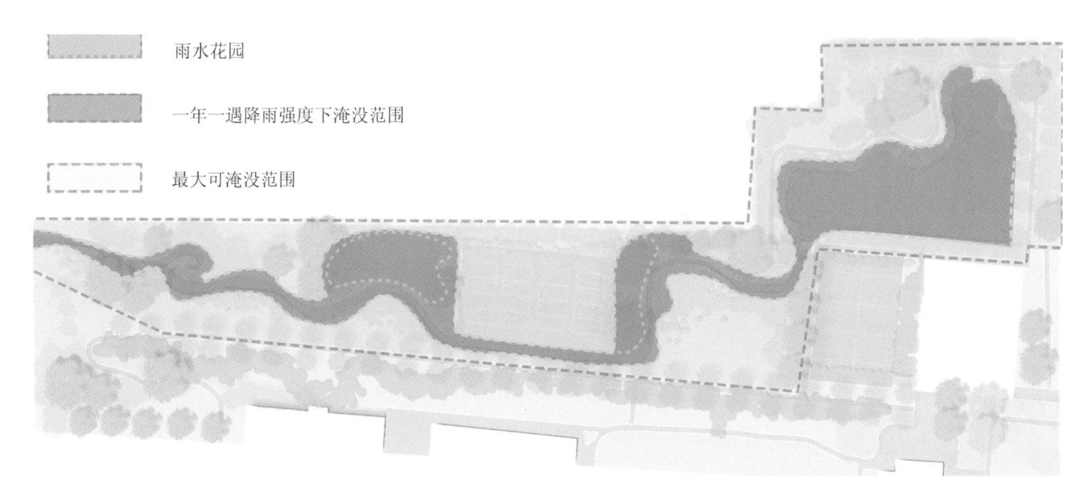

图 2-4-5 美国弗吉尼亚大学生态公园雨水综合管理系统

弗吉尼亚大学的入口生态公园（图 2-4-6）的项目建设通过恢复被填埋的溪流，不仅使大面积的湿地森林得到恢复，而且实现了雨水的管理与利用。入口空间兼具生态展示、雨洪管理和休闲活动功能，同时也成为大学师生重要的校园记忆。

另一个案例是历史悠久的加拿大多伦多大学的校园入口空间的景观改造（图 2-4-7）。多伦多大学位于城市的中心区域，校园与外部环境的关系较为复杂。城市中心区域的老校区往往会面临同样的问题。随着城市的发展，校园自身功能属性、师生日常生活诉求以及城市规划的长期共同影响，会使校园周边自发或按照规划衍生出相应的居住区、商业区与周边道路。校园与周边环境相互渗透融合，最后导致校园边界较为模糊。同时，校园的入口空间因成为不同属性用地的边界空间而承担了多种功能，成为业态活跃、各类活动频繁举办的场所。海绵校园的建设在过渡空间的功能需求项中又加入了雨洪控制和雨水资源利用的功能。

校园入口空间的改造最初是围绕主要绿地空间组织设计的。经过重新设计后的绿地空间成为连通校园历史区与城市主要商业街的步行入口空间，从而成为大学入口以及整个街道的重要地标，入口立面效果见图 2-4-8。中心绿地通过微地形变化和边缘下凹的明沟成为整个入口空间雨水下渗、吸收的“中心大海绵”（图 2-4-9）。校园入口平面见图 2-4-10。

原来建筑旁荒废的侧院和停车场结合绿地设计成为通往建筑的有趣的景观通道。点状绿地分散布局在建筑入口位置，不仅可以美化建筑外环境，而且可以对历史建筑周边的产汇流进行吸收与

图 2-4-6　美国弗吉尼亚大学生态公园入口景观（组图）

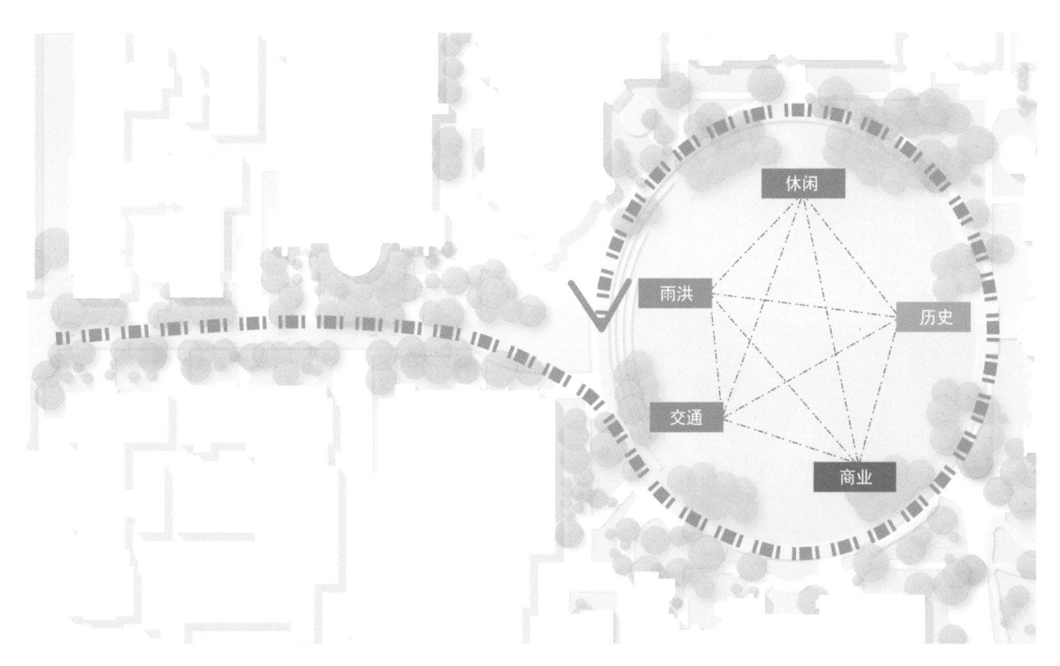

图 2-4-7 加拿大多伦多大学入口空间功能分析

图 2-4-8 加拿大多伦多大学入口立面效果

图 2-4-9 加拿大多伦多大学入口的大草坪

调蓄，从而保护历史建筑。学校根据街区的使用需求重新设计停车场，车行道路被改造为行人的活动场地和主要步行通道。可渗透铺装的应用减少了道路雨水的积滞。

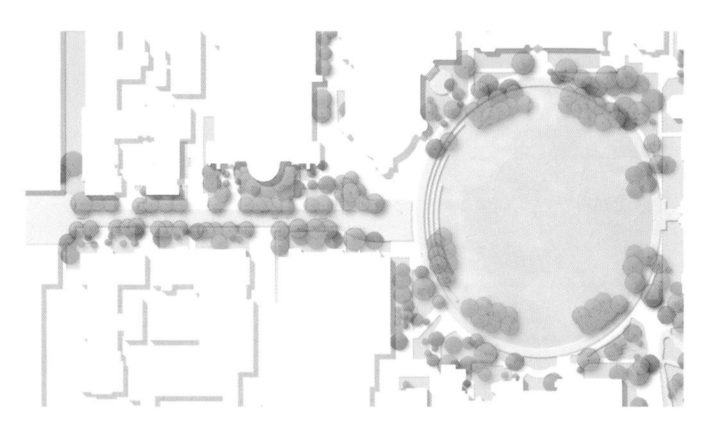

图 2-4-10　加拿大多伦多大学入口平面图

2.4.2　边界分隔空间

出于对校园安全的考虑，即使开放程度极高的大学也设有边界分隔空间。分隔方式分为柔性分隔和刚性分隔。刚柔结合的分隔方式在保证校园安全的前提下，产生校园的边界效益，带来相应的校园边界空间价值。校园边界景观的营造能够促进校园文化的传播和输出，能够实现内外生态环境的缓冲和过渡。

华侨大学厦门校区利用现状湿地构建校园景观结构骨架。适当扩大校区西南侧边缘的原有湿地面积、加大湿地水体宽度、取消校园与城市之间的墙体和栏杆，使得开阔的湿地水面成为校园与外部城市道路的分隔边界（图 2-4-11）。这种做法是华侨大学海绵校园建设中“功能湿地”生态框架构建的一个环节。华侨大学厦门校区考虑到校园的科研用地需求，即湿地中约占 15% 的养殖水面用于满足荷花种植和水产养殖科研需求等，在设计过程中对原有的湿地资源进行恢复。此外，将周边原有水渠扩建成两道防洪渠，使得湿地周边的雨水最终能够汇集到校区最北面的环形湖面中，经过

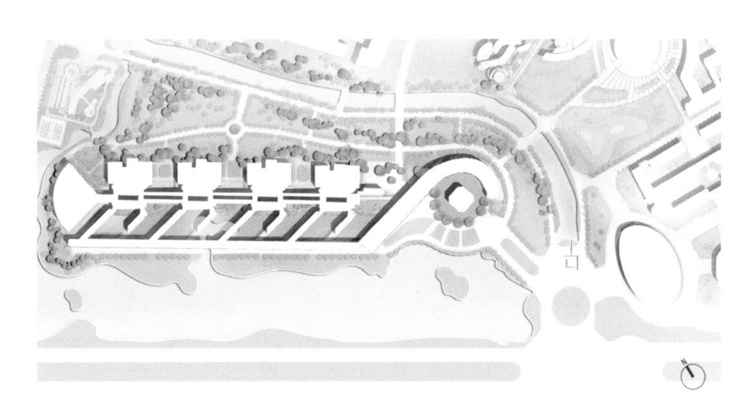

图 2-4-11　华侨大学厦门校区外围湿地位置示意

集美大道埋设的箱涵排入杏林湾。这种将客水引入人工湿地并与原民用水渠和池塘湿地连成一片的做法，既经济实用，又利用了有限的校园边界空间，同时构建了完整的湿地系统（图 2-4-12），形成了集污水处理、雨水收集、中水回用、洪水防治于一体的校园水资源生态平衡格局，有利于校园雨洪的管理和雨水利用。

美国弗吉尼亚州的马纳萨斯公园小学四周是大面积住宅区、私有林地以及历史悠久的地标性建筑。校园的景观设计参照和利用了周边环境的自然元素。学校的边界反而成为附近森林生态系统的延伸和表达。校园北部林地与教学楼之间的空地通过栽植乡土植物和水景设计，形成了本校小学生的“户外森林教室”（图 2-4-13）。

图 2-4-12 华侨大学厦门校区湿地景观

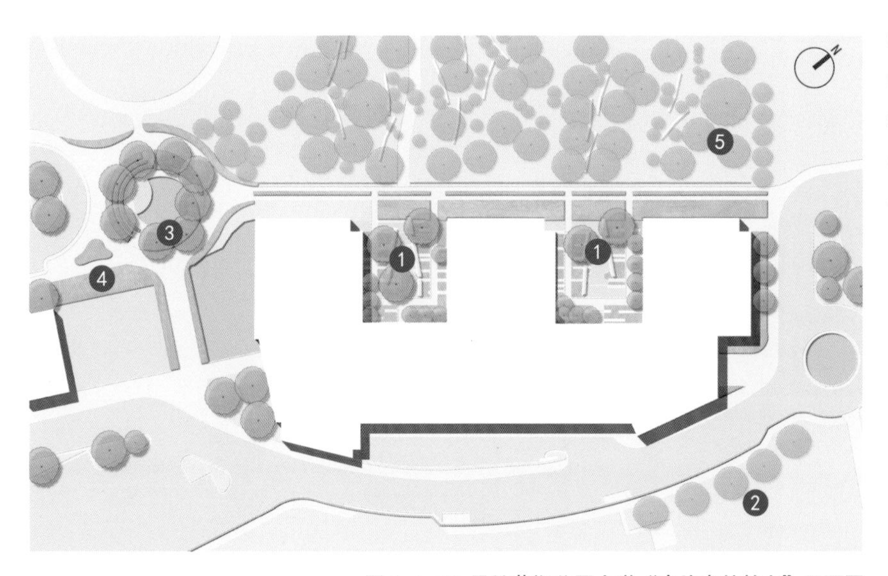

图 2-4-13 马纳萨斯公园小学“户外森林教室”平面图

“户外森林教室”的植被栽种模式模拟当地落叶混交林的特点。植被的形态和冠幅经过合理设计，不会对教学空间造成影响。“户外森林教室”中的水景设计和雨水资源的回收利用，主要结合下沉式绿地（图 2-4-14）、狭长的线性雨水通道（图 2-4-15）、可透水铺装（图 2-4-16）以及校园中的雨水蓄积泵房等设施，实现校园的雨水管理和再利用。从景观空间上，“户外森林教室”在校园周边受到破坏的大片地区重新栽种当地特有的暖季型草坪和野花，呼应东部开阔的平原景观。通过“户外森林教室”的设计，学校实现了校园边界与周边自然环境的缓冲过渡（图 2-4-17）。这使得小学校园被打造成能够有效实现水资源优化管理的“融合于森林的小学”，更重要的意义在于能够对小学生进行科普教育，使学生从幼年就建立起良好的水生态观念，体察水对于人类生活的实际意义。

图 2-4-14　马纳萨斯公园小学下沉式绿地

图 2-4-15　马纳萨斯公园小学线性雨水通道

图 2-4-16　马纳萨斯公园小学可透水铺装

图 2-4-17　马纳萨斯公园小学校园景观与周围环境融合

2.5 海绵校园雨洪管理体系

《指南》根据雨水管理的“源头、过程、末端”3个主要环节，提出了“渗、滞、蓄、净、用、排”6类典型的雨洪管理技术原理。这6类技术原理以人工干预水文循环过程的方式，赋予景观“海绵”的功能。校园景观的“海绵化”过程，其实就是将6类雨洪管理技术措施与校园景观规划设计相结合，在实现雨洪管理的基础上，创设满足教学功能、服务师生的校园景观环境。

在海绵景观设计中，设计人员通过6类措施的组合应用完成对雨洪的管理和调控。反过来说，海绵景观的雨洪控制功能不是单一的。根据不同的规划设计需求，结合不同的场地现状条件，灵活选择恰当的措施组合体，才能因地制宜地实现对场地雨水的控制。下面以校园景观设计为例，介绍几种常见的海绵技术组合方式。

2.5.1 雨水的“渗”与“滞”

“渗”是指雨水径流透过下垫面孔隙（土壤孔隙、透水铺装孔隙等）进入地下、回补地下水的过程。雨水的下渗可以有效减少地表雨水产汇流，削减洪峰，减小雨洪压力。雨水进入地下，以壤中流的形式通过地下坡面汇流补充河水，改善水生态。海绵校园建设中提高典型渗透作用的措施有透水铺装、下沉式绿地、生物滞留池以及渗井等。但是对于地下水位高或者土壤渗透性差的场地来说，渗透措施并不能产生预期效果。前者可通过局部覆土抬高或设置高位植坛来改善；后者则可通过改良土壤，如在土壤中掺入粗砂木屑等或以换土的方式进行改善。

“滞”能减缓雨水径流汇集的过程，起到削减洪峰、错峰排水的双重作用，能有效缓解场地的排水压力。常见的“滞”措施有设置调节干塘、生物滞留池、下沉式绿地等地表凹地或绿色屋顶来减少不透水下垫面产流，选用粗糙度较高的材料作为水流接触面，如在自然植草沟中设置毛石、碓石等。但是为了避免径流滞留过程造成水质恶化、蚊虫滋生的问题，雨水滞留时间通常要求小于24 h。

在美国圣路易斯华盛顿大学的校园更新项目中，医学中心将医院屋顶改造为具有疗养景观效果的绿色屋顶（图2-5-1）。绿色屋顶使用绿地代替硬质铺装，运用高位树池有效实现雨水下渗和滞留，减小屋面汇水对校园地表产生的排水压力。采用绿色建筑收集雨水的方式能够减少自来水的消耗，增加校园的绿地面积，美化环境，净化空气，吸收噪声。对于建筑使用者而言，屋顶花园视线开阔、空气优良，有助于患者放松心情，起到疗养的作用。

美国德雷塞尔大学佩雷尔曼广场被学校的商学院、新建住宅以及零售中心包围。佩雷尔曼广场更新改造项目对校园的主体方形院落进行重新设计，将广场和主要街道、校园道路和公共交通系统联系起来，能够满足学生的会面、就餐、学习和集会活动，以及周边社区居民的日常社交互动的需求（图 2-5-2 ～图 2-5-4），使得广场成为校园的新“中心”（图 2-5-5），在满足功能需求的基础上实现广场雨水的收集和管理（图 2-5-6）。广场主要采用渗透式地表铺装、生态树池（图 2-5-7）以及树沟来收集和滞留雨水。

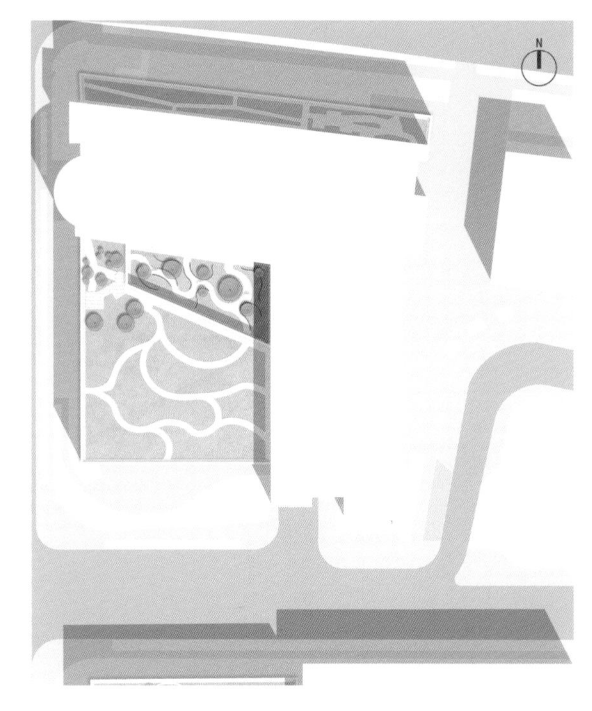

图 2-5-1　华盛顿大学医学中心绿色屋顶平面图

图 2-5-2　佩雷尔曼广场景观

图 2-5-3 佩雷尔曼广场上的社交活动

图 2-5-4 佩雷尔曼广场上的休憩场所

图 2-5-5 佩雷尔曼广场平面图

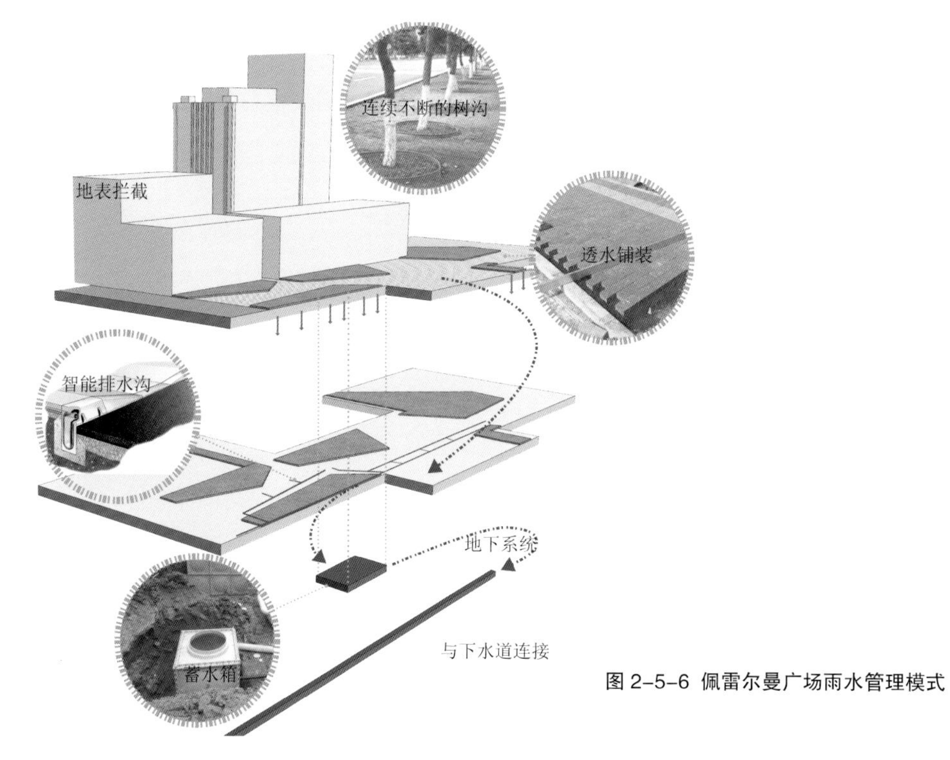

图 2-5-6 佩雷尔曼广场雨水管理模式

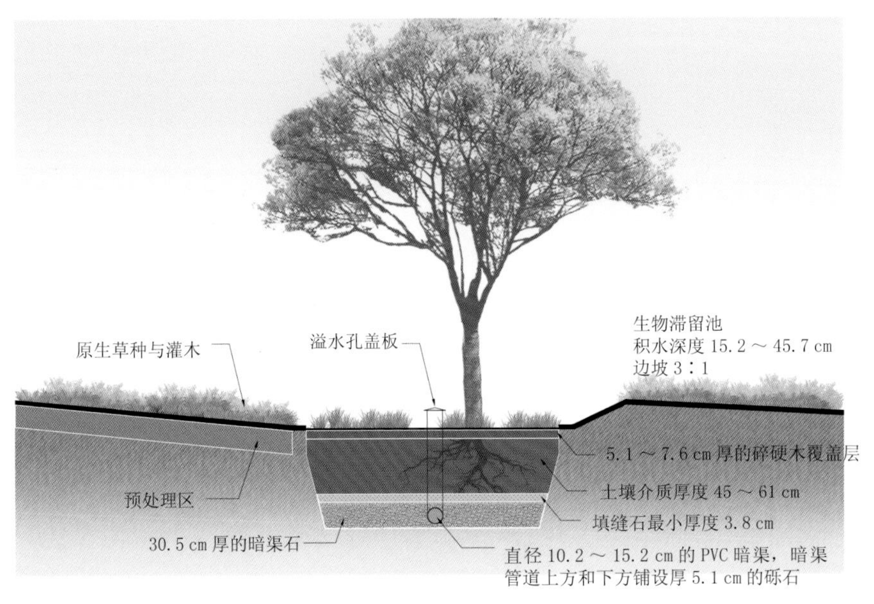

图 2-5-7 广场生态树池的做法

2.5.2 雨水的“蓄”与“净”

雨水的“蓄”与“滞”过程相似，但是“蓄”的最终结果是将产生的雨水径流收集并储存起来。蓄水措施按照所处的水文阶段不同，可分为源头型蓄水措施和末端型蓄水措施。前者多与“渗”“滞”的措施相结合，形成下沉式绿地、雨水花园、湿塘等小型景观或蓄水池、集水箱等人工装置；后者多与场地中的河流湖泊等湿地水系环境相结合，打造区域中主要的防洪空间。

“净”是指通过人工干预自然做功的方式净化水体、改善水质，降低产汇流过程中的面源污染。根据净水方式不同，“净”可以分为物理净化、化学净化和生物净化 3 类。物理净化的原理主要是沉淀和过滤。实现沉淀功能的典型措施有位于下凹绿地、湿塘等上游的沉砂池，它们作为前置塘起到对雨水径流中大颗粒污染物的预处理作用。实现过滤功能的有植草沟中的砾石堆、湿地生境中的植物枝干、叶片等，以及湿地或水体中设置的截留过滤新材料。化学净化通过投放药剂产生化学反应来完成水体净化，在海绵景观设计中应用较少。生物净化是环境自净的重要过程之一。生物净化对于景观生态系统的构建、提高生物多样性具有重要作用。生物净化过程能够通过水体中的生物群落结构以及溶氧量变化反映水体净化的程度，能为后期的养护管理提供可靠有效的参考数据。可以说“净”的过程贯穿于“渗”“滞”“蓄”“用”“排”各个环节中。“净”与“蓄”相结合的措施主要实现雨水收集后的污染物净化，提高雨水利用率，为下一步雨水的排放或利用提供保障。

美国康涅狄格州的玛格奈特小学（图 2-5-8）是通过自然式的雨水花园（图 2-5-9）完成雨水的过滤沉淀的，净化后的雨水将进入一个下埋式的雨水径流存储处理系统（图 2-5-10）。在这个地下雨水蓄积池中，雨水将得到进一步净化处理，之后再用于校园植物（图 2-5-11 ～图 2-5-15）灌溉。此外，小学教学楼的屋顶被改造成花园，绿化覆盖率超过 50%。屋顶绿地收集净化后的雨水可以基本满足屋顶花园的浇洒需求。

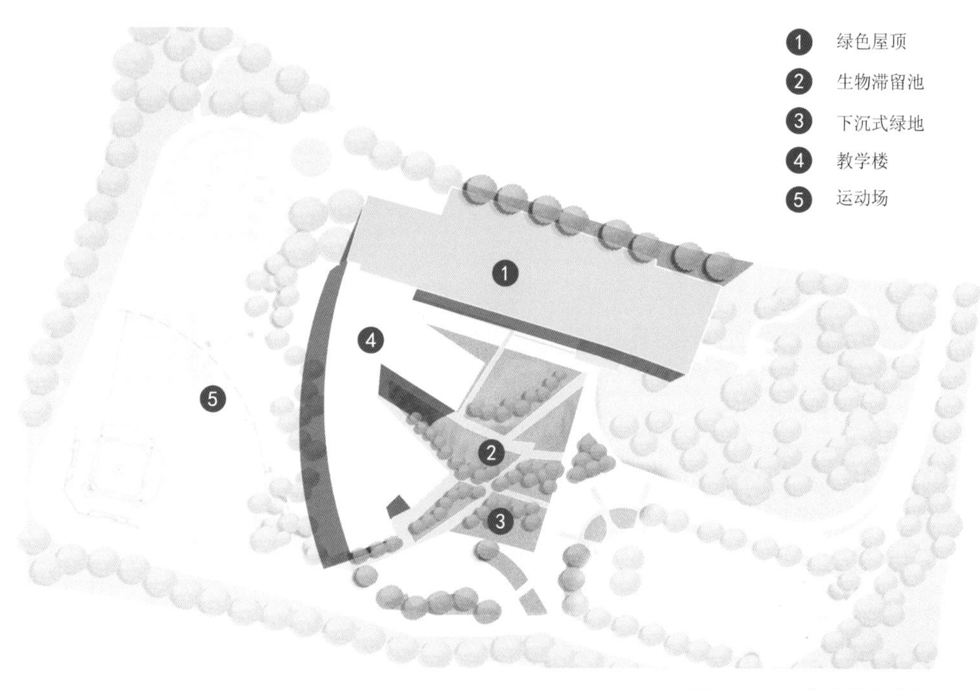

图 2-5-8 玛格奈特小学景观平面图

图 2-5-9 雨水花园剖面图

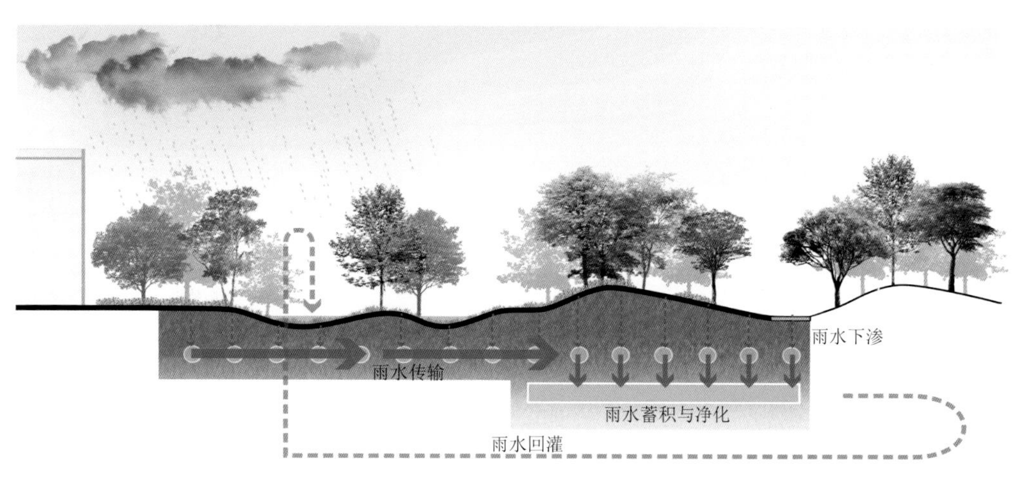

图 2-5-10 下埋式的雨水径流存储处理系统剖面图

图 2-5-11 校园湿地

图 2-5-12 教学楼间的雨水花园

图 2-5-13 步道旁的雨水花园

图 2-5-14 亲水栈道下的湿地

图 2-5-15 自然式雨水花园

2.5.3 雨水的“用”与“排”

雨水是城市中可供循环利用的水资源形式。海绵城市理念下的雨水的“用”与“排”是提倡雨水资源有效利用和减少“雨污合流”的方法。被处理过的雨水可为建筑使用者提供冲洗功能，满足景观用水的灌溉需求等。需要强调的是，被收集净化的雨水在再利用之前，应进行水质监测，以保证用水的水质要求。

校园中学生人数多，生活用水集中且需求量较大。校园内建筑集中，将屋面或其他建筑物作为汇水面收集雨水是一种常见的有效的雨水利用方式。屋面雨水水质较好，雨水回收利用成本较低，只需简单过滤便可回用；雨水收集面较大，容易获得较大的雨水量。屋面雨水被收集处理后可进行绿化灌溉，回灌于地下，从而促进校园系统的生态水循环。收集的雨水还可用于建筑物的冲洗，实现雨水的循环再利用，大大减轻校园的用水压力。

美国圣路易斯华盛顿大学医学中心疗养房 4 个绿色屋顶改造项目中，有 3 个通过在屋顶或建筑物上栽种绿色植物实现雨水的下渗和收集再利用。另外一个屋顶改造项目则是在屋顶上建造了有高差变化的蜿蜒水流景观（图 2-5-16），并通过安装雨水收集设备将屋顶的雨水储存在水槽中。带状的水槽因为高差变化带给水流动力，收集的雨水流经各个水处理模块构成的蓄水槽，这一过程不仅实现了雨水沉淀过滤后回用的目的，而且不同的流水形态带给人丰富的视觉体验。屋顶雨水的回收再利用创造出灵动的屋顶水景，能够改善屋顶的空气湿度，而且动态的水体变化能够活跃场地气氛，使建筑使用者的身心得到放松，也增强了景观的疗养作用。

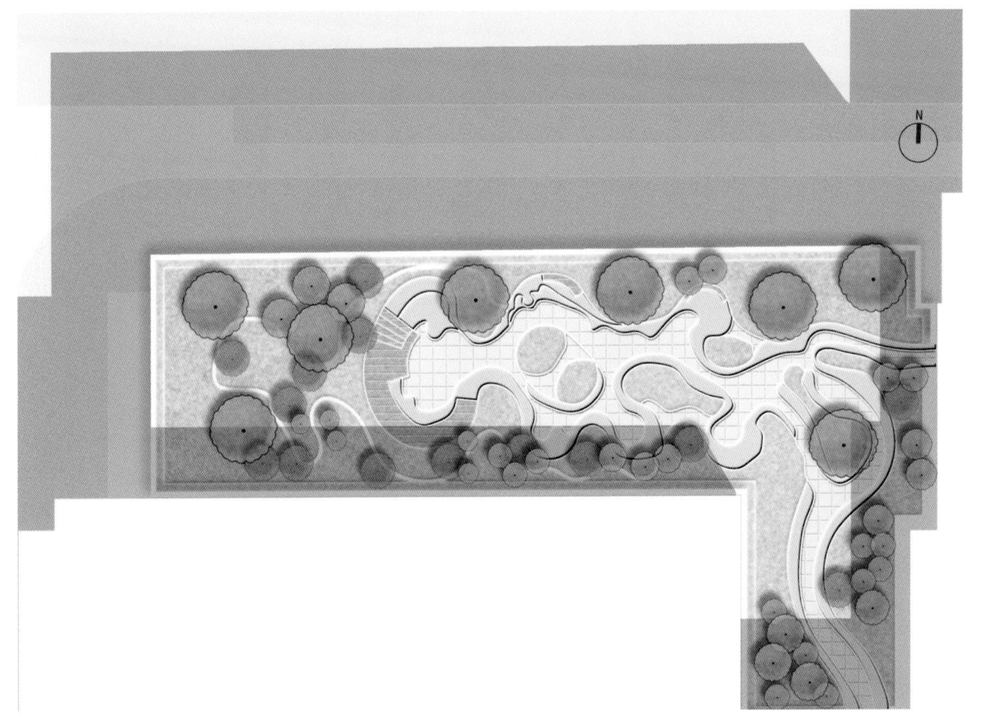

图 2-5-16 美国华盛顿大学医学中心屋顶花园水流景观平面图

美国佐治亚理工学院通过校园景观的再生和更新改变校园中的核心景观（图2-5-17），推动校园可持续建设和发展。本项目的目的在于创建一个“户外实验室”，大学师生和社区居民都可以通过直接的观察获得对于水资源再利用的体验。“户外实验室”景观项目（图2-5-18～图2-5-21）通过绿地的地形设计，引导场地周边建筑、道路以及停车场的雨水汇入场地；再通过场地内部下沉式绿地、渗透铺装、生态树池的运用，完成雨水的吸纳；最后没有被吸纳的雨水，通过排水沟进入雨水花园和广场中的蓄水池。这个景观项目可向学生集中展示雨水的净化过程。在项目的局部硬质铺装部分，通过生物滞留池将坡面汇水集中输送到排水管道中。雨水径流从不透水表面进

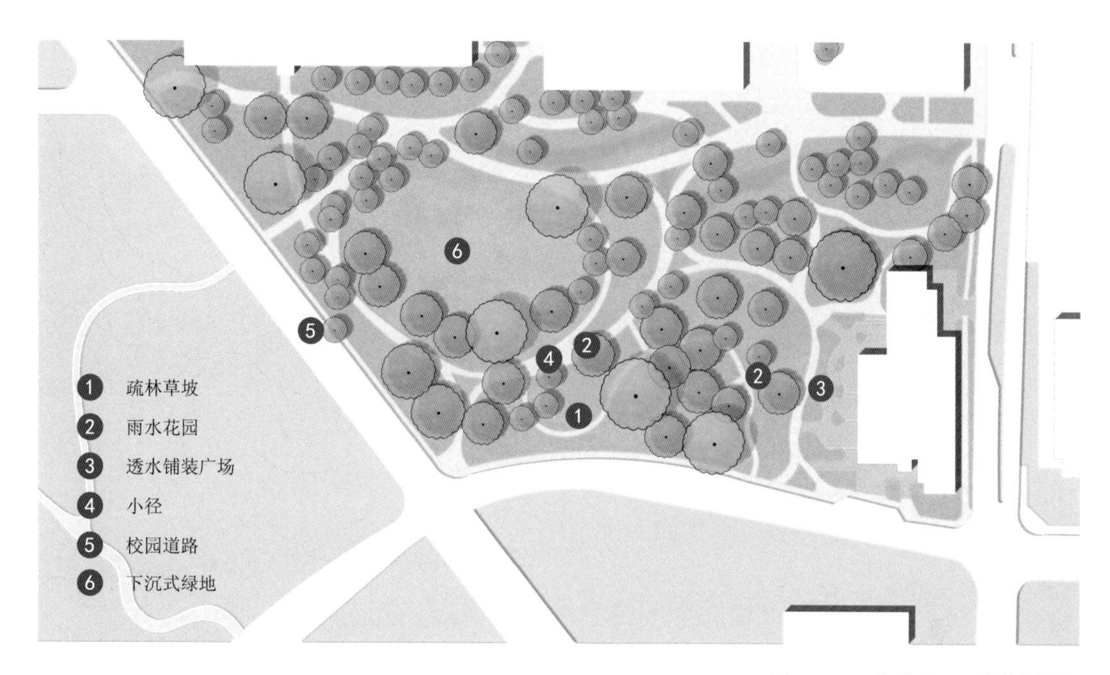

图2-5-17 佐治亚理工学院平面图

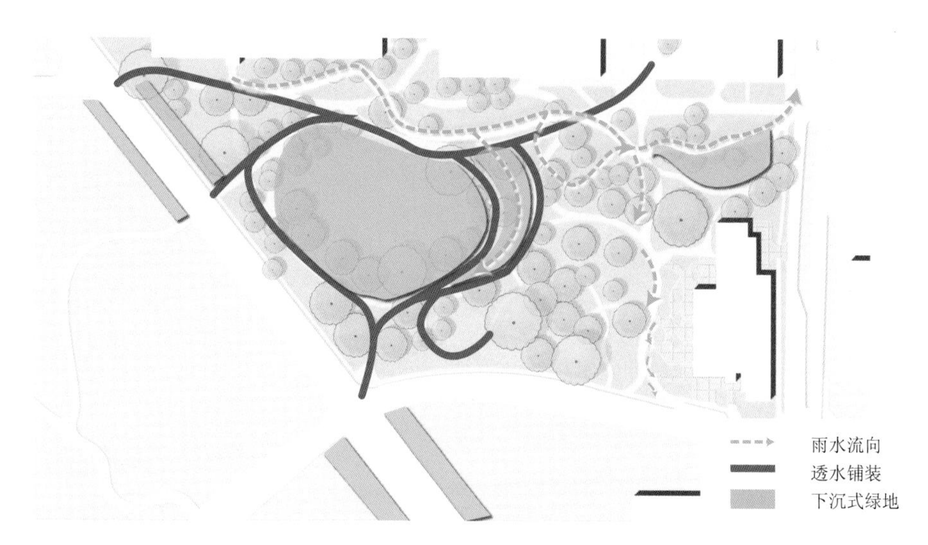

图2-5-18 “户外实验室”雨水流线分析

图 2-5-19 建筑入口剖面图

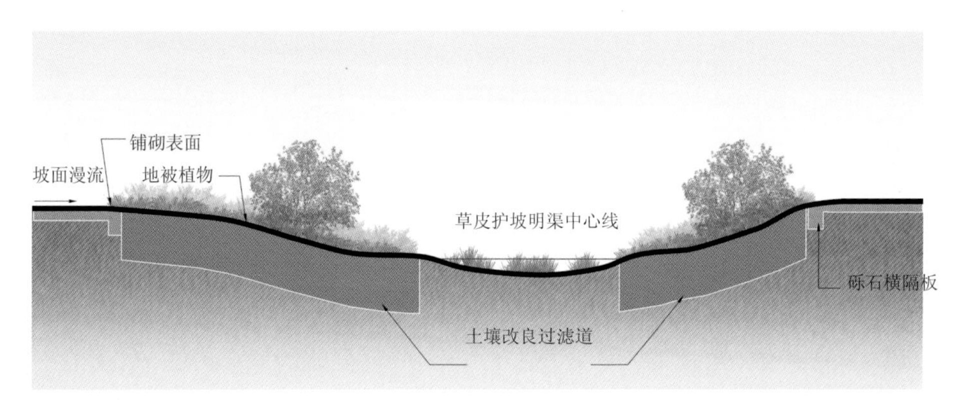

图 2-5-20 排水渠剖面图

图 2-5-21 下沉式绿地剖面图

入排水系统时，经过拦截、渗透、过滤、处理后得到再利用。特别是校园中的小块不透水表面起到重要的截留作用，草皮护坡的明渠可实现小部分径流的过滤整合。

这个过程其实已经涉及雨水管理的各个阶段，同时以“户外实验室”为主题的校园雨洪景观重点通过雨水的排放和利用展示“与洪水为友”的雨洪理念，并对学生进行科普教育与实践性的探索引导。

2.5.4　雨水管理与综合利用

雨水的管理与利用是一个综合过程。景观空间的尺度虽然大小各异，但是其中囊括的雨水管理措施却体现了“渗”“滞”“蓄”“净”“用”“排”的灵活组合与综合应用。下面 4 个案例列举了不同空间尺度下综合利用的各类雨水管理措施，它们均减轻了雨洪给场地带来的压力，实现了雨洪的有效管理。

2.5.4.1　小尺度的海绵校园景观设计

美国波特兰塔博尔山中学雨水花园（图 2-5-22）是波特兰市可持续雨洪工程的最成功的范例之一。这个项目将一个利用不充分的沥青地面停车场的“灰色地带”变为充满自然野趣的“绿色空间”式雨水花园，减轻了当地街道下水道设施的雨洪压力。这个雨水花园是一个由校园建筑围合成的小型庭院，面积仅为 380 m²。场地由于全部为硬质铺装，产生庭院利用率不高和小气候温度过高等问题。特别是沥青停车场所产生的热量，即使在室外气温条件温和的情况下，也会导致教室内温度上升。

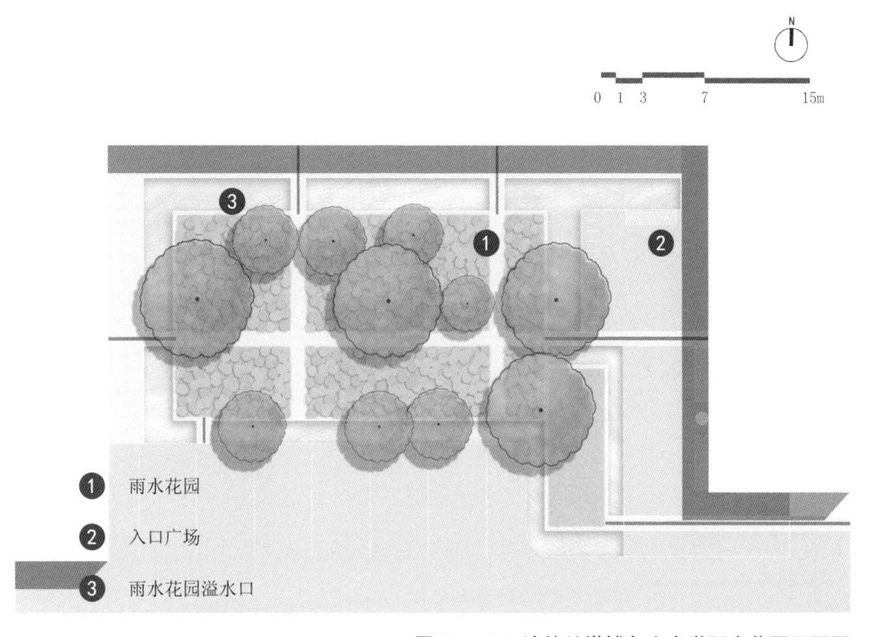

图 2-5-22　波特兰塔博尔山中学雨水花园平面图

该项目通过设计庭院中的雨水花园实现场地雨洪就地管理（图 2-5-23）。在降雨情况下，场地周边的沥青停车场及外围建筑物屋顶共约 2 800 m² 的不透水面积产生的雨水径流，通过一系列排水沟和管道传输汇集到庭院中约 90 m² 的雨水花园中。径流进入雨水花园后，通过混植矮生的灯芯草、莎草和允许生长的杂草实现雨水的第一步沉淀；然后通过土壤的作用，使雨水在下渗的同时完成粗过滤。随着暴雨强度的增大，花园内的雨水径流逐渐增多，下沉的雨水花园充当雨水调蓄和滞留的下沉式蓄水池。一旦雨水花园中的积水超过 20 cm 的设计深度，水就流出花园并进入与之连通的下水道系统。雨水花园中设计了一条约 0.6 m 宽的砾石走廊（图 2-5-24 ～图 2-5-26）。

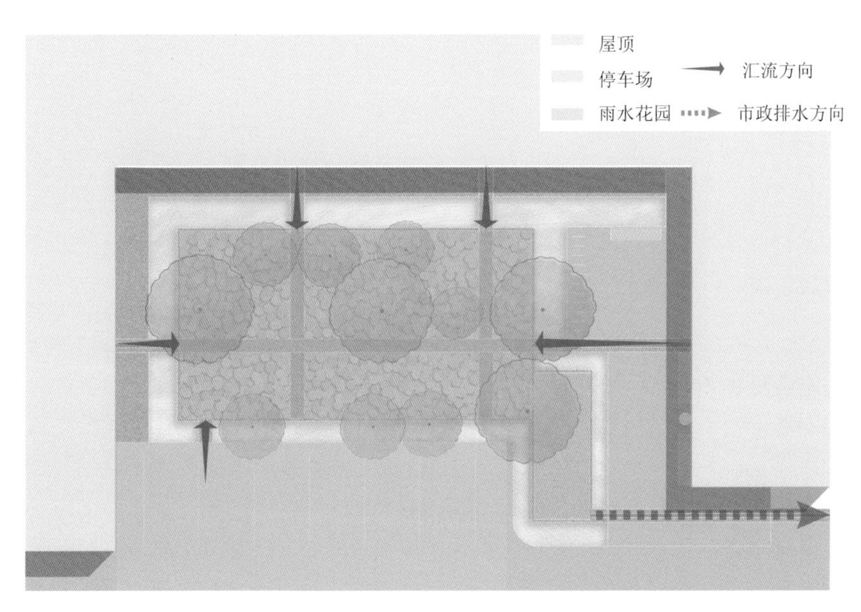

图 2-5-23 雨洪管理分析

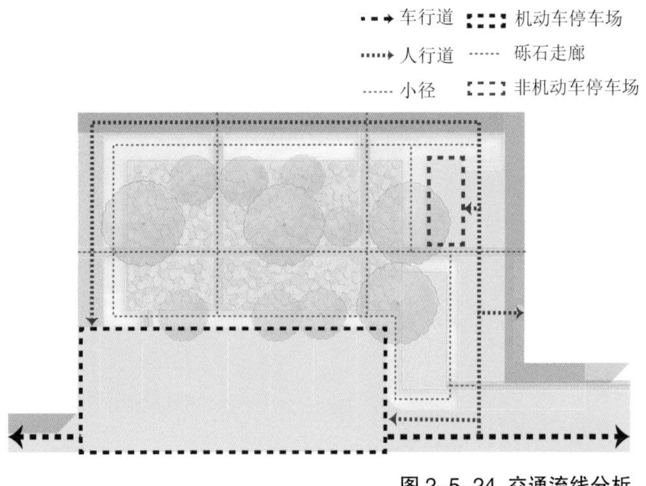

图 2-5-24 交通流线分析

图 2-5-25　砾石走廊

图 2-5-26　雨天的砾石走廊

走廊连接了雨水花园的两端，一方面保证了庭院中步行道路的通畅，另一方面可以为学生提供进入雨水花园的通道。在这条可供单人通行的花园小径上，学生可以观察到雨水从多个方向跌落到花园中的过程。此外，小径也可作为养护人员进入雨水花园而不破坏植被和土壤结构的通道。

对于小面积内向型场地的雨水管理来说，波特兰塔博尔山中学雨水花园（图 2-5-27 ～图 2-5-31）是成功范例。管道沟渠等设施将屋顶、道路等不透水下垫面产生的雨水汇流引入雨水花园后，利用植物、土壤完成对雨水的渗透和净化。当面临大暴雨的情境时，雨水花园能够起到小面积的雨水调蓄滞留作用。花园中植物的选择应当注意以耐湿耐旱的多年生乡土植物为主，以适应雨季、旱季不同的水分条件和长期养护管理的需求。

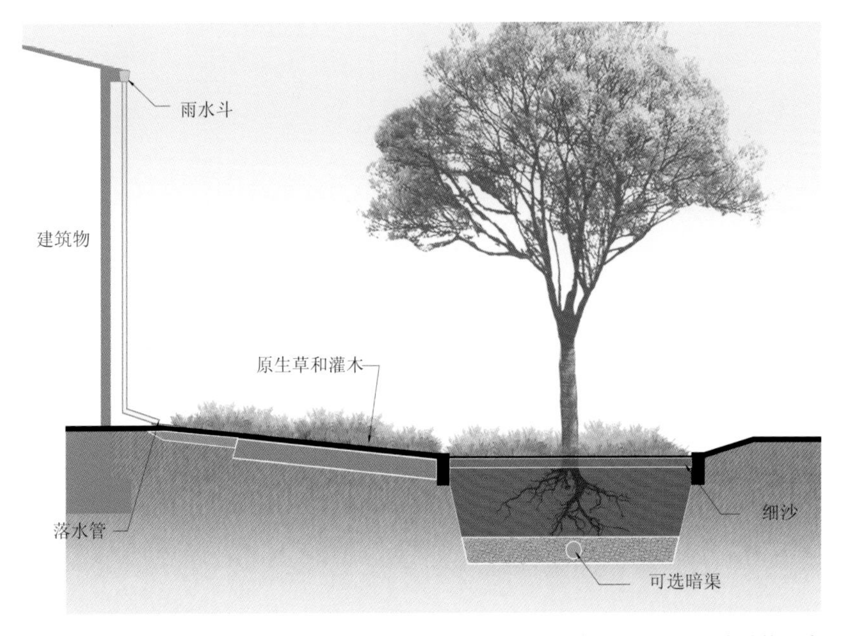

图 2-5-27 建筑排水结构示意

图 2-5-28 停车场旁的植草沟

图 2-5-29 连通雨水花园的排水沟

图 2-5-30 雨水汇流进入花园

图 2-5-31 建筑旁的植草沟

2.5.4.2 中等尺度的海绵校园景观设计

美国乔治华盛顿大学广场（图 2-5-32）以可持续雨洪管理项目为核心进行校园海绵改造。该广场是一个由学生公寓楼和教学办公楼等建筑围合起来的中等尺度的绿色开放空间。该项目的雨水管理方式主要是将道路、广场和屋顶等不透水区域的雨水统一收集后，通过符合一定标准的处理后经蓄水池中转，再以景观灌溉和喷泉水景营造的方式进行回收利用。该项目的雨水利用目标是，场地内绿地和喷泉水景用水全部使用回收的雨水，几乎不需要市政供水。该项目节约了水资源并切实减少了夹带污染物的雨水流入附近河道，从而实现了该流域的水生态系统保护。

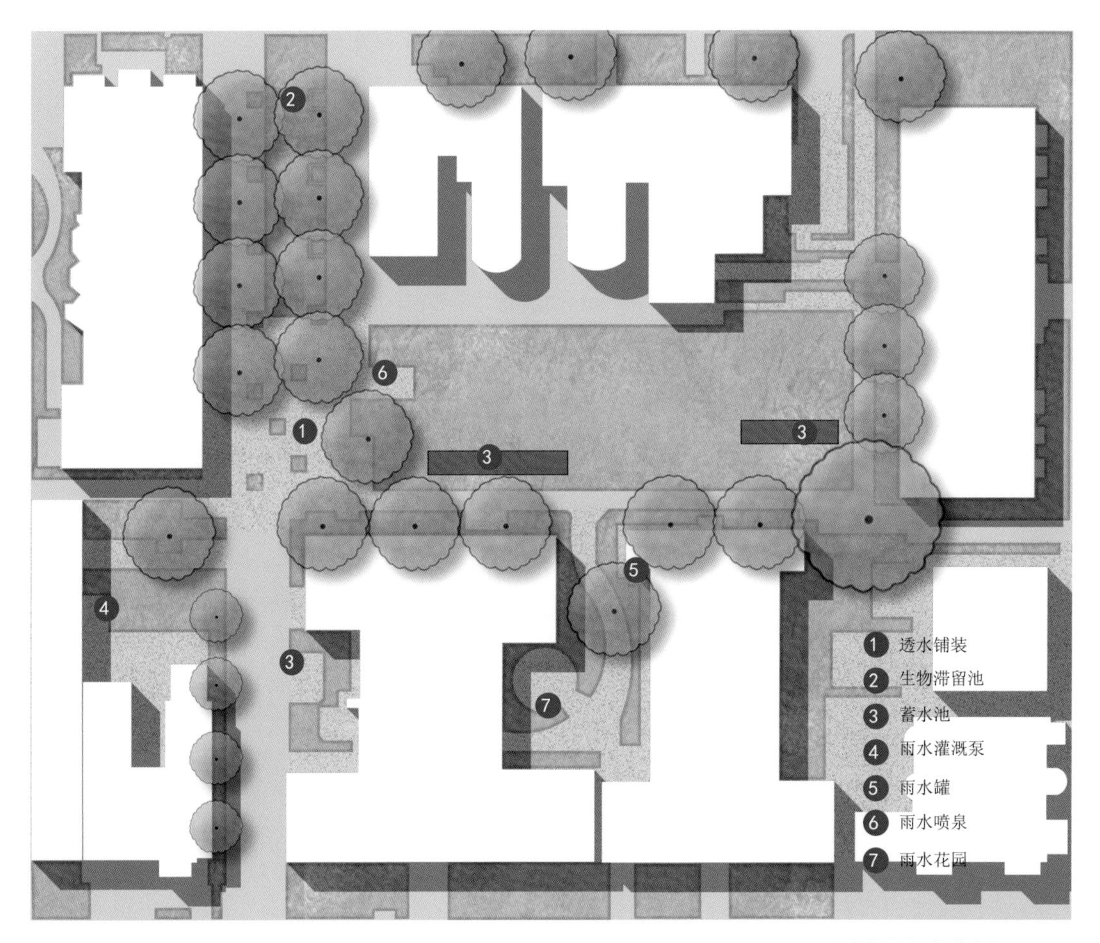

图 2-5-32 乔治华盛顿大学广场平面图

项目中主要的雨水管理措施有雨水花园、生物滞留池和生态树池。不同位置的不透水地面的雨水经绿色基础设施收集、净化后，进入广场的地下蓄水池。下雨天，广场上不透水铺装产生的雨水径流随着地势进入滞留池或雨水花园中的下凹绿地。雨水在绿色基础设施中经过植被层和土壤层层层渗透、过滤和沉淀。雨水中的悬浮颗粒、有机污染物、重金属离子等污染物在这一过程中被有效去除。这些绿色基础设施中设置有溢流竖管等溢流设施。暴雨时，过量的雨水溢出雨水花园，进入其北侧的生态调节沟，再经过滤后由管道最终进入地下蓄水池。在广场西北部，通过地形设计，人行道的雨水能够自西向东经由“线性排水沟—生态树池—暗管—地下蓄水池”被收集（图 2-5-33 ～图 2-5-35）。广场中设置的透水铺装地面可使雨水通过透水砖孔隙垂直向下流入砂砾基层。该基层中自然产生的降解微生物可有效分解雨水中的污染物。学生公寓楼屋顶雨水的收集方法则是在建筑的雨落管口下方设置一个 14 m³ 的雨水罐，屋顶雨水顺着雨落管流入雨水罐，

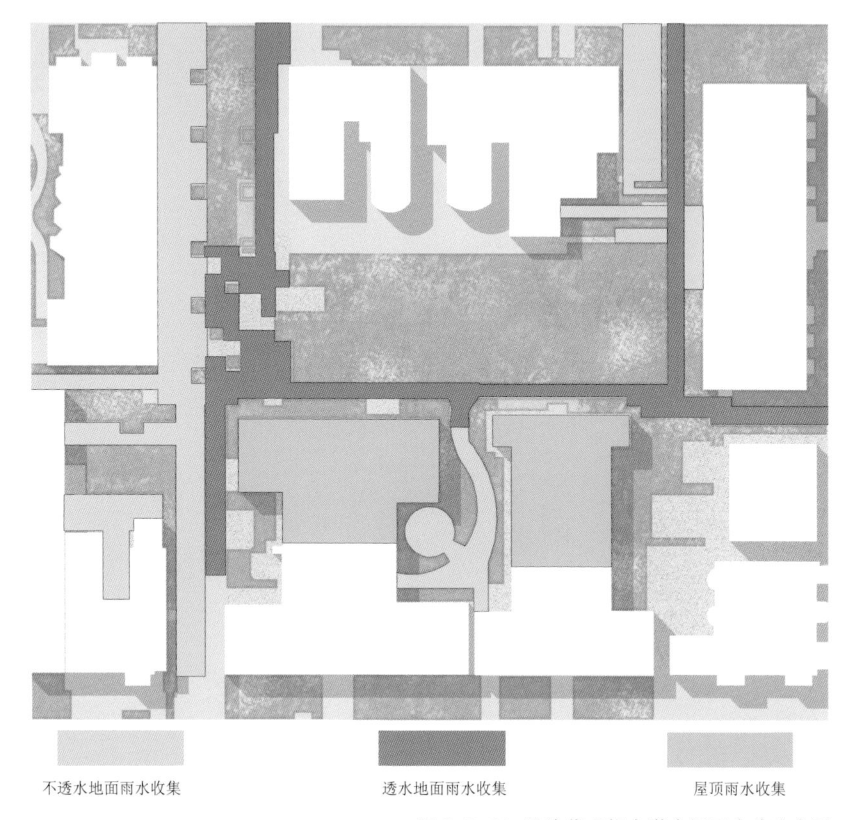

图 2-5-33 乔治华盛顿大学广场雨水收集布局

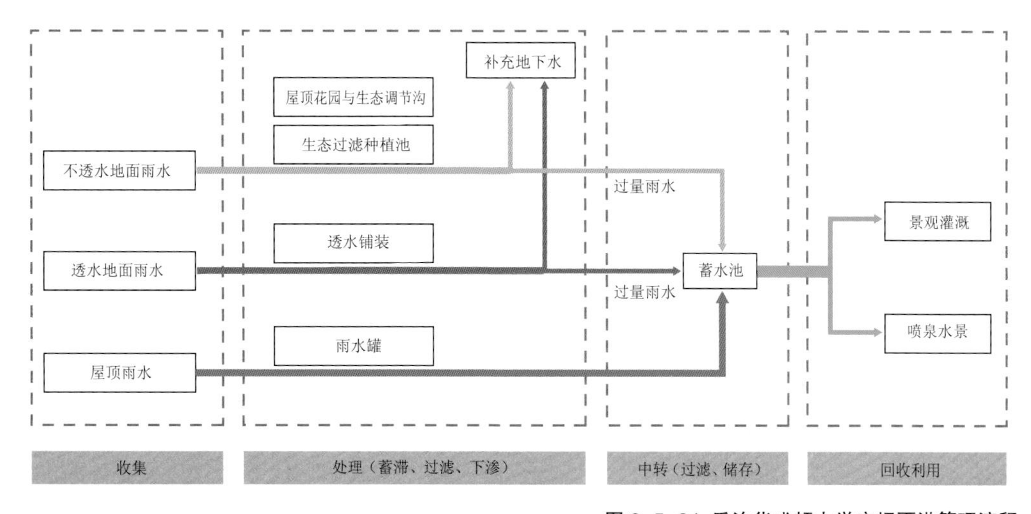

图 2-5-34 乔治华盛顿大学广场雨洪管理流程

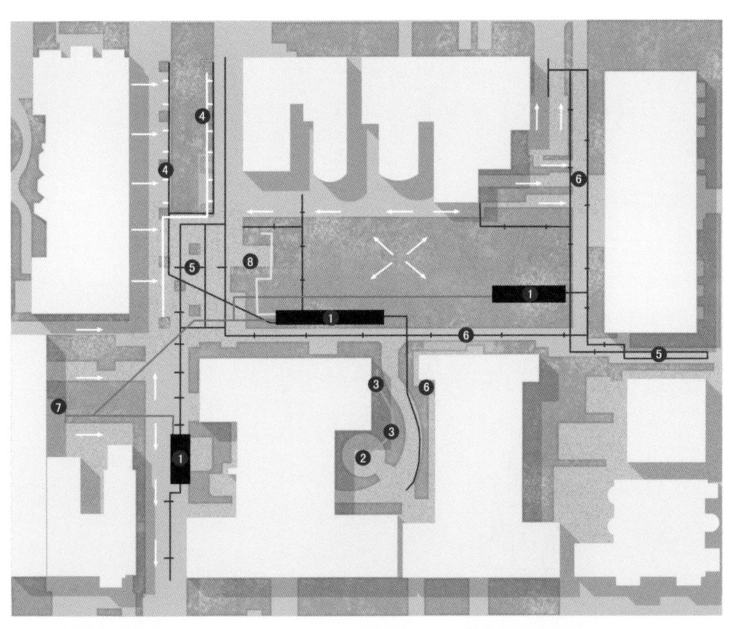

图 2-5-35 乔治华盛顿大学广场雨洪设施布局

其进水口处设置了滤网，以防杂物进入及蚊虫产卵，出水口处设置软管将过量的雨水经过滤后输送至地下蓄水池。所有收集来的雨水通过净化处理，进入地下蓄水池。蓄水池中的雨水一部分被输送至灌溉系统，一部分用于广场中央的喷泉水景（图 2-5-36）。

下沉式的生态花池（图 2-5-37）和透水铺装（图 2-5-38）还能发挥雨水调蓄滞留作用。花池中的土壤下陷形成低于地平面约 15 cm 的蓄水层，这样可以保证 15 cm 以内深度的降水被暂时滞留在种植池内进行缓慢的过滤和渗透，最终经过暗管流入地下蓄水池。

图 2-5-36 乔治华盛顿大学广场中的喷泉景观

图 2-5-37　乔治华盛顿大学广场中的下沉式花池

图 2-5-38　乔治华盛顿大学广场中的透水铺装

中等尺度的校园空间可以采取分散式的雨水收集方式，通过雨水花园、生物滞留池、生态树池、建筑物的“雨落管—雨水罐”等将不同位置、不同汇水空间的雨水分散收集，在降雨的第一时间减小场地的雨洪压力。因为场地空间尺度不大，收集到的雨水量有限，被处理净化后的雨水适合集中储存，之后可以用于水景维护、绿地灌溉，就地实现雨水的再利用。

2.5.4.3 中小尺度的海绵校园规划设计

昆山市城北中心小学西校区（图 2-5-39）占地约 4.77 万 m^2，基于海绵理念完成了校园景观规划设计。该项目通过源头式分散处理和蓄水区集中处理相结合的方式，采用植草沟、生物滞留池、蓄水池、渗井等设施实现面源污染削减和场地雨洪管控（图 2-5-40）。学校设置双排水系统（图 2-5-41 和图 2-5-42）。一套排水系统用于收集建筑物雨水及体育场场地雨水并传输至蓄水池净化后进行回用。路面、铺装、绿地的雨水经过植草沟或边沟传输进入生物滞留池，屋顶雨水经雨落管进入生物滞留池。经过生物滞留池净化处理后的雨水进入蓄水池，用于学校内的车库冲洗和绿地浇灌。结合学校回用水量的具体要求和昆山市的规划建设要求，校园中蓄水池的规模最后被确定为 360 m^3。另一套排水系统用于收集路面、铺装、绿化用地的散排雨水。雨水经过植草沟或边沟收集传输后，进入生物滞留池。过量雨水直接溢流进入市政排水管道。最后，经过生物滞留池净化处理后的雨水直接排入河道。

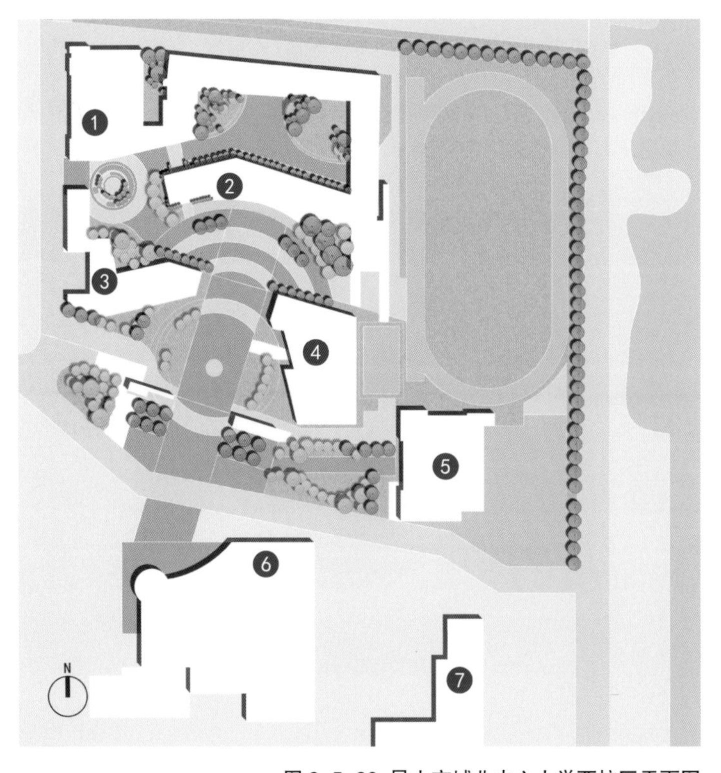

图 2-5-39 昆山市城北中心小学西校区平面图

小学校园相比于中等、高等学校教育用地尺度略小，但是相较于建筑庭院和楼宇间的公园广场，其范围已经能够建立完整的雨水管理体系。结合用地的特殊性，该学校雨洪管理采用集中与分散相结合的方式（即结合学校内绿地设置集中型的雨水处理设施，结合建筑设置分散型的雨水处理设施），形成雨水管理网络体系，从而构成不同片区的社区海绵网络；同时，将地上、地下的空间利用相结合，优先通过地上绿色基础设施对雨水进行渗透、滞留、净化处理，多余的雨水再通过地下管网进行排放。

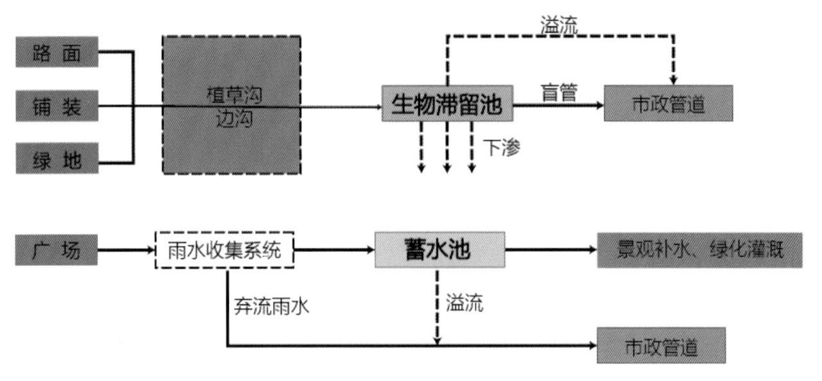

图 2-5-40 雨洪管理措施

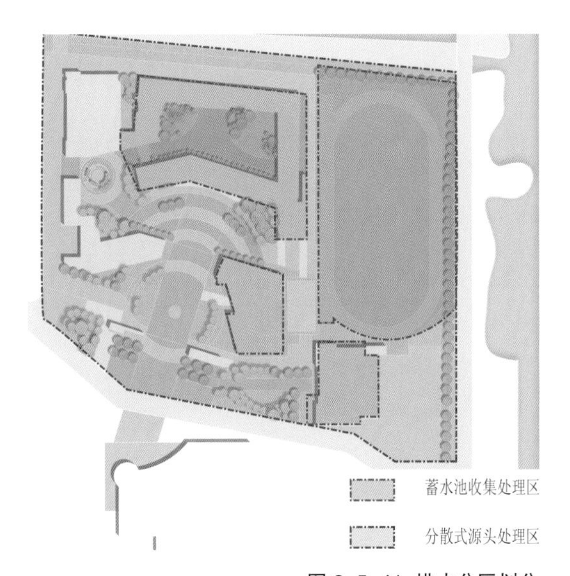

图 2-5-41 排水分区划分

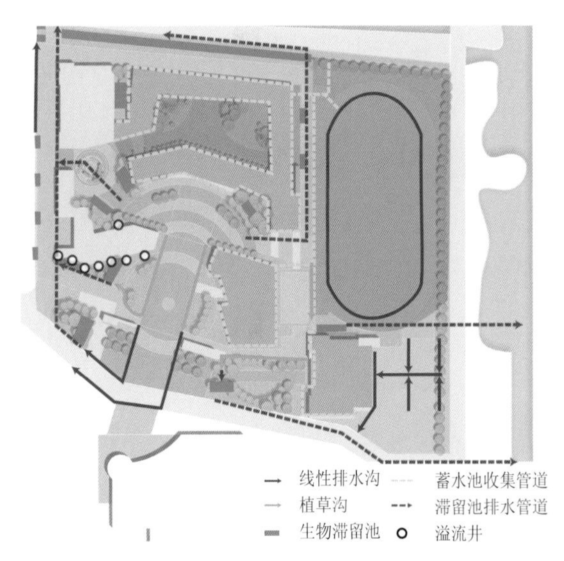

图 2-5-42 雨洪管理设施布局

2.5.4.4　大尺度的海绵校园规划设计

昆山杜克大学位于江苏省苏州市昆山高教园。项目规划一期用地约 13.33 万 m^2，围绕着基地中央约 2 万 m^2 的水面排布了学术中心、会议中心、创新中心、学生宿舍和教师宿舍等 5 个建筑群（图 2-5-43）。校园场地原为透水性较好的农田。项目的建设必然会大量减少透水地面面积，径流排放量势必会增加。因此，杜克大学对雨水的收集和处理采用集中与分散相结合的方式（图 2-5-44）。

（1）集中型处理方式。学校考虑到区域土方平衡及景观效果营造，在场地的中心位置设计了一处中央景观水池（图 2-5-45、图 2-5-46），以中央景观水池为调节主体建立循环系统，实现雨水多层次、多途径的下渗、收集、处理和利用，并将景观功能与水处理系统相结合，使校园成为如海绵般能够调节水资源、调节空间、调节景观的大系统。

（2）分散型处理方式。除上述以末端集中处理为核心的雨水处理与循环利用系统外，学校还采取了绿色屋顶、透水铺装、生物滞留池（带）等源头削减措施来降低路面、停车场区域的雨水径流量，减少径流污染；此外，学校根据各环节的水文环境特点种植了大量的水生植物，并投入了有利于整个生态系统平衡的水生动物，形成了稳定的生态系统。

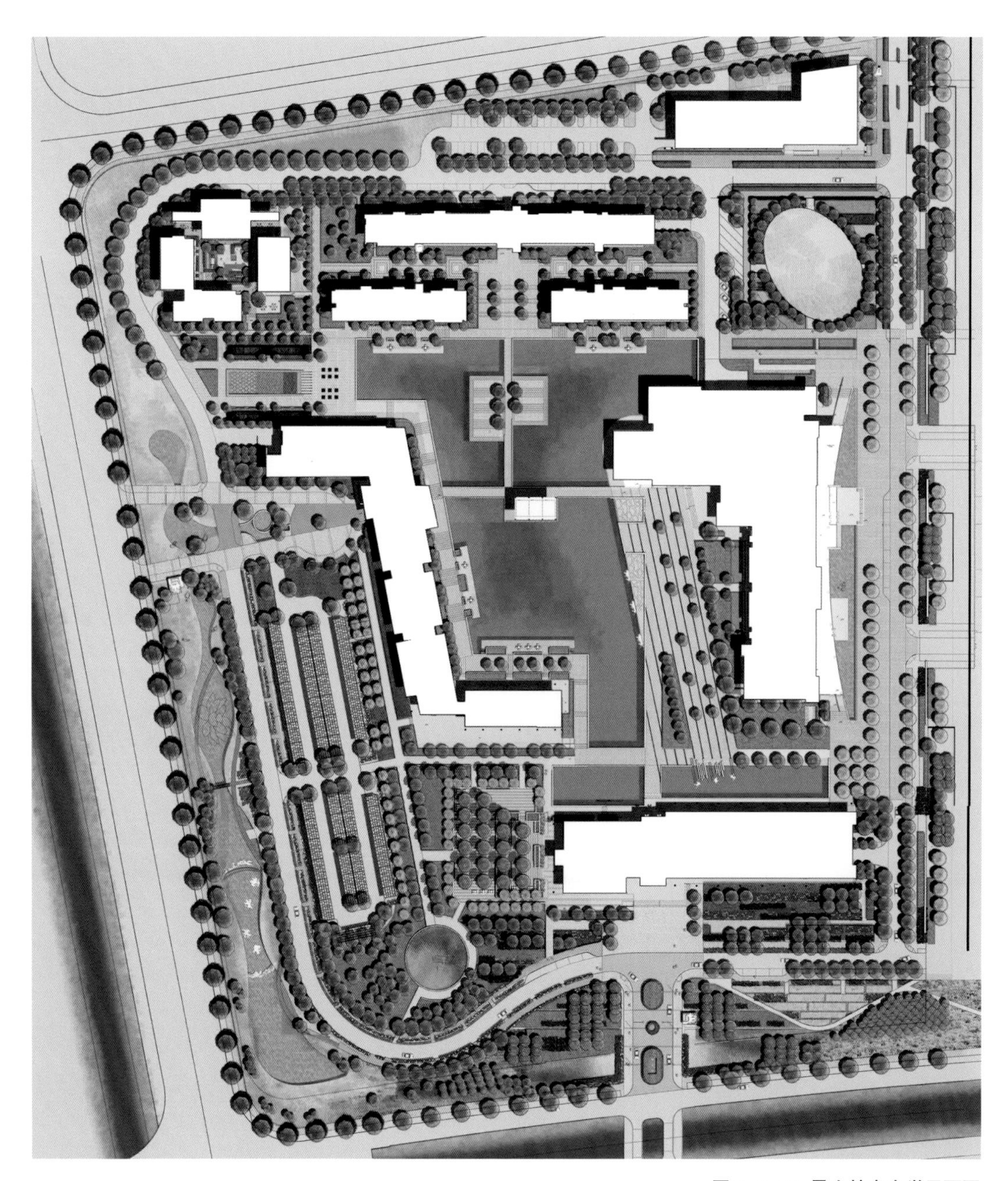

图 2-5-43 昆山杜克大学平面图

学校通过生物和物理方式对雨水进行处理，实现了雨水生态化处理的目的。在校园规划总体布局上，杜克大学将校园排水系统的设计与雨水循环处理系统的设计相结合。

（1）校园排水系统设计。此项目将雨水管道设计与校园整体水系统设计相结合，将灰色基础设施（雨水管道、雨水泵站）与绿色基础设施（生物滞留池、绿色屋顶、可渗透铺装等）相衔接。雨水首先经过绿色屋顶、可渗透铺装、生物滞留池（雨水花园）等源头减排措施，超出设计降雨

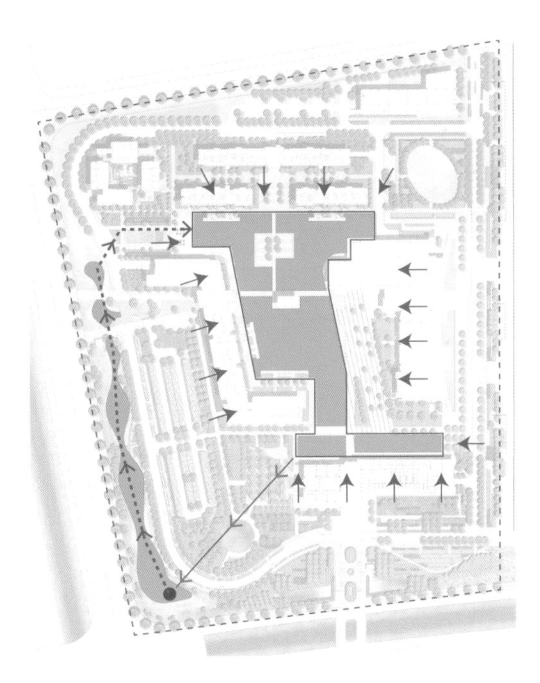

图 2-5-44　杜克大学雨洪管理模式示意

量时，雨水则通过溢流口进入雨水管道系统，之后一部分排入中心水池调蓄，另一部分进入市政管网。中心水池的设计水位高于外围河道的水位。在暴雨过程中，当雨水超过水池最高水位时可溢流至外围河道，保障校园排水安全。

（2）雨水循环处理系统设计。杜克大学的校园雨水处理系统由沉淀池、曝氧池、水生植物塘、地下渗滤系统、集水消毒池 5 个部分构成。经过 5 个步骤的处理，雨水水质已经达到回用标准，重新回到地表形成喷泉和流水进入中央湖。活水公园中的 5 个水处理步骤同时也构成了不同的特殊景区，一条木栈道把雨水沉淀调节池、曝气池和水生植物塘串接起来，供人漫步，传统的木质拱桥衔接池塘的两面，这些天然的和人造的景观要素共同构成具有江南特色的湿地步道景致。

建成的杜克大学校园成为昆山市的城市海绵体，为整个城市区域改善水质、减少雨水径流作出贡献。昆山杜克大学通过校园内绿色屋顶、生物滞留池以及雨水处理系统、中央景观水池（图 2-5-48）对雨水进行滞蓄、循环处

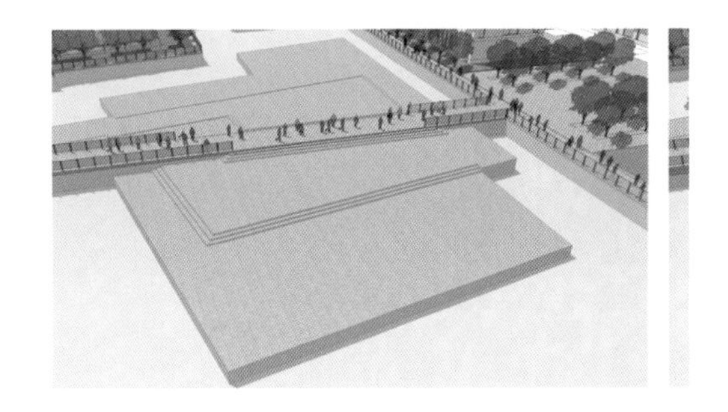

洪水期

常水期

枯水期

图 2-4-45　杜克大学中央景观水池的不同水位（组图）

图2-5-46 杜克大学中央水景观(组图)

理和净化，经过1～2年的调试运行，能保证稳定的净化效果。

对于以高等院校为主体的大尺度海绵校园规划设计，在建设之前应当对场地现状进行详细调研，梳理场地中存在的问题，因地制宜地提出系统性的雨水管理目标。在海绵设施设计和建设中，应当遵循以下原则。

（1）集中与分散相结合的原则。结合中央景观水池设置集中型处理设施，结合分散的附属绿地设置分散型处理设施，通过集中与分散相结合的方式构建校园海绵雨水系统。

（2）低影响开发原则。通过生物滞留池、人工湿地、植草沟等低影响开发设施，实现雨水的渗透、滞蓄与净化，降低项目开发对水文状况的干扰。

（3）先绿色后灰色、先地上后地下的原则。雨水径流应优先通过地上绿色基础设施进行渗透、滞蓄、净化，多余雨水再通过地下管网进行排放。

（4）提高雨水的资源化利用。充分利用绿色设施的净化作用，将净化后的雨水储存后用于项目内景观补水及绿地浇洒。

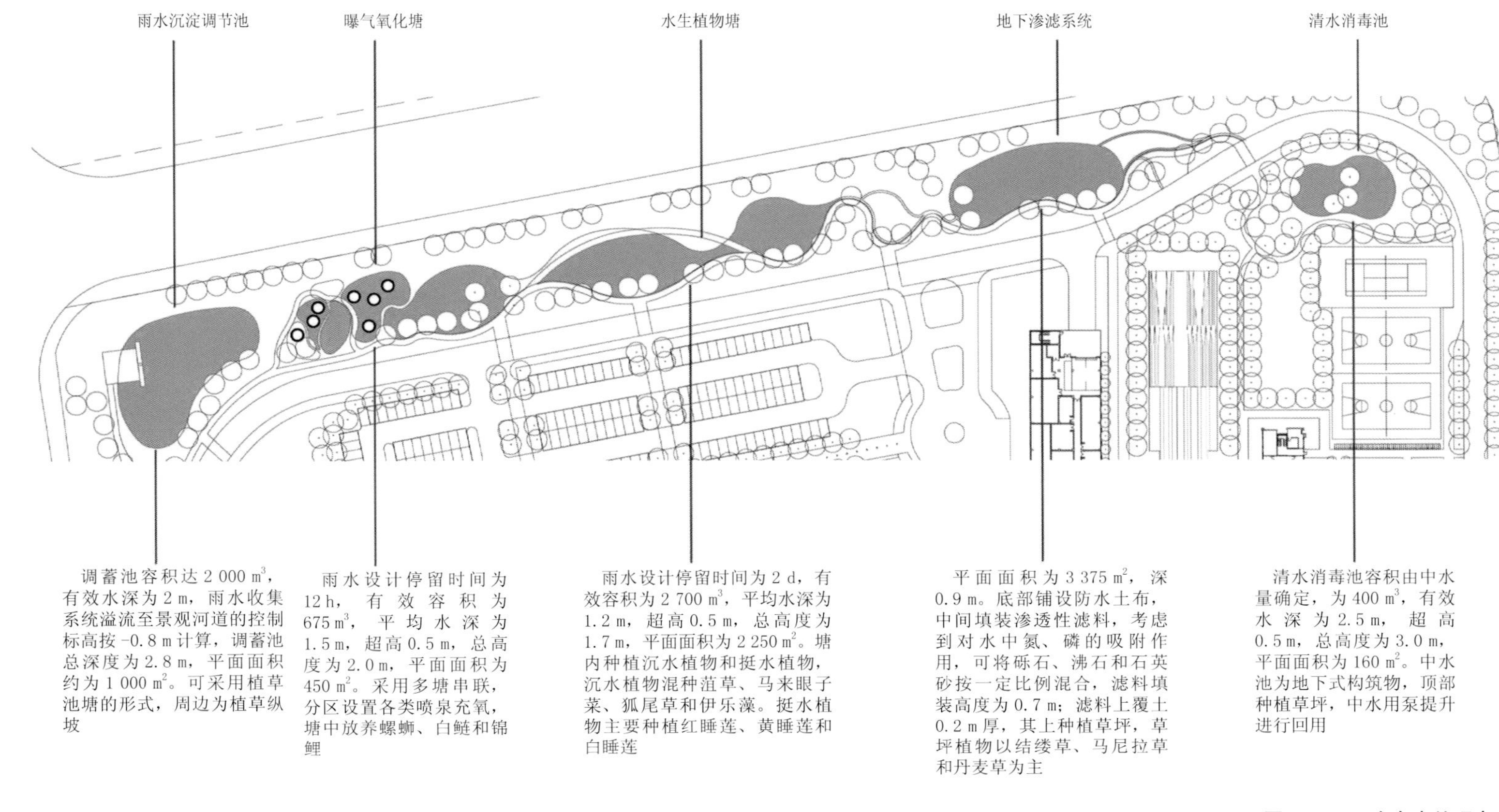

图 2-5-47 生态水处理方式

图 2-5-48 中央景观水池建成效果（组图）

第 3 章　海绵校园景观设计图解

3.1 景观节点设计策略

海绵校园景观规划需遵循生态优先、传承文脉、以师生为本和为教育服务这 4 项原则。落实到景观节点的设计上，设计人员应当将海绵校园的景观设计与景观节点的具体功能结合在一起，创造集实用、美观、生态、文化于一体的校园海绵景观。

3.1.1 为教学和科研服务

学校特别是高校最重要的功能之一是科研生产。因此，将校园的科研工作用水、排水与雨洪管理结合，实现雨水再利用或者生产用水的循环是校园海绵景观的一大特色与亮点。

华中农业大学的校园紧临野芷湖。野芷湖的东南部是学校的养猪科学研究所。养猪基地排出的废水、废料难免会对野芷湖的水体造成污染。在校园景观改造规划中，学校将养猪基地的改造升级与野芷湖水体的自然净化相结合，通过沼气设备、秸秆利用策略和污水净化设施，实现科研实验废水、废料的净化、再利用与排放。科研人员借助于观察、研究取得的量化数据确定进入野芷湖的污水排放量。同时，“科研生产基地科研—实验废料再利用—污水处理排放”的全过程成为华中农业大学具有突出教育意义的生态循环实践过程。此外，学校根据雨水的收集、净化、处理、排放设置适当的观察路线，引导学生观察体验，从而普及节约用水与环保理念。再如由“土人景观”规划设计的沈阳建筑大学的稻田景观是典型的高校中的生产性景观（图 3-1-1）。沈阳建筑大学的新校园本底为以种植水稻为主的农业用地。场地紧临浑河，地下水位高，地下水资源

图 3-1-1 沈阳建筑大学的稻田景观

丰富，这为水稻生长提供了有利条件。以此为契机，沈阳建筑大学营造了富有地域特色的校园景观（图 3-1-2、图 3-1-3），并实现了场地雨水的收集、净化和再利用：收集校园内的雨水，储存在稻田中，并利用植物根系对其进行净化；雨水一部分蒸发或渗入地下补给地下水实现水土涵养，另一部分回归生产用于水稻的灌溉。稻田不仅满足了校园的生产需求和生态要求，而且成为富有个性的校园公共活动空间：水稻的生长特点能为校园营造出四季变化的自然景象；稻田中设置了多种休憩设施，包括步道和座椅，为学生的活动、休憩提供场所。

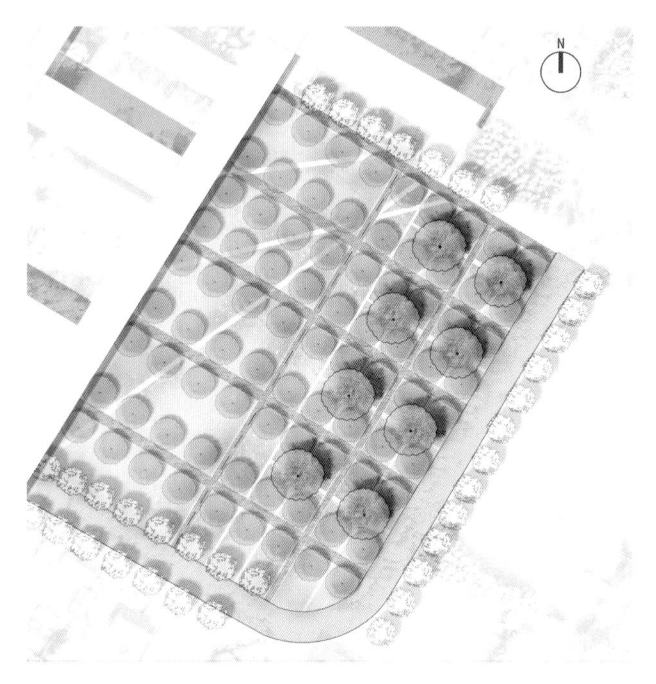

图 3-1-2 稻田景观平面图

图 3-1-3 稻田景观

将海绵理念运用于校园科研环境的景观设计中，不仅能够有效解决部分科研废料的净化处理问题，而且能够减少环境污染，改善校园生态。对于学校师生而言，科研环境的海绵化不仅能提升学习交流空间的品质，而且有助于学生深化实践认知，了解雨洪管理和生态知识。

3.1.2 提供活动场所

校园景观的主要服务对象是学校的师生。校园景观应当满足学生的文娱体育活动需求，丰富学生的课余生活。优质的校园景观不仅要体现学校的历史文化，而且要服务于学校的教学工作。随着我国教学环境的不断改善以及教学理念的不断更新，学生活动场所的设计已成为提高学校环境品质、营造校园文化氛围、提升校园形象的有效方式之一。

美国宾夕法尼亚州立大学在不影响学生正常生活的情况下用 4 年时间对新生宿舍及周边景观进行了翻新改造（图 3-1-4）。针对场地原有的建筑老旧、交通混乱、内涝问题和学生的生活娱乐需求，学校对场地进行了重新规划设计。首先对交通流线进行重新梳理，通过增加绿地面积来约束交通空间，形成的线性通道能够有效疏解上下课带来的人流高峰；入口空间（图 3-1-5、图 3-1-6）的庭院设计保证了空间的开敞，能够为学生提供交流活动的基本空间，下沉式绿地能有效消纳周围不透水下垫面产生的雨水；树池座椅下使用砾石铺面，不仅能够防止积水，而且能够进行空间划分，在线性空间中实现了动静分区。

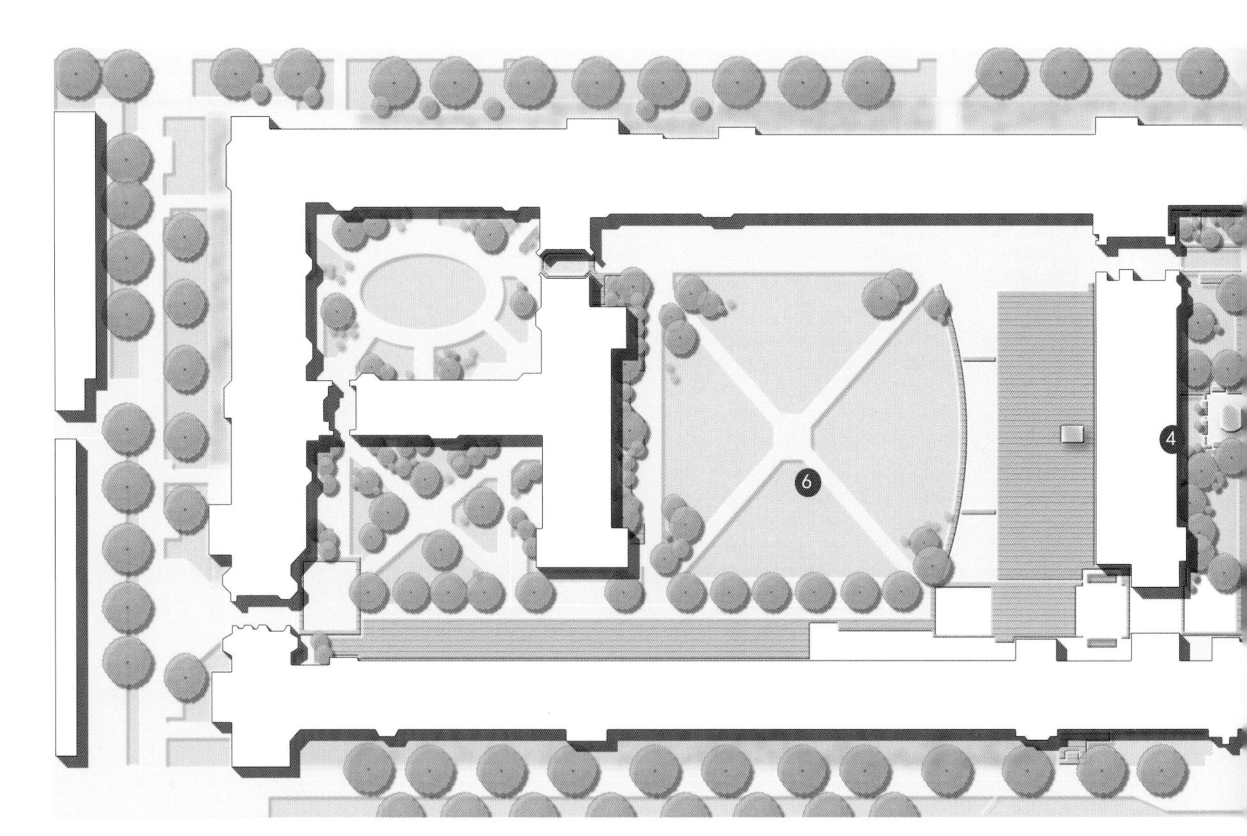

图 3-1-4 宾夕法尼亚大学新生宿舍平面图

图 3-1-5　新生宿舍入口空间下沉式绿地

图 3-1-6　新生宿舍入口空间庭院

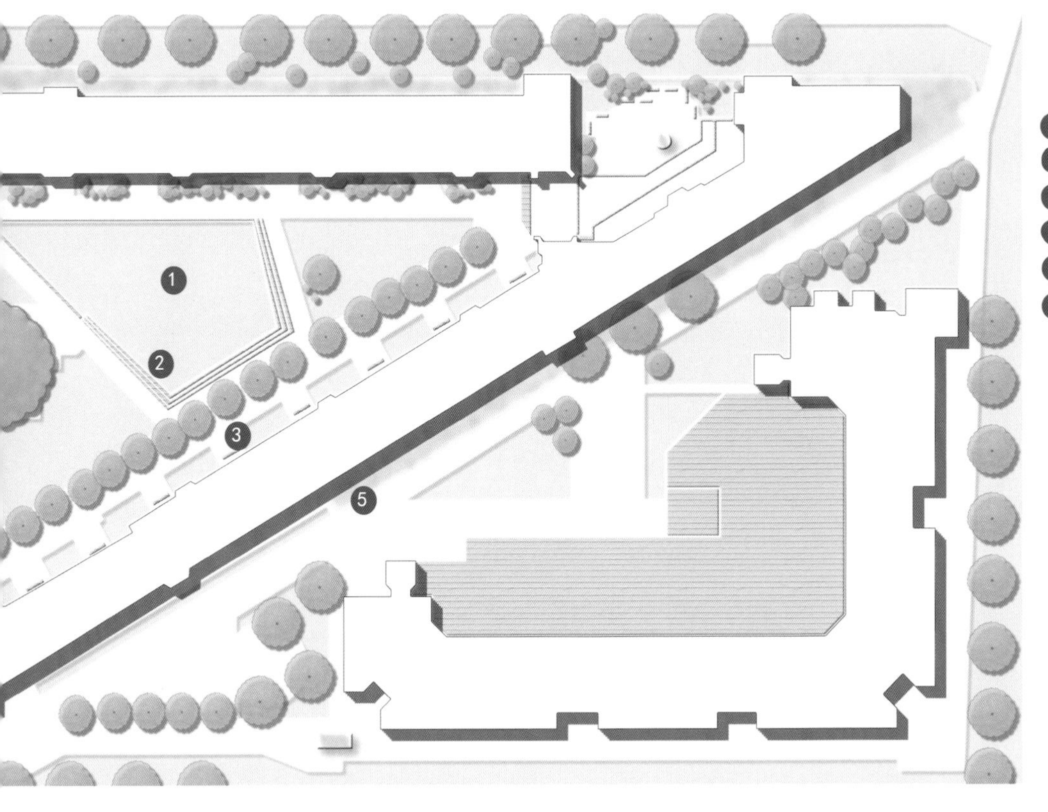

位于美国阿肯色州的本顿维尔市中心的萨登学校（图 3-1-7）是一所新建的独立学校。校园的景观设计强调科学与人文的综合发展，促进学生的实践学习。校园规划中室内教学空间与室外活动空间相互渗透、交错，利于学生在学习过程中积极参与实践，促进学生身心健康。萨登学校主要有 3 类主题景观：服务于教学交流、集会活动的中心景观；培养学生团队与合作意识的农业景观（图 3-1-8）；让学生接触自然、为学生科普生态常识的自然廊道景观。3 类不同的景观主题体现出该校以学生为本、为学生提供多样活动的理念。校园景观的设计运用生态理念，在不同的主题景观下营造下沉绿地、潜流湿地、雨水花园（图 3-1-9）、生物滞留池等多种雨洪管理措施，以实现对场地的低影响开发。

海绵理念的初衷是实现对雨水的有效管理与利用。校园中人流量大，人员流动性强，学生对于活动场地的需求强烈。运用海绵理念实现雨水的管理，可以减少雨洪内涝带来的出行问题和学生人身安全问题。同时，基于海绵理念为学生创设自然舒适的生态化活动空间，有助于提升学生的学习效率和生活品质。

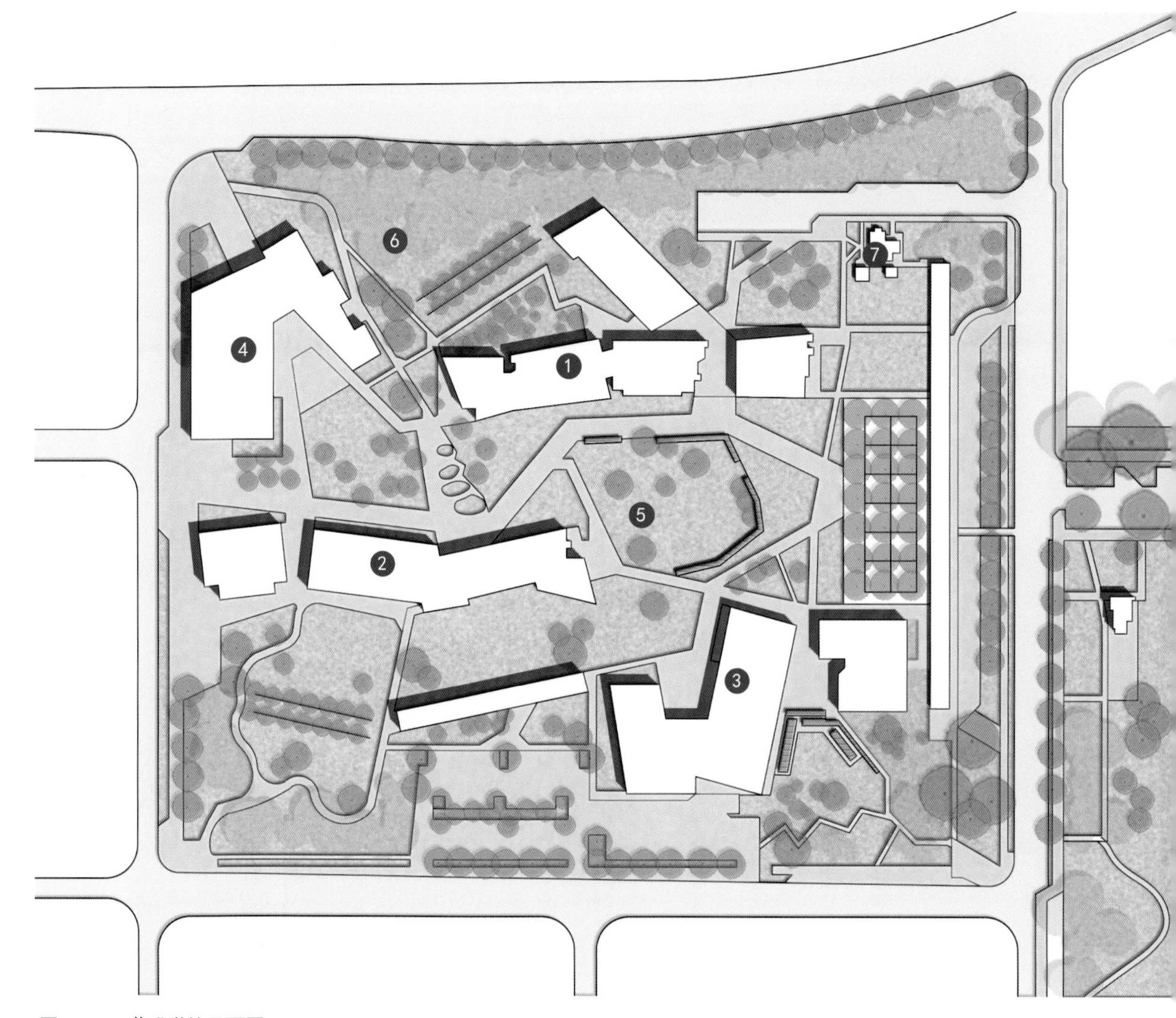

图 3-1-7 萨登学校平面图

图 3-1-8 萨登学校的农业景观

图 3-1-9 萨登学校的雨水花园景观

1 卷式建筑
2 轮式建筑
3 餐厅
4 艺术表演中心
5 绿地
6 农田
7 路易斯塔登住宅
8 谷仓

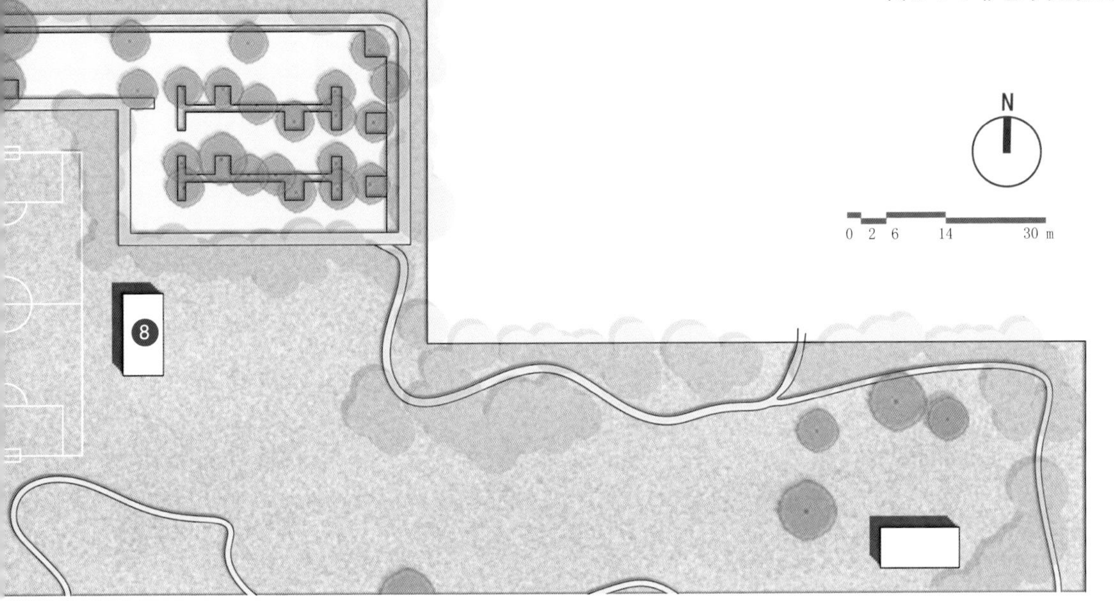

3.1.3 传播生态知识

学校的基本功能是利用一定的教育教学设施和选定的教育内容实施教育教学活动。校园中的雨洪管理建设是普及生态知识、倡导城市可持续实践的重要途径。传统的课堂教学无法为学生提供具体的教学案例和实践活动平台，而校园景观能够为学生提供了解和应用相关生态知识的情境化机会，从而成为生态知识科普教育以及景观生态学、风景园林学相关专业学习的有效补充。

美国犹他州立大学因其在可持续发展方面所作出的积极努力被视为美国“最环保”的校园之一。犹他州立大学的《校园可持续发展规划（2013—2020 年）》提出了 3 个相互关联的阶段性目标（图 3-1-10）。第一个目标是通过绿色基础设施的建设实践和解说标识对师生进行雨水管理的教育，鼓励公众参与。校园的米利尔 - 卡泽尔图书馆及周边建筑被确定为公众科普教育的实施场地（图 3-1-11）。学校在这个区域创建了一条基于雨洪管理的犹他州栖息地解说导览线路，学生可一览学校的雨洪管理景观（图 3-1-12）。在第一个目标实现的基础上，校园再进行城市栖息地的创设和整体景观用水的循环使用，在此基础上实现教育和美育作用。在可持续规划发展的第一阶段，校园通过利用遍布校园的雨水井实现了近 100% 的雨水径流收集，并实施了一系列最佳水质管理项目，例如将平屋顶改造为绿色屋顶（不包括那些坡度陡峭的斜屋顶），改造的同时考虑了建筑年代、结构的稳固性和承载能力，优先选择校园内那些易于被看到并开放可达的屋顶；对于那些不适合改造的建筑物，在其周边设置种植低需水量植物的雨水花园；在学生很少使用的那些区域，种植需水少且维护成本低的乡土植物；改造停车场时基于坡度和雨水排放分析，选择那些坡度和排水条件都适合建造坡道绿地或植被过滤带的场地（图 3-1-13）。

高校可以借助自身在社会中的教育引领地位，通过划定专门区域提供海绵景观的展示游览线进行科普，提高全社会各个群体对于雨洪管理的认知。这样的系统性规划不仅能够改善校园景观，

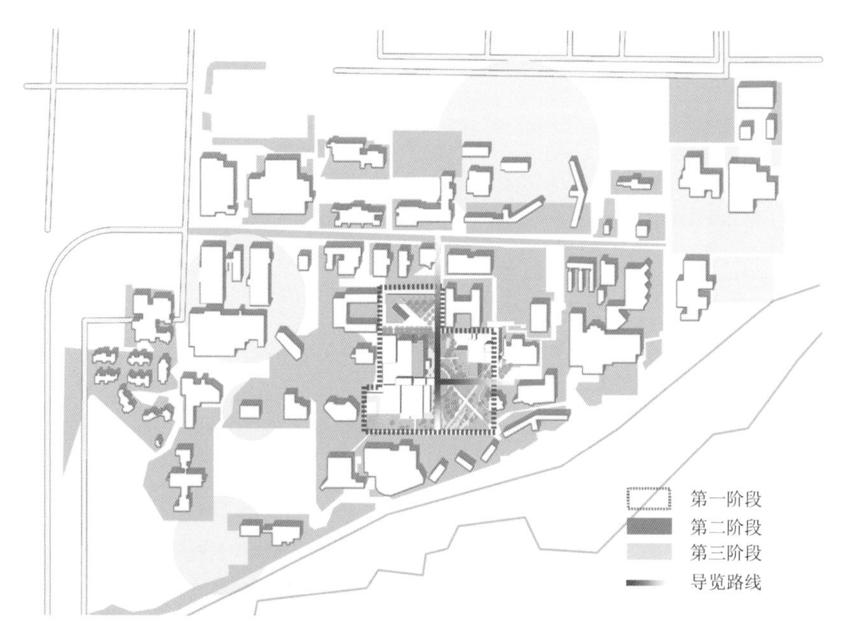

图 3-1-10 美国犹他州立大学可持续发展规划阶段示意

展现地域环境中的多样化景观和生物栖息地，而且能够让参观者通过观察整个降雨模拟过程及水量测算，直观地了解到雨洪管理的必要性和有效性。此外，本项目基于场地环境、气候条件和人的行为分析，通过实际项目和解说性展示来激活场地“死角”，并充分利用人流集中区域来激发人们对解说性展示项目的关注，同时对于校园下一步的潜在改造实施方向具有一定的指向和帮助。

图 3-1-11 米利尔－卡泽尔图书馆

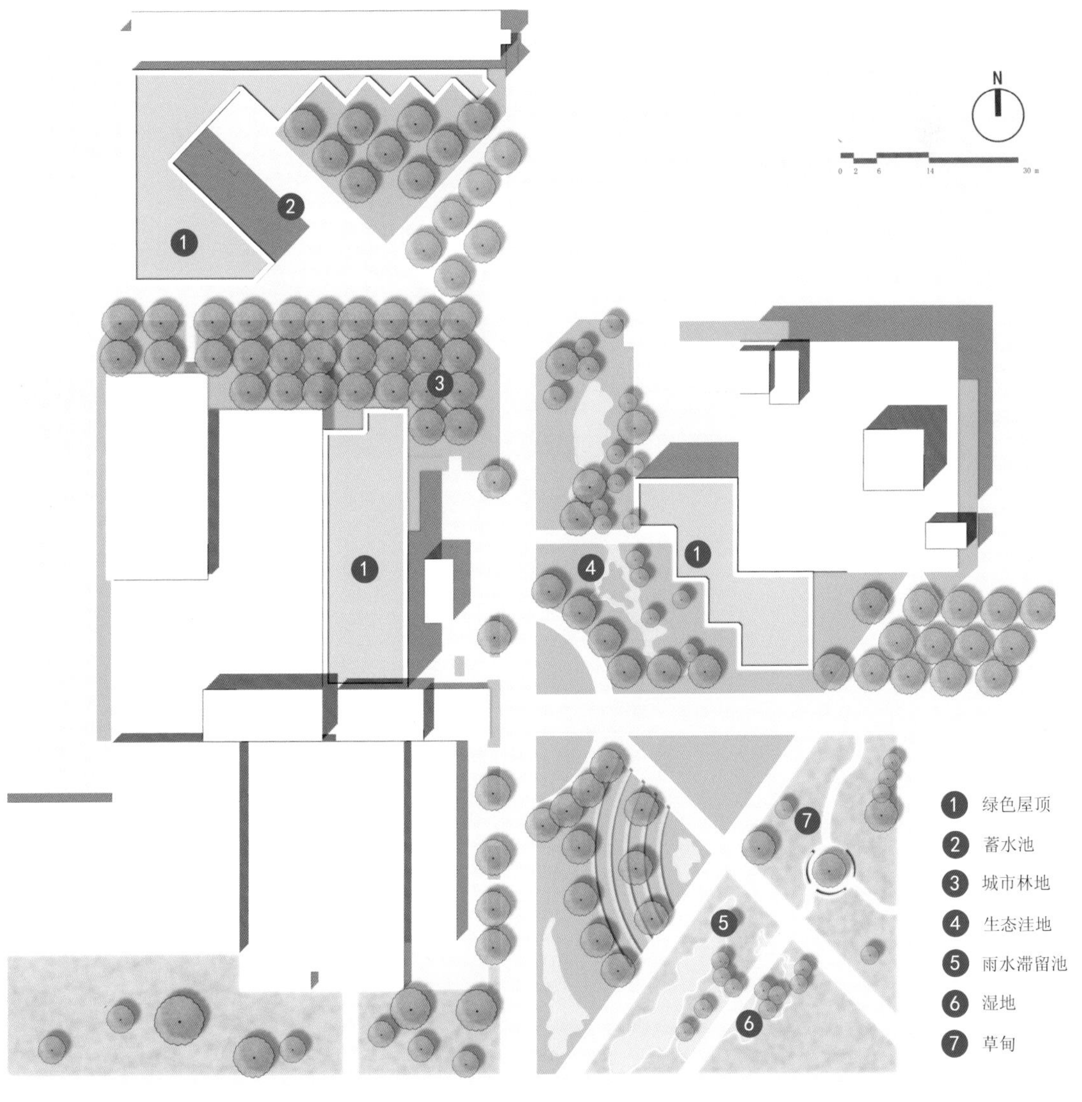

图 3-1-12 第一阶段雨洪管理景观平面图

图 3-1-13 第一阶段海绵设施景观（组图）

3.1.4　改善区域生态

海绵理念的根本目的就是通过对雨水的有效管理与利用，促进区域水循环过程，实现景观的生态化转变。由于校园具有相对的独立性和系统性，将海绵理念运用于校园景观，有利于从宏观层面指导校园景观的生态化建设。校园生态是城市中重要的生态斑块，校园生态的改善有助于城市景观生态格局的稳定，同时也可为地域性生态修复实践提供有效的案例参考和借鉴。

美国加利福尼亚大学伯克利分校致力于运用多种雨洪管理措施对草莓溪流域（图 3-1-14）进行雨洪管控，从而实现对校园河流的生态修复和对校园雨洪的可持续管控。雨水经溪畔植被区域过滤净化后直接进入河流，同时植被区也可以有效降低溪流泛洪的概率。校园的道路两旁设置植草过滤带和雨水滞流池。来自路面的雨水首先进入过滤带进行下渗，溢流后通过地下的雨水管网进入滞流池，最后缓慢排入草莓溪。停车场利用连锁式铺装代替传统沥青路面。伯克利分校将草莓溪的水体生态治理与校园的海绵建设相结合，在恢复河流生机活力的同时，减少了降水引起的河流洪水，有效实现了对校园雨水的管理。改造后的草莓溪见图 3-1-15。

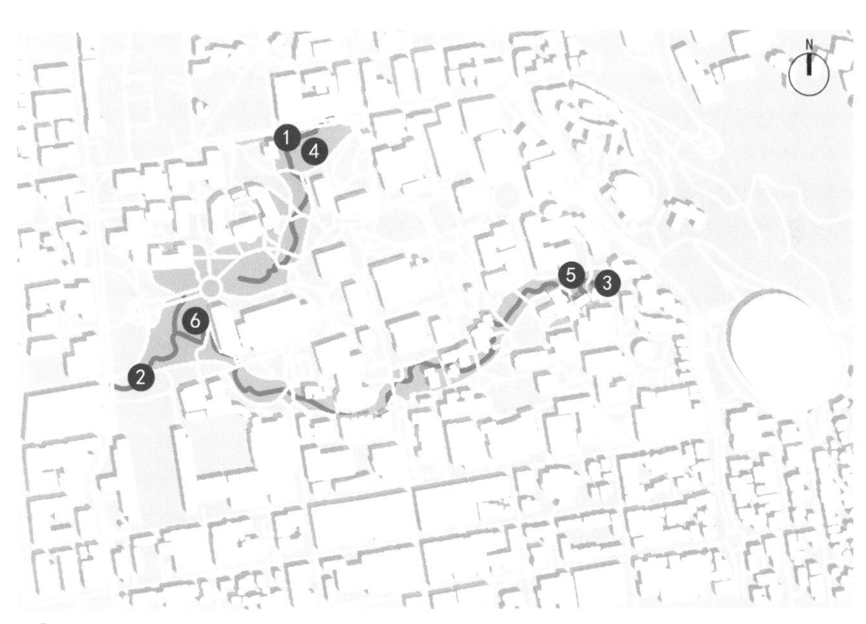

1 溪流北汊
2 主河道
3 溪流南汊
4 威克森自然绿地
5 顾斯比自然绿地
6 格林内尔自然绿地

图 3-1-14　加利福尼亚大学伯克利分校草莓溪流域环境示意

图 3-1-15　美国加利福尼亚大学伯克利分校的草莓溪景观（组图）

3.1.5 体现校园文脉

校园景观规划的重要原则之一是传承文脉。由于校园在城市中功能的相对独立性，所以校园景观往往能够保持一定的完整性和传承性，因此具有更突出的历史价值。校园景观体现了校园的发展历程、历史积淀与教育传统，能够成为师生的记忆载体和情感寄托。因此校园景观设计无论是在规划设计方面，还是在更新改造过程中都应该保护并强化对校园文脉的继承。

美国宾夕法尼亚大学的休梅克绿地（图 3-1-16）位于沃尔纳特街与斯普鲁斯两条街道之间，

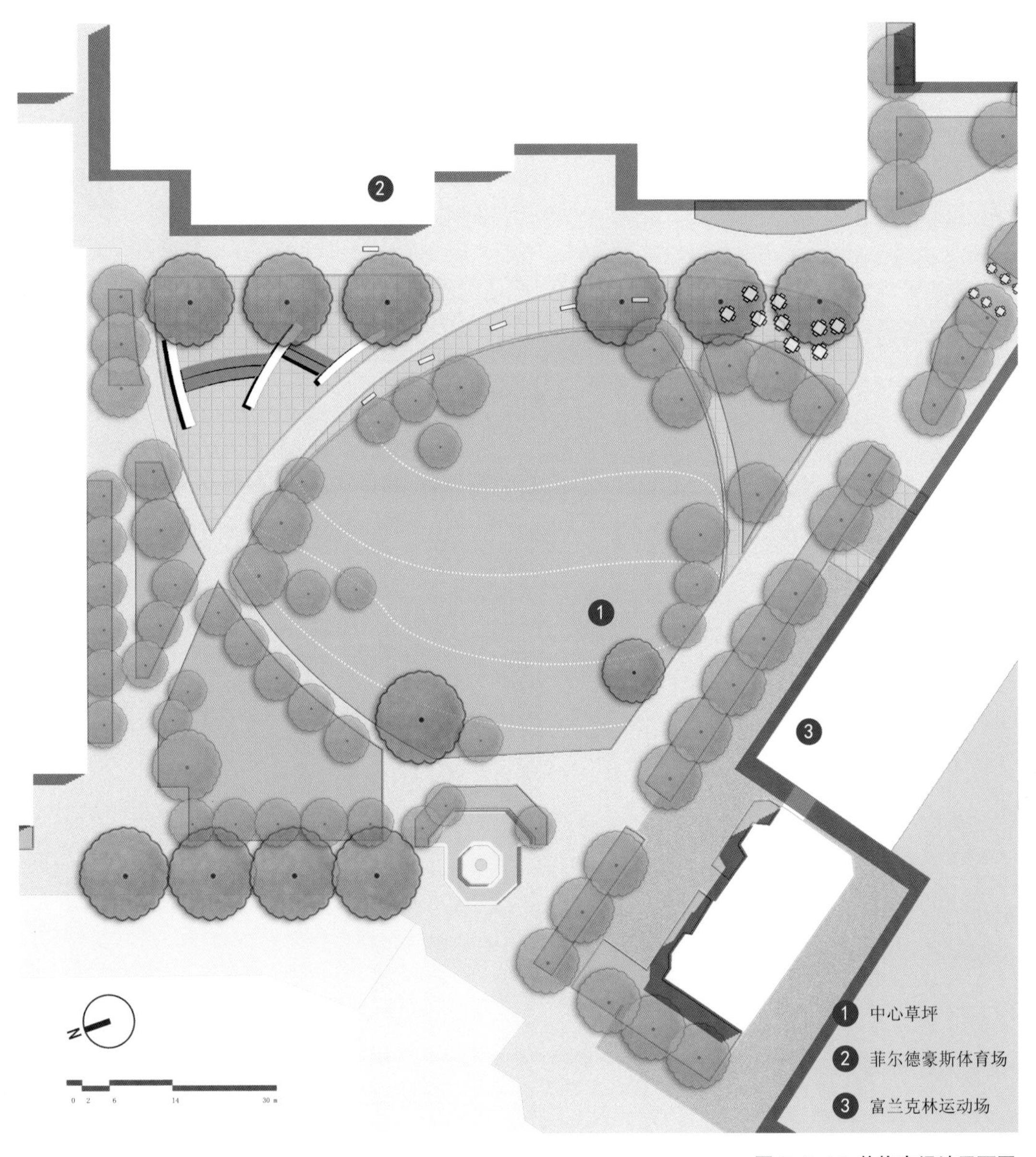

图 3-1-16 休梅克绿地平面图

紧临第 33 街东面，总占地约为 1.11 万 m^2。整块绿地是宾夕法尼亚大学东西方向主体步行系统的重要组成部分。休梅克绿地旁是宾夕法尼亚大学最具标志性的两大历史性体育建筑——菲尔德豪斯体育场和富兰克林运动场。此外，这块绿地也是宾夕法尼亚大学校区向东扩建的重点区域。这块绿地所处的节点位置，使它兼具这两个体育场地的入口空间和道路中的公共空间两个功能，而这两类校园节点空间的功能都要求绿地的改造设计传承和呼应宾夕法尼亚大学悠久的历史文化（图 3-1-17）。

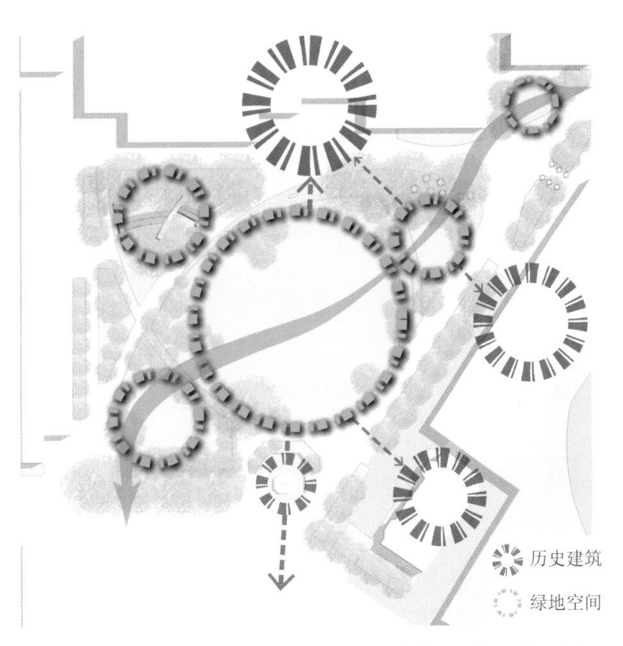

图 3-1-17 休梅克绿地景观空间分析

设计人员通过对紧临的各建筑入口、人行道、路缘石和陡峭斜坡阶梯进行整合，梳理出休梅克绿地的交通线路，将荒废已久的网球场和几条狭窄的通道以及具有历史意义的战争纪念碑景点合并成为公共绿化空间的设施。绿地借鉴了大学传统校园绿地的特点，保持了宾夕法尼亚大学平坦开阔的校园绿地的典型特征。由精细石材修筑而成的挡土墙和几条雅致曲折的人行道环绕绿地边缘（图 3-1-18），通过对大学传统景观材料及设计方法的沿用，保持了大学的历史风貌。高效节能的照明设计为休梅克绿地的夜间安全提供了保障。在这些柔和灯光的照射下，校园中的历史建筑别有一番韵味，提升了整个绿地空间的文化及历史内涵。

图 3-1-18　休梅克绿地景观

景观设计中纳入了雨水的收集管理系统（图 3-1-19）。该绿地景观由中央半圆形草坪和一个大型雨水花园组成，其中中央大草坪具有强大的雨水吸收和渗透作用。微地形的设计将无法被吸纳的雨水汇入一旁的雨水花园中。场地中的排水凹槽和微地形变化共同引导雨水流向。透水铺装的肌理和草坪不仅凸显历史建筑风貌，而且对于雨水有强大的下渗吸纳作用。

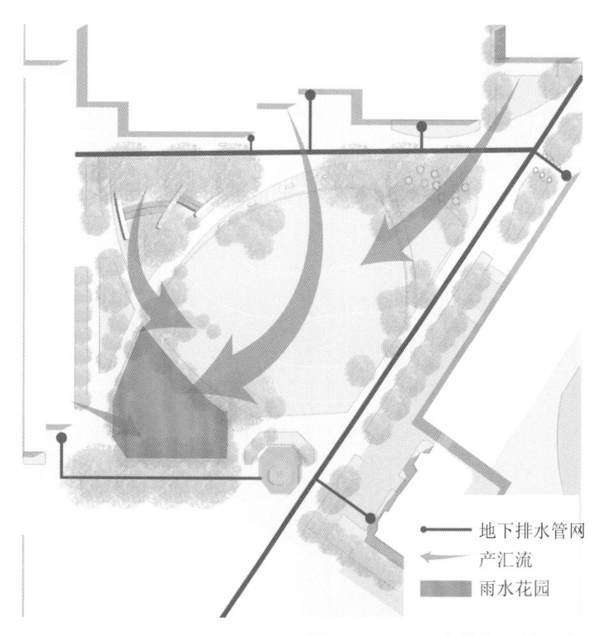

图 3-1-19 雨水收集系统示意

大连理工大学校园雨洪管理示范区位于校园西部入口处。场地东侧为 6 层行政主楼，西侧为一块自建校起就一直保留的绿地。绿地中的大连理工大学主要创始人屈伯川先生的雕像（图 3-1-20）和 3 棵百年火炬松（图 3-1-21）体现着校园的历史和文脉。这项校园改造在营建雨洪管理示范区（图 3-1-22）的同时保护了校园的历史文脉，在原有绿地中设计雨水花园，保留古树和纪念雕像并重新为其创造纪念空间，用穿行于绿地中的蜿蜒小径将纪念空间与校园道路相连，通而不畅，打造纪念空间宁静、深远的氛围。此外，设计中运用透水材质来尽量减少场地的产汇流：在绿地周边使用透水沥青路面，提高雨水的渗透率，减少产汇流压力；在建筑周边的树池设置草洼，实现周边不透水下垫面的汇流下渗。

图 3-1-20 大连理工大学屈伯川先生雕像

在对校园中的历史文化景观进行更新改造时，设计人员需要保证水务安全与保护历史文化。建校时间较长的老校区中不乏历史建筑和古树名木等具有文化保护价值的景观，这些历史建筑或古树名木所在的场地通常建成时间长，老旧的排水方式往往不能有效应对如今的雨洪问题。积水和内涝都会引起历史建筑或古树名木的损毁和伤害。海绵理念在校园历史文化景观中的首要价值就是通过雨洪管理控制实现对历史文化景观的保护。此外，海绵景观提倡使用粗糙度较大、透水性好的铺装形式，能够与历史建筑的肌理感相协调。下沉绿地、雨水花园等呈现的季相变化也能够凸显历史建筑的沧桑感。海绵理念所倡导的低影响开发思想有利于自然生境的营造，对古树名木的保护也具有积极意义。

图 3-1-21 绿地中的火炬松

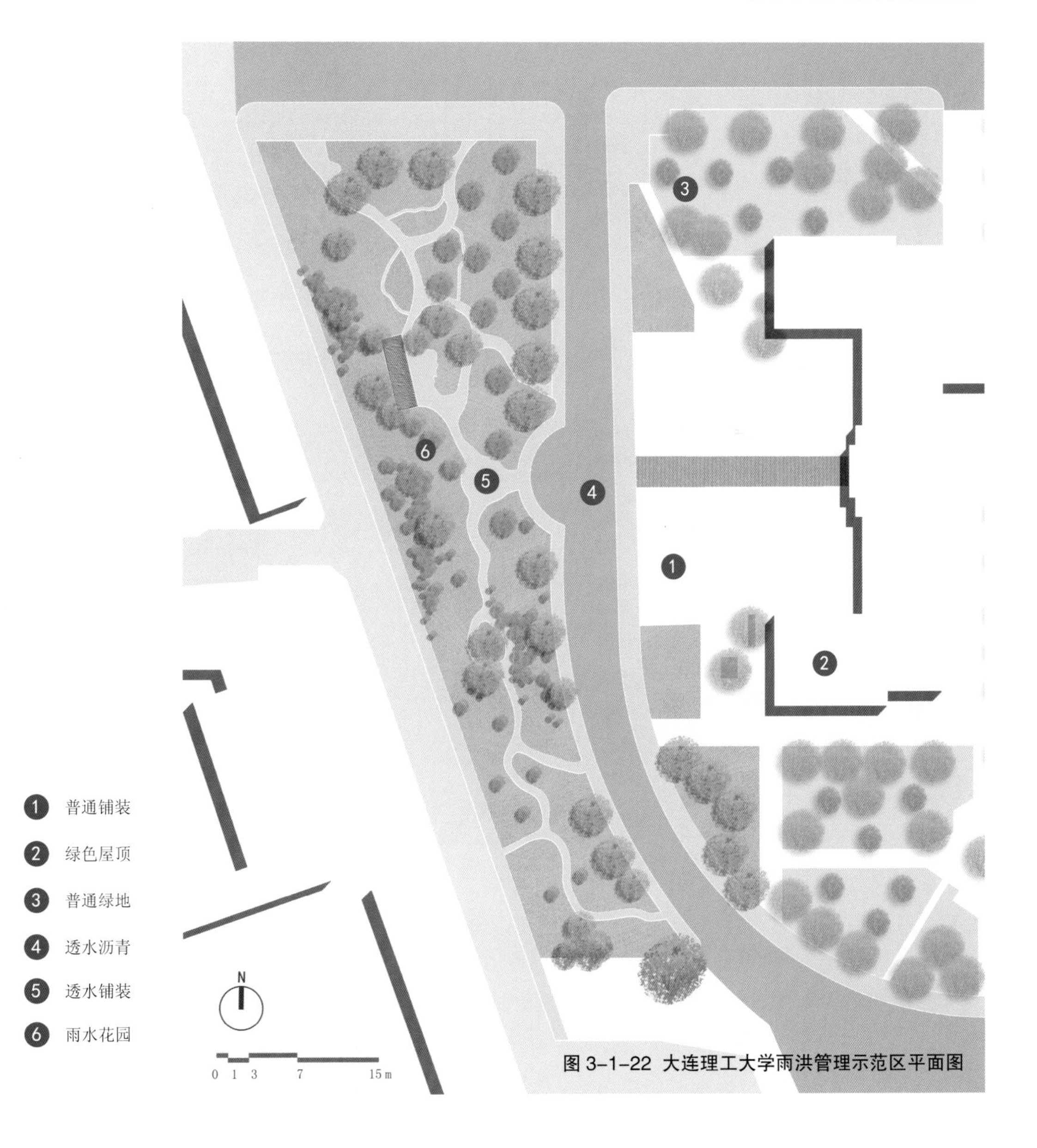

1 普通铺装
2 绿色屋顶
3 普通绿地
4 透水沥青
5 透水铺装
6 雨水花园

图 3-1-22 大连理工大学雨洪管理示范区平面图

3.2 水体景观

水体是构建校园景观最重要的因素之一。但是随着校园建设步伐的加快和校园中人员的增多，很多校园中的水体受到污染和破坏。校园建设面积有限，为了获得更多的建设或者活动空间，污染的水体逐渐被建筑用地取代。这样的传统发展模式导致校园面临雨洪困扰。随着对生态环境认知的不断深化，在校园规划理念的优化升级中，很多学校有效利用原有地形和水体，复原场地水体形态或适当调整、营造人工水体，从而完成校园水体系的架构，这不仅能够实现场地雨水的收集和排放，还可以通过水景营造满足校园建设的其他功能需求。

3.2.1 自然水体

对自然水体的保护和修复是营造校园水环境、保护校园水生态的有效模式。从海绵校园建设的角度而言，校园中自然水体的保护与修复是增加校园的排水通道和泛洪蓄洪空间的最直接措施。自然水体的形态和流向是场地地形和环境作用下自然形成的最优解。利用场地原有自然形态，不仅有助于地表水流的引导和排放，恢复原有河道的水流生境，而且能够有效补给地下水，涵养水土。

台湾大学位于台北市中心的大安区。大安区作为台北市的文教、住商混合区，是台北市人口最密集的城区。为了满足校园建设用地的需求，台湾大学将校园内外原有的许多农田、水塘等用土建工程盖顶封平。经济发展引起的校园建设扩张不可避免地造成在紧张的用地环境下“与水争地”。但是，实践和反思让人们更加意识到生态环境对于校园和周边环境的重要性，对校园建设提出回归自然、恢复生态地貌的理念。台湾大学在 2001 年版校园规划中，针对校园水系制订了改善计划，花费 8 000 万元新台币重新挖开原来被填平的水沟、水塘，并且利用生态工程方法处理水域护坡，使校园湿地恢复原有的自净功能，让自然生物重新回归校园，增添了校园滨水景观的多样性。其中，台湾大学校园中的瑠公圳渠道被重新打通，建设人员并以生态工程方法处理水系护岸，对早年作为瑠公圳下游调节水塘的醉月湖（图 3-2-1）也进行了景观改造。台湾大学以醉月湖和瑠公圳为基本骨架建成校园局部水环境调节系统。此外，台湾大学在农场旁开挖生态池实现水资源的调节利用。生命科学馆建设用地的地下水位较高，在开挖生态池之前，地下水涌出后直接进入排水沟渠。这部分地下水成为生态池的重要水源。生态池建造后，水体可以直接排入生态池。生态池其他水源补给来自附近校园农场的地下水井与农田灌溉水。经过净化处理后的农田灌溉水可以作为景观用水回流进入生态池，实现水资源的回收再利用。生态池内的水途经瑠公圳调节河道，在河道内受到植栽与水生植物、动物的净化处理后，经过拦污栅和沉砂池处理进入景观滞洪池，最后排进醉月湖。当生态池水量不足时，也可从景观滞洪池中抽水补注。在雨天降水量过大时，多余的水量可直接排入醉月湖湖体。溢流雨水可通过辛亥路进入城市的雨水管网，整个雨洪管理模式示意见图 3-2-2。醉月湖湖岸栖地形态多变（图 3-2-3），生物种类繁多，雨洪调蓄能力强大。生态池的亲水栈道也成为供学生观察水生动植物以及雨水净化过滤过程的小尺度滨水空间。

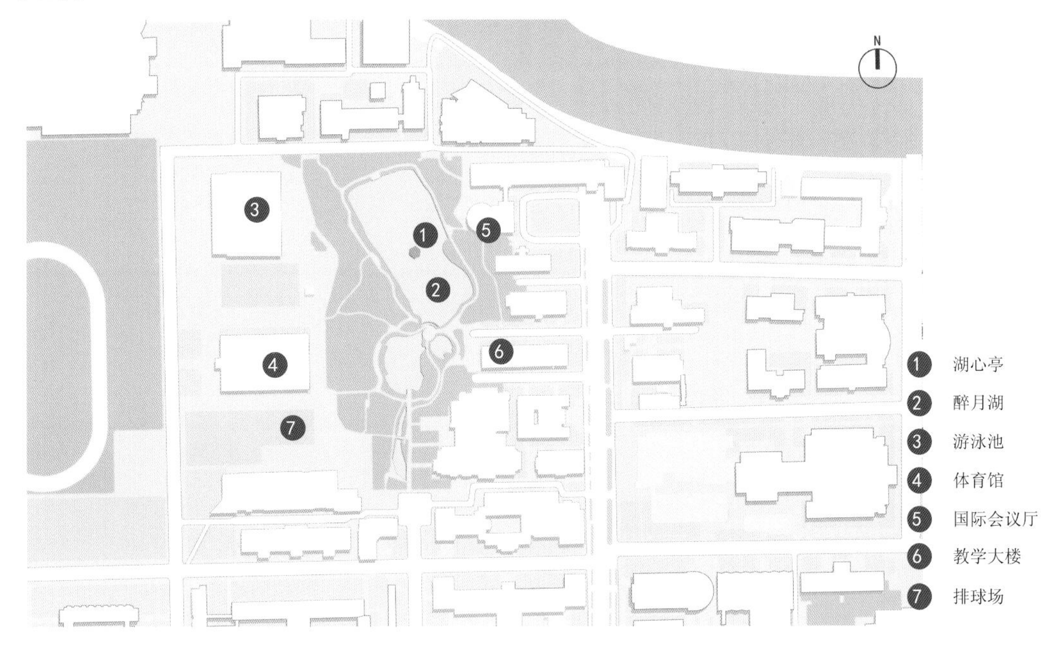

图 3-2-1 台湾大学醉月湖平面图

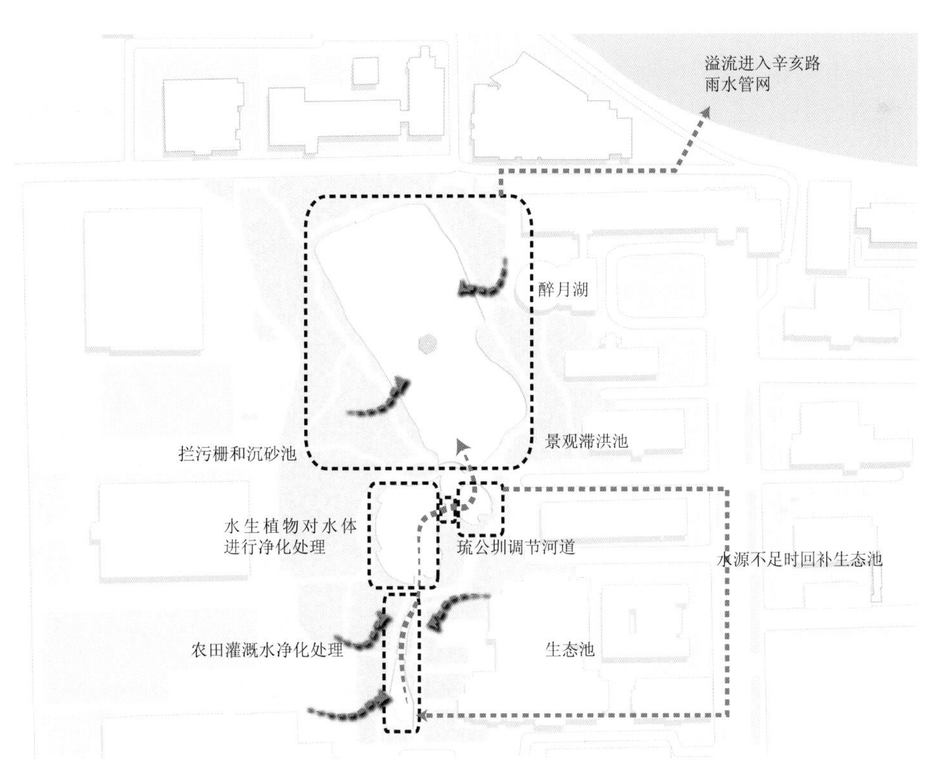

图 3-2-2 雨洪管理模式示意

图 3-2-3 台湾大学醉月湖景观（组图）

美国奥斯汀中部得克萨斯大学奥斯汀分校戴尔医学院（图 3-2-4）在景观改造的过程中，通过激活荒废的沃勒溪流景观（图 3-2-5）来实现整个医学区景观空间的串联和复苏，加强区域与城市的连通；沿着沃勒溪流进行河岸加固，恢复原生河岸和高地植被的多样性；移除外来入侵植物，参照附近的自然保护区群落选择植物种类和培植方式，建立一个新的适地生境。雨水花园、透水铺装、雨水回收设备和绿色屋顶等雨水管理措施的综合应用，使得溪流的滨水景观成为具有防灾“弹性”功能和易维护的近自然景观，在实现河流沿岸水土修复的同时，减少了周围植物生境对于人工灌溉的依赖，同时让校园师生有机会认识和探索本地气候和水文环境。

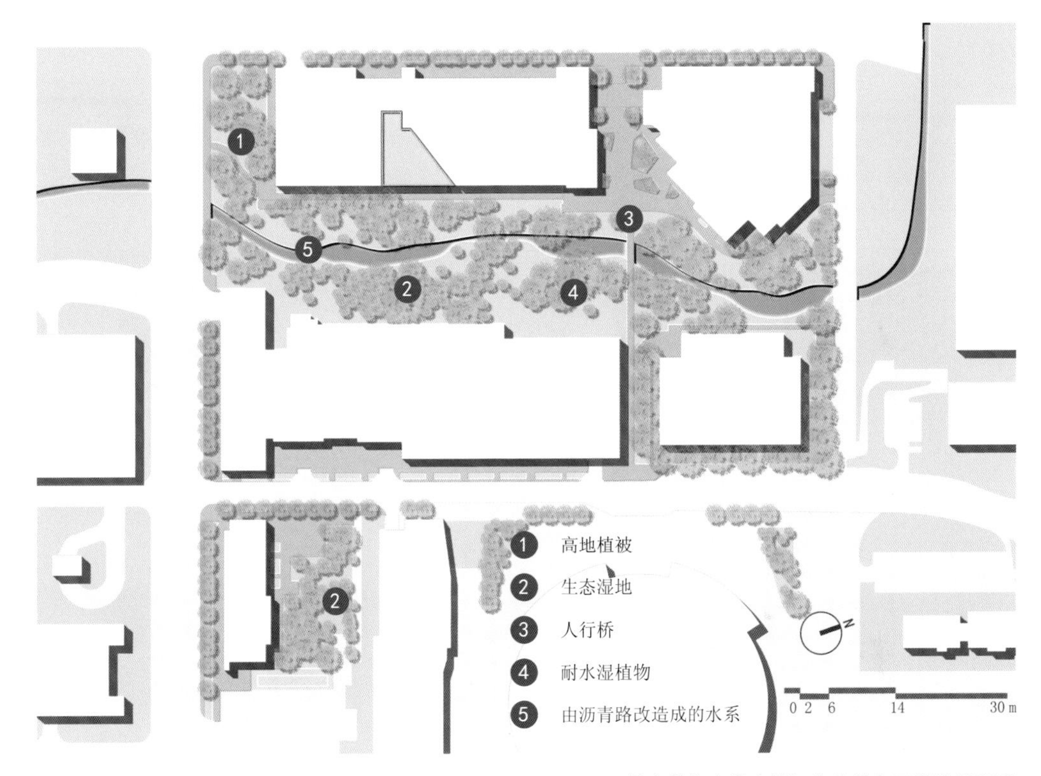

图 3-2-4 得克萨斯大学奥斯汀分校戴尔医学院平面图

图 3-2-5 沃勒溪流景观剖面图

3.2.2 人工水体

水体营建是校园景观设计的常用手法。在校园内开挖河道引入自然水体，或者直接利用人工水循环系统建设人工水景，都能够营造出校园水景观。滨水景观是校园环境的亮点。将海绵理念融入人工水体的设计和营建中，不仅能减缓校园的雨洪压力，而且能够降低人工水体的养护管理成本，促进人工水景向生态化和自然化发展。

美国亚利桑那州立大学理工学院校园（图 3-2-6、图 3-2-7）工程建设目标主要是对原有的空军基地进行改建，使其变成学生学习生活的教学场所。美国亚利桑那州立大学坐落在亚利桑那州州府的菲尼克斯。城市气候干燥，年平均温度居全美主要城市之首，属热带沙漠气候，降雨偏少，但是秋冬季节的季风可能为城市带来暴雨和冰雹。原有的军事基地由于功能需求以沥青硬化路面为主，缺少植被覆盖面，在环境干燥炎热的旱季，缺少自然景观和师生休息场所；在雨季，从场地中穿过的柏油路引起内涝频发等问题。该校园景观见图 3-2-8。

面对高敏性校园气候条件和环境现状，亚利桑那州立大学通过以下措施实现景观可持续化改造。

（1）实现校园的低影响雨水管理模式。将内涝频发的柏油路改造成为具有一定渗透性和储水功能的旱溪，解决了之前柏油路雨天经常被淹没的难题；同时设置多种人工水景，包括喷泉、瀑布、跌水等形式。受到气候影响，只有尽可能减少景观的自来水补给，才能确保生态人工水景的可持续运行。校园利用雨水和中水进行水源补给。学校收集雨水时注意水质的净化和弃流装置设计，中水也需要达到景观水标准时才可使用。对于小尺度的水景设计，设计人员根据水体的大小设计配套的过滤沙缸和循环用的水泵，埋设循环管路，有助于长时间保持水质稳定，以减少水资源浪费。

（2）实现景观材料的就地利用。军事基地原有的沥青地面废料、混凝土道牙以及河石等都被重新利用：混凝土路缘石被改造成座椅，河石被用作挡土墙，工程废料则用于停车场地面垫层和铺装等。

（3）选择乡土植物造景。适当增加场地中的植物种类与数量，选择耐旱的本土植物创建一个舒适凉爽的环境，有利于师生的户外社交活动。由柏油路面改造成的旱溪穿过新建的大楼和校园，使全校师生在日常生活中也能亲近自然，增加了人与人之间的沟通机会。

纽约州立大学石溪分校西蒙斯几何物理中心前广场（图 3-2-9）的景观改造目标是为中心工作人员和师生提供沟通交流的平台和休憩活动的场所。校园改造项目结合先进的科学技术，营造可持续的广场环境。作为大学中主要研究数学、物理与自然几何的机构，其外部空间改造的另一个要求就是能够为科研人员和师生服务，营造满足师生日常活动和小型学术交流的户外景观空间。

物理中心前广场（图 3-2-10、图 3-2-11）占地约 4 047 m^2，场地周边建筑的屋顶被利用起来作为绿化屋顶。这个有高差变化的广场空间通过人工水景观的营造，实现对雨水的管理和节约型景观的建设（图 3-2-12，图 3-2-13），主要措施如下。

（1）雨水的收集和利用。屋顶收集的雨水能够满足植物生长和灌溉的需求。整个场地景观

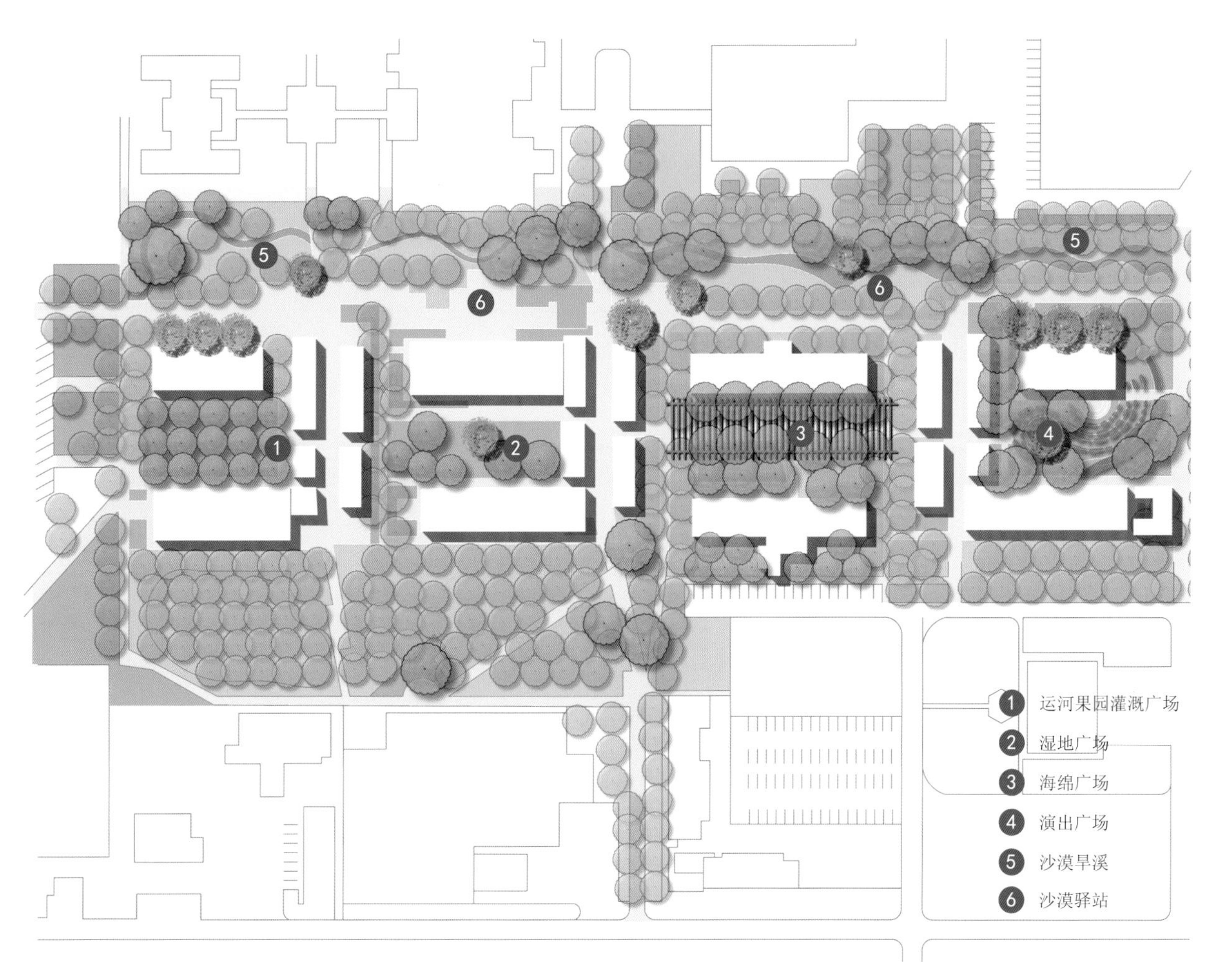

图 3-2-6 亚利桑那州立大学理工学院校园平面图

图 3-2-7　亚利桑那州立大学理工学院校园局部剖面图

图 3-2-8 亚利桑那州立大学理工学院校园景观（组图）

布置紧凑有序，在主要交通路线一旁是带有种植槽的跌水池景观。其中叠水设计利用场地丰富的高差变化形成的雨水汇流在收集过滤后能够作为跌水的景观用水，然后采用水泵实现循环。跌水设计是节约型广场景观的一个重要元素。

（2）植物种类的选择。屋顶花园种植了餐厅所需的蔬菜、香料和鲜花。广场中的植物配置主要是生长旺盛的草本植物。自然生长到半人高或者一人高的草本植物对空间进行了分隔，形成了开阔的广场活动区和私密安静的沉思区（图 3-2-14、图 3-2-15）。

水景对于校园公共空间具有重要作用。结合校园的海绵化景观与人工水景设计，不仅可以美化校园环境、陶冶人的情操，而且通过对雨水的收集、净化、调蓄和利用，能够利用降水资源尽可能减少外水补充，从而降低校园景观的维护成本，实现局部生态环境的有效调节。海绵化水景观设计必须认真考察校园场地的水资源状况、水文情况、水景运营的可持续性、水源的收集、污水的处理再生等一系列的先决问题，结合当地的自然资源和经济等条件来建造适宜的、可持续的水景观。设计人员可以利用校园中场地的地理条件，适当开挖、设计水系，其基本理念是遵循自然法则和生态规律；基于近自然式的设计理念，利用雨水汇流获取水源，通过湿地土壤植物的过滤净化雨水；在缺水的地区可以将收集的雨水用于灌溉绿地景观或者营造小型水景观。水是海绵景观重要的设计元素，但不是必要元素。受到环境气候等条件影响，并不是所有的校园都有可供利用的天然水体资源。水景的设置必须结合场地自然条件，切不可停留在追求水景的短期景观视觉效果层面，以防止对校园生态环境造成二次污染，或因为水体而造成过高的养护管理负担。

图 3-2-9　纽约州立大学石溪分校西蒙斯几何物理中心前广场

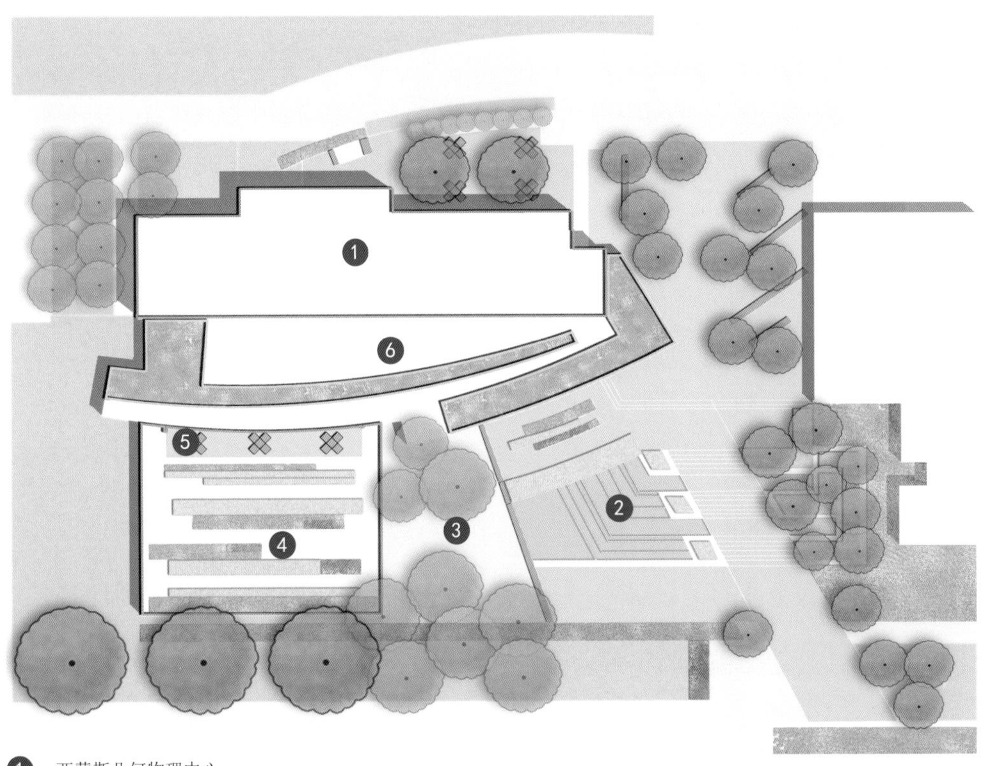

1 西蒙斯几何物理中心
2 跌水景观
3 礼堂广场
4 休闲花园
5 露天餐厅
6 绿色屋顶

图 3-2-10 纽约州立大学石溪分校西蒙斯几何物理中心前广场平面图

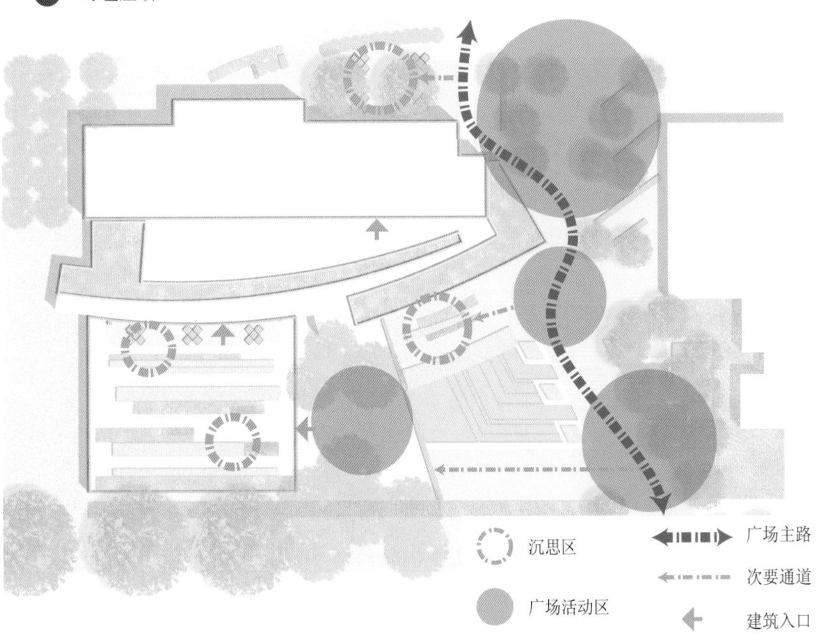

图 3-2-11 西蒙斯几何物理中心前广场交通流线

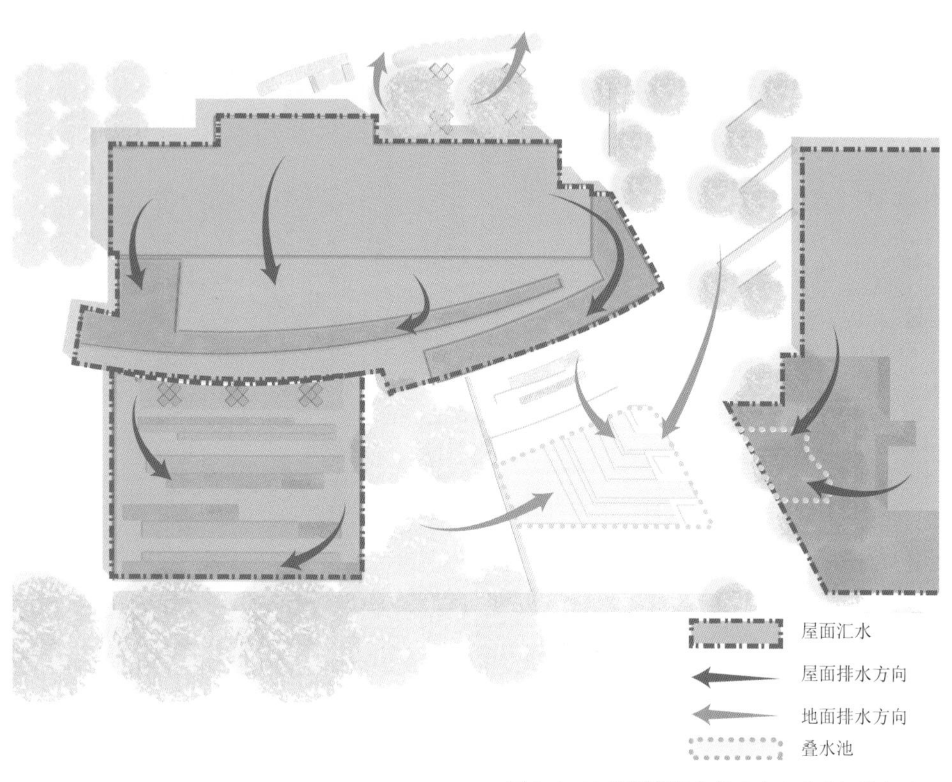

图 3-2-12　西蒙斯几何物理中心前广场排水分区

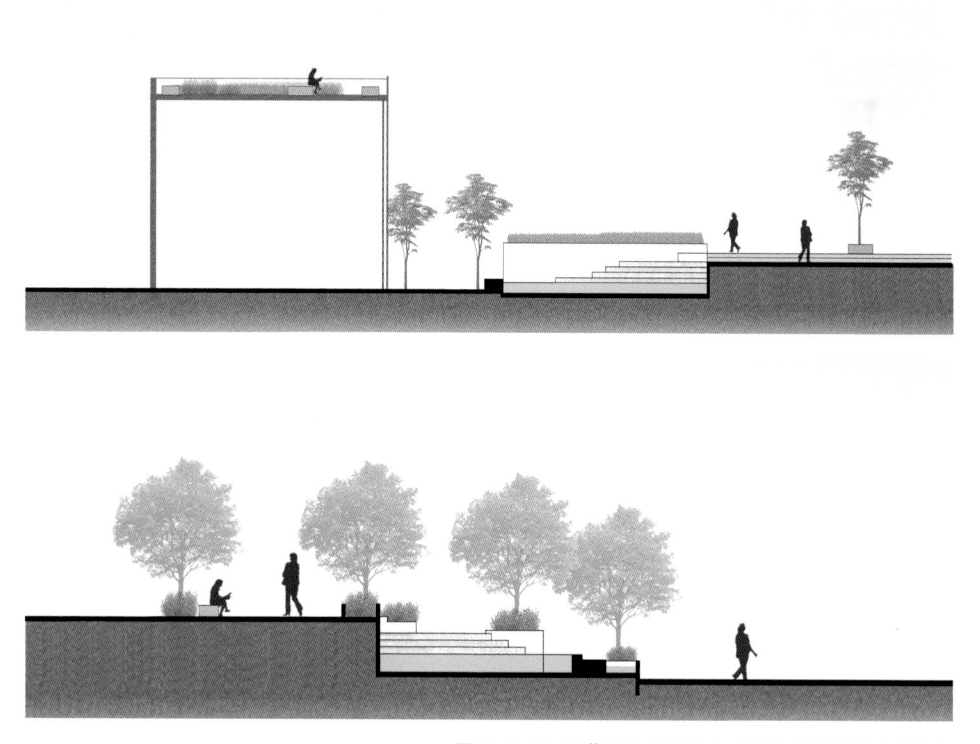

图 3-2-13　西蒙斯几何物理中心前广场剖面图（组图）

图 3-2-14 广场建筑屋顶花园景观

图 3-2-15 通过植物分隔创设的小空间

3.2.3 人工湿地

湿地是指水生和陆生生态系统的重叠区域，也可以是生态系统中的水陆过渡区。湿地在城市生态系统中具有多重功能。从环境角度讲，湿地可以调节小气候，净化水体，调控平衡水量，减弱城市热岛效应等；从生态角度讲，湿地能够容纳多类型物种，保持生态多样性。利用湿地生境进行校园海绵景观塑造，能够有效受纳、调蓄雨水径流，削减洪峰流量，并通过土壤、植被及微生物的多重作用来沉淀雨水径流中的细小颗粒沉积物以及过滤其他有机污染物质，实现雨水的调蓄、收集、净化和下渗，在涵养水土的同时，美化环境，丰富校园师生的游憩体验。依据水流方式的不同，校园景观中的人工湿地主要有表流湿地和潜流湿地两类。

1. 表流湿地

顾名思义，表流湿地（图 3-2-16）表面含有一定厚度的薄水层，通常为 40 cm 左右。表流湿地系统与自然湿地相似。首先，地表径流由入流管道进入湿地床，在基层表面流动，依靠挺水植物、浮水植物等水生植物的根、茎、叶来去除水体中部分有机污染物质，实现水体的初步过滤和净化。表流湿地的建设及运行成本低廉，但在不同气候条件下，其在养护管理上存在一定的问题：随着气温降低，表流湿地的表层水体结冰，会因热胀冷缩造成湿地系统管道破裂；在干燥少雨的旱季则需长期补水来维持表面水层，可能会提高水体管理成本；此外，裸露的水体和植物也容易滋生蚊虫，影响环境卫生。

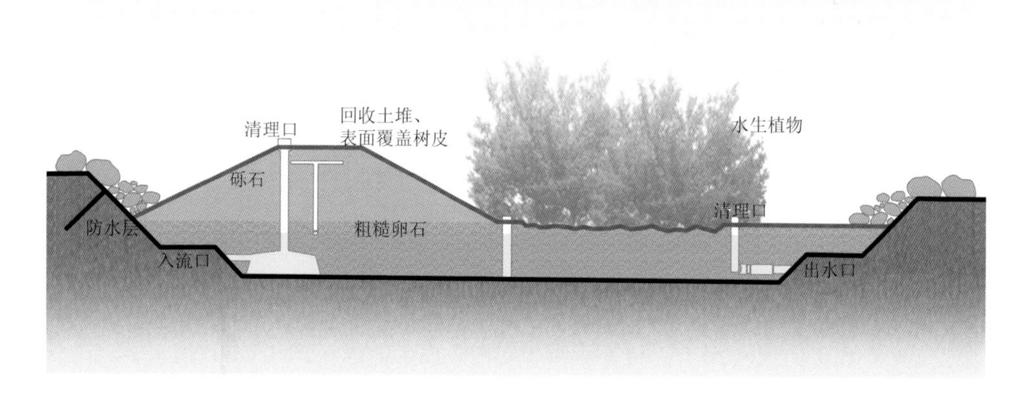

图 3-2-16 表流湿地示意

2. 潜流湿地

潜流湿地与表流湿地最大的不同点在于潜流湿地中的水流在地表下的填料层中流动，不会直接暴露在地表与空气接触。雨水径流通过入流口流入填料层，其中密集的植被根系及丰富的微生物能够有效过滤径流中的颗粒物和部分污染物。潜流湿地的表层被覆盖，径流水体与空气接触有限。因此，与表流湿地相比，潜流湿地的净化效果更好，水体蒸发量小，保温性较好，更适宜推广应用。根据水体的流动方向，潜流湿地可以分为水平潜流（图 3-2-17）和垂直潜流（图 3-2-18）两类。水平潜流湿地中的径流从入流口进入湿地床，以水平流动的方式在填料层中流动，最后通过出水口流出。而垂直潜流湿地中，径流从湿地表面流向填料层，通过垂直交换的方式实现径流过滤。

图 3-2-17 水平潜流湿地示意

图 3-2-18 垂直潜流湿地示意

人工湿地类型的选择要根据场地的生态环境特征、景观效果要求确定。植物方面应尽可能增加植物种类，实现植物混合种植。这样能丰富植物根系微生物的多样性，利于提高雨水的净化效率，并保障系统运行的稳定性。

美国华盛顿特区的西德维尔友谊学校庭院环境建设项目（图 3-2-19）通过塑造人工湿地构建了一套具备自然功能的“生态机器”。建筑庭院中的湿地生境自西向东整体被划分为 5 层平台，形成了 3 m 高差的多级下沉台地。多级人工湿地为校园水流净化提供动力。这个人工湿地的前 3 层为污水净化湿地（垂直潜流人工湿地），第 4 层为雨水渗透花园（表流人工湿地），最下面一层为雨水池塘（表流人工湿地）。根据不同类型湿地基质的深度要求，各层台地设计高度从 0.3 m 到 1.5 m 不等，能够满足湿地植物的种植要求和最佳净化深度（图 3-2-20、图 3-2-21）。

建筑中的污水、废水先经过建筑底层的沉淀水箱，完成颗粒物沉淀后，沉淀水箱通过生物净化法利用厌氧细菌降解水中的固体悬浮污染物。经过处理后的废水通过运输管网输送至建筑外庭院中的人工湿地。经初步处理的水首先进入地势最高的阶梯状潜流湿地，在湿地中的过滤净化需要 3 ～ 5 天时间。水体中的污染物质能够充分与湿地中的土壤、砾石以及植物根系、微生物接触，并得到充分降解。最终，经过湿地净化后的水再次回到建筑中实现二次利用。下雨天，场地收集

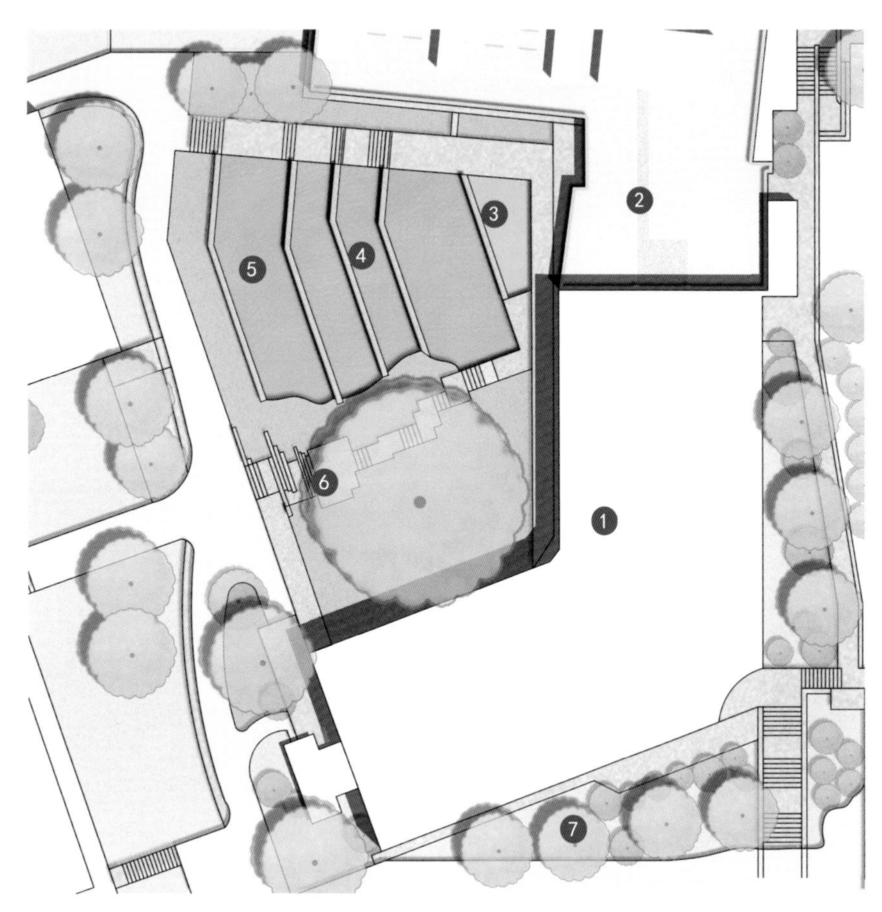

1 教室
2 屋顶花园
3 池塘
4 雨水花园
5 潜流湿地
6 户外课堂
7 草坪

图 3-2-19　西德维尔友谊学校庭院环境建设项目平面图

的雨水汇流以及经落水管收集的建筑屋面径流都直接引导至场地最低处的雨水池塘。这部分雨水中悬浮物较多，污染物较少，直接通过表流湿地净化就可以有效改善水质。在暴雨情境下，多余的水量从池塘溢出，进入最下层的雨水花园。雨水花园能够滞留、调蓄雨水并使其逐渐下渗进入地下。整个系统营造出一片自然、舒适的公共空间，并使其成为户外课堂的最佳场所。“生态机器”将地表径流与建筑中的废水一并纳入自然式处理的运作系统。雨水径流直接进入人工湿地和雨水花园，最后汇入庭院中的小型池塘。建筑产生的废水通过一系列

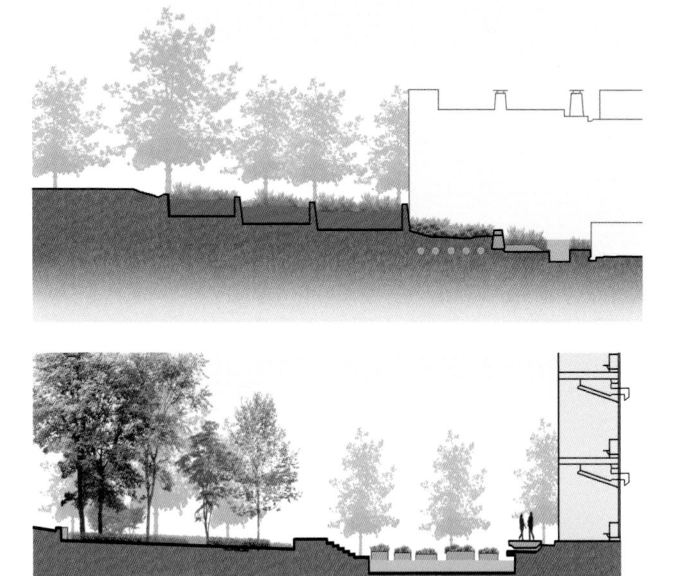

图 3-2-20　西德维尔友谊学校湿地生境剖面示意（组图）

图 3-2-21 台地式湿地景观（组图）

隐蔽于建筑中的储蓄箱、沉淀水箱、输送管网后进入湿地，经过与雨水径流相同的路径完成净化，构成了一个运行良好的水处理系统。据统计，人工湿地污水处理系统每天能够收集约 11 500 L 建筑内的废水，经过 5 天左右的储水净化期，人工湿地的高质量输出水可以被建筑再利用，提供全部的卫生用水。整个系统可以全年运转。冬季建筑排放的污水具有一定温度，可以保证人工湿地不发生冻害，但存在生物过程减缓、净化效率降低的现象。2006 年以来人工湿地的运行监测数据显示，与同类型和规模的建筑相比，新建教学建筑的水消耗量可以降低约 90%。

美国塞勒姆州立大学校园内的湿地走廊景观空间（图 3-2-22、图 3-2-23）由各类机动交通工具的中转场所改建而成。地块最初被用作工业用地。工厂建设需要场地的土壤被夯实作为地基，土壤固化导致了透气性丧失，无法为动植物生长提供营养。此外，由于土地太过平坦，即使直接将地下雨水蓄存引入灌溉系统，也具有一定的排水难度。后来该项目巧妙地将土壤修复和雨水管理进行整合化设计处理，将校园景观与毗邻的湿地滩涂重新连为一体，营造出一处开放的校园休闲空间，同时改善了项目场地的排水状况，促进了校园的整体生态健康。

湿地走廊景观空间由校园主要步行道旁的一条约 55 m 长的生态草沟和一块斜坡式休闲草坪组成（图 3-2-24、图 3-2-25），围绕校园道路，小径有 525 块小湿地。生态草沟的内侧是填石铁

图 3-2-22 美国塞勒姆州立大学内的湿地走廊景观（组图）

栅，体现了场地原有的属性与特点。生态草沟与中脊轴线步道共同延伸向湿地。设计人员首先面对土壤固化板结、透气性丧失等问题，对湿地走廊中的土壤结构进行改良，通过不同材质的分层处理，使土壤得以松化，利于土壤中的空气流通和水分运动；同时改变场地高差，形成竖向变化（图 3-2-26），实现地表有效排水；最后选取当地的适生草本灌木等植物固土护坡。

下雨天，周边广场空间中的雨水都汇集流入狭长的生态草沟中，通过植物茎叶的过滤沉淀去除径流中的悬浮杂质，大部分雨水通过壤中流的形式进入湿地滩涂中。面临大暴雨时，位于生态草沟外侧的斜坡式草坪可以为场地提供缓洪滞洪的作用，成为雨洪蓄存空间。在天然雨水和人工操控系统的配合作用下，结合土壤改造与湿地景观的营建，雨洪管理措施不仅解决了校园积水问题，而且极大地改善了师生的工作、学习与生活环境。

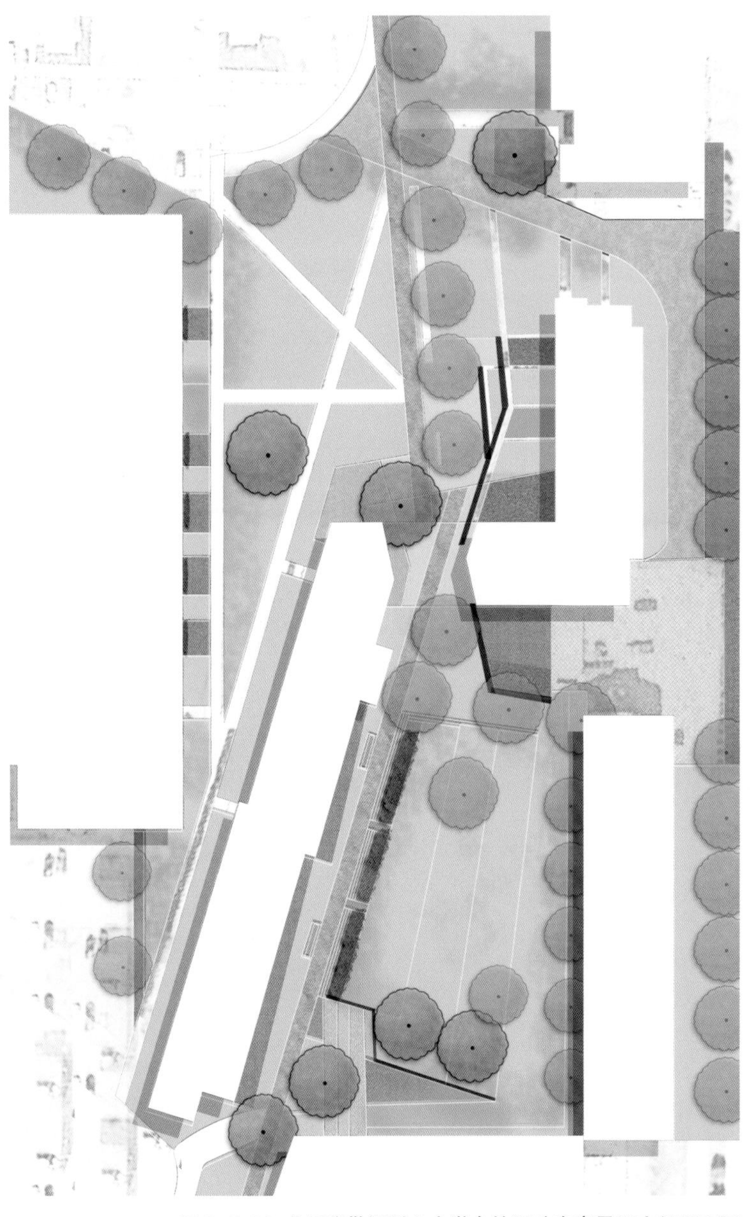

图 3-2-23 美国塞勒姆州立大学内的湿地走廊景观空间平面图

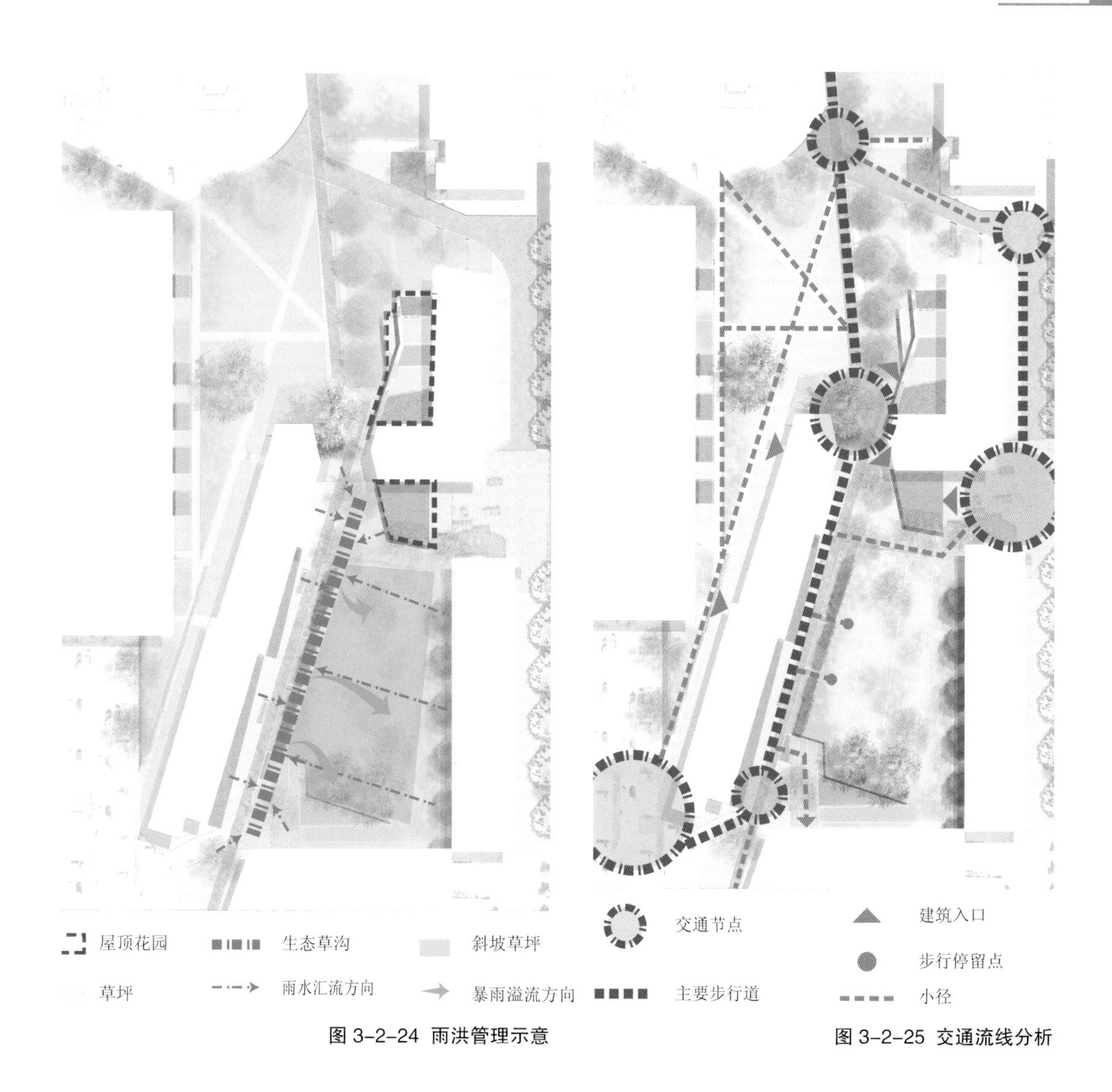

图 3-2-24 雨洪管理示意

图 3-2-25 交通流线分析

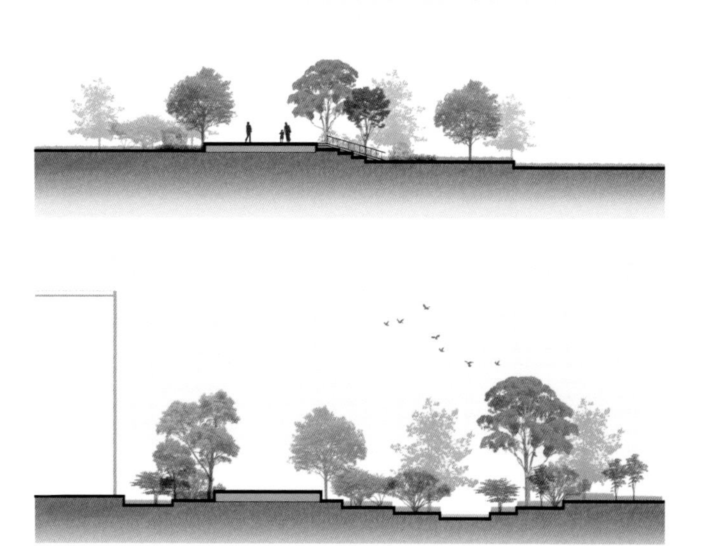

图 3-2-26 湿地走廊剖面图（组图）

3.3 植物景观

校园植物造景应当遵循以下几个原则。

美化校园环境——校园内的行道树、草坪、绿篱等各种植物类型在美化校园环境的同时，可以分隔教学区、生活区、道路等不同功能分区，提高各个区域的完整性。校园中景观节点的植物以乔木为主，且适当成片、成线、成团密植大规格植物，这样既能提高校园林木覆盖率，也能营造简洁、大方、天然的绿色空间。在海绵校园中，景观节点应结合校园水景观，对水生花卉、宿根植物等进行巧妙搭配，营造生机勃勃、富于变化的河岸线或湖岸线，实现师生与景观的互动，增强游览趣味性和体验感。

改善校园生态——植物具有固碳吸附、增湿降温、防风固沙、净化空气、滞尘降噪等多种生态功能，校园绿地的植被、水体能够以其具有的自然性能，产生一定的生态效应，改善和提高校园自然生态的质量。对植物的品种进行科学配置可以有效提高水体净化能力。将根系泌氧能力差异比较大的植物搭配种植，以及将常绿植被与落叶植被搭配种植，不仅可以保证校园不同季节的雨洪管理能力，还可以保证校园四季常青。

体现校园文化——校园景观规划设计体现校园文化。植物造景作为景观营造的重要方式，是校园文化和审美情趣的体现。利用不同的植物特性，营造特定的场地氛围，传承校园文脉，有利于培养学生的审美情趣和艺术欣赏水平，寓教于景，以环境育人。

利于防灾避险——在城市规划层面，教育用地有明确的布局要求。无论是布局在居住用地中的中小学校，还是布局在教育园区中的大专院校，大都位于城市区域人口较为集中的地区。校园中的绿地、运动场等开阔场地能够在城市突发灾害发生时，成为有效的人员疏散和避灾场所。

3.3.1 植物选择与生境营造

海绵理念的核心是结合多种技术建设水生态基础设施，进而为城市生态系统修复服务。海绵理念下的各类生态基础设施依托植物才能实现雨洪径流的生态化管控，这是与传统工程设施的主要差异。利用植物保护校园环境、涵养校园水土、恢复校园生态系统的平衡稳定，这是海绵校园所追求的生态目标。因此，植物是海绵校园实践中需要考虑的重点对象。校园植物要尽量选择乡土植物，选择对当地环境适应能力强、抗病虫害能力强的植物，以保证景观节点的植物生长态势良好并降低养护管理成本；其次，要选用无毒、无污染的植物，最好无飞絮、飞毛、落花、落果，必须保证对环境不造成污染，同时不影响师生的身体健康和校园的景观效果。从海绵校园景观设计与建设的角度出发，要求植物能够延长雨水径流的滞留时间，增强雨水下渗，补充地下水。在暴雨情况下，植物对雨水的冠层滞留和根际滞留能够有效降低暴雨的影响，防止水土流失。植物强大的雨水存续功能有利于水土涵养保持。作为海绵校园建设中绿色基础设施的组成要素之一，植物造景应结合校园中不同区域的功能与需求，营造连贯稳定、完整多样、利于动植物生存以及具有一定自净能力的小型生态系统，从而实现雨水资源循环和多样化利用。因此，海绵校园植物种类选择需注意以下几点。

第一，宜选择根系发达、枝叶茂密的植物。这类植物固土能力突出。茂密的树冠和枝叶能够阻滞雨水，降低雨水流速。发达的根系能够有效预防土壤孔隙被堵塞，并缓解土壤板结。在湿地景观中，枝叶、根系发达的水生植物具有强大的吸收土壤和水体中重金属以及有害物质的能力，具备净化水质作用，并且在雨水污染物去除等方面也发挥着重大作用。

第二，宜选择能短时间耐涝、长时间耐旱的植物。这类植物耐旱，耐水湿，通常生命力顽强。下沉式绿地、植草沟、雨水花园等都是滞留、传输、消纳雨水的重要绿色基础设施。这些绿地中的植物在降雨情况下可能会经受间歇性短期雨水浸泡。对于不耐水湿的植物，面对雨洪积涝，根系缺氧会诱发植物的次生胁迫。耐淹力较强的树种可能会在水退后生长衰弱，树叶常见黄落，新枝、幼茎也常枯萎，但有萌芽力，以后仍能萌发并恢复生长。由于冬季融雪剂的使用，雪水融化后进入道路旁的绿地，可能提高土壤的含盐量，所以耐盐碱也是海绵校园植物选择的一个原则。

第三，宜选用多年生观赏草类。观赏草大多对环境要求低，其管护成本低，抗性强，繁殖力强，适应面广。观赏草又因其生态适应性强、抗寒性强、抗旱性好、抗病虫能力强、不用修剪等生物学特性能够阻滞雨水径流，降低植物更换频率，从而减少建设维护成本，满足海绵校园绿地设计的要求。

场地中的小气候和生境因子不同，适应性植物的种类也不同。例如，在海绵校园中，人工补水、空调水的补水和场地雨水的收集直接决定了适生植物种类；场地中多光照的绿地土壤偏旱，长年处在阴影区的绿地土壤偏湿会影响植物种类选择；地形的变化会引起土壤温度、湿度及光照的改变，因此地形也会间接影响植物种类选择。

西安建筑科技大学利用建筑学院教学楼东楼的附属绿地（图 3-3-1）建成的东楼花园和南门花园采用了雨水花园的设计理念，并着重考虑由于受到建筑物遮挡而形成的不同生境条件下的植物景观设计。

东楼花园（图 3-3-2）因位于建筑学院教学楼东楼的北侧而得名。基地的主要区域长约 18 m，宽约 24 m，面积约为 450 m²。东楼花园场地尺度较小，周边由建筑物和高大的乔木围挡（图 3-3-3）：场地西侧和南侧为 4 层建筑物，东侧为 2 层建筑物，四周分布有悬铃木、杨树、槐树和构树等高大乔木。东楼花园光照不充足，场地中大部分面积接受的日照不足 6 h（图 3-3-4）。东楼花园基于不同区域的日照条件，结合雨洪管理方式，完成了植物设计。

东楼花园构建雨水链系统——一个关于雨水的降落、排走、收集储存并利用的完整体系。雨水收集系统收集东楼部分屋面和建筑气候中心屋面共约 600 m² 的降雨，通过砖砌水渠导流汇集，雨水流入 3 m² 的生物滞留池，形成一个小湿地景观。整个雨水链系统约 10 m²。花园设置人

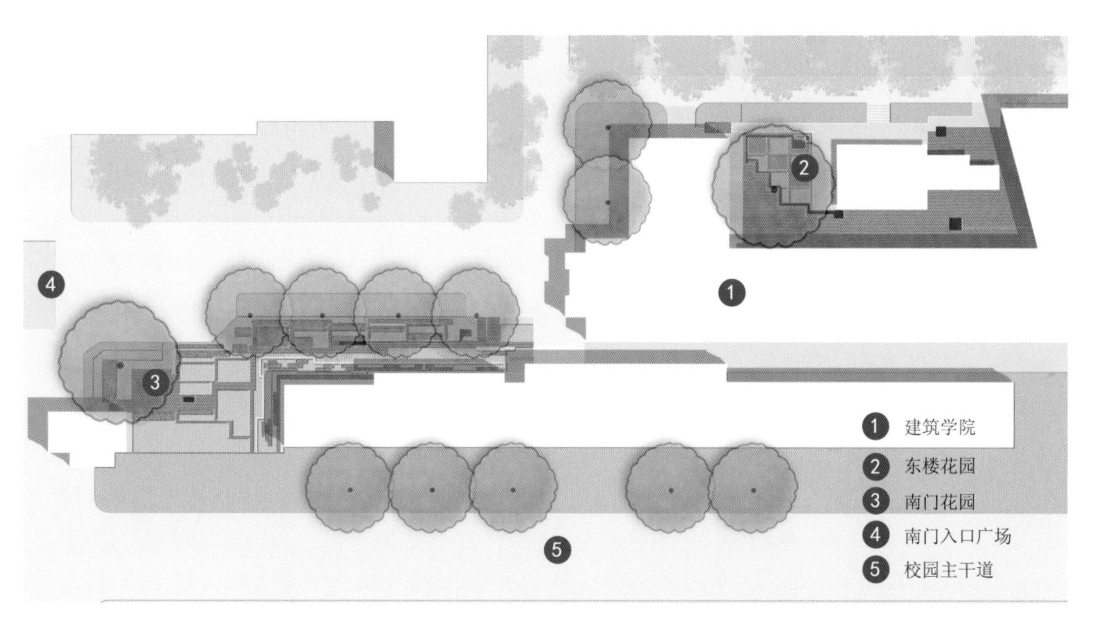

图 3-3-1 西安建筑科技大学建筑附属绿地平面图

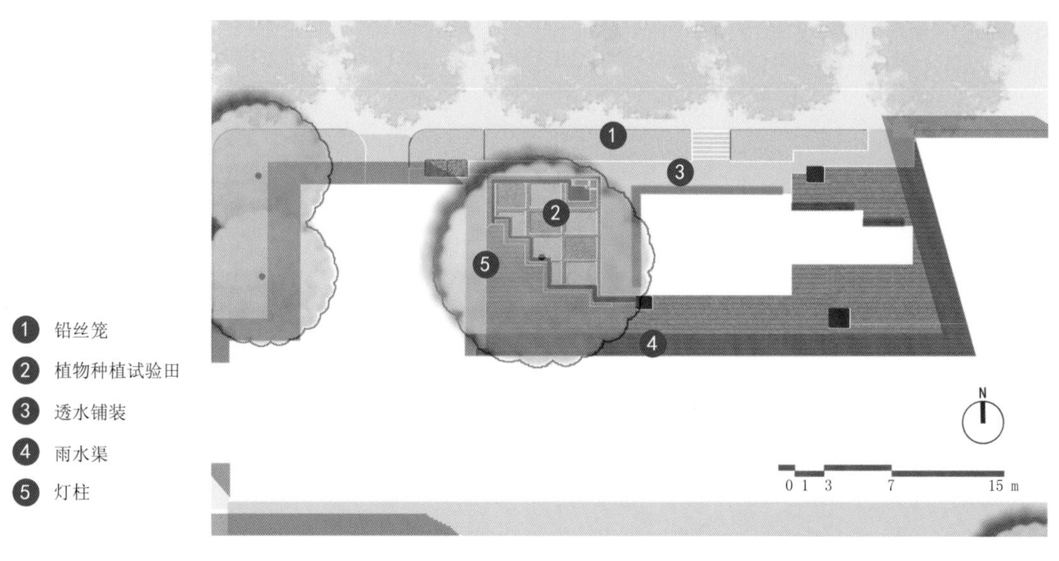

图 3-3-2 东楼花园平面图

图 3-3-3 东楼花园剖面图

工水源，可以根据教学需要清晰地展示雨水链全过程，学生可观察湿生植物生长。雨水链式的雨水骨架布局是为了最大限度地增加雨水和人工补水与场地土壤的接触，扩大水体的渗透面积，形成阴生湿地的种植生境。挖渠土方沿水渠分布，形成底面积为 3 ～ 5 m²，高为 10 ～ 30 cm 的土丘微地形，形成阴生旱地种植生境。东楼花园长年阴影区位于花园东南角，建筑物形成的阴凉区域主要作为活动平台并种植有少量的阴生旱地灌木。全日照至 1/2 日照区域有种植区域，用于种植适应场地日照条件的花卉类植物。

南门花园（图 3-3-6）位于校园南门的东侧，具有完全不同于东楼花园的阳生生境条件。南门花园面积约为 830 m²。基地狭长，周边建筑物为 1 ～ 2 层，西侧区域植物遮挡较少，光照充足（图 3-3-7）。

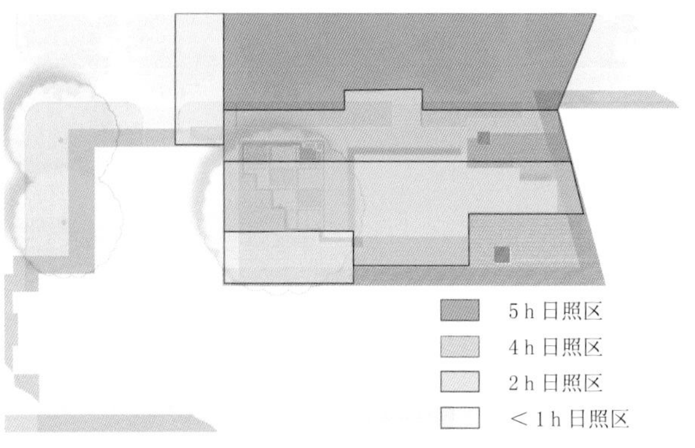

图 3-3-4　东楼花园日照分析

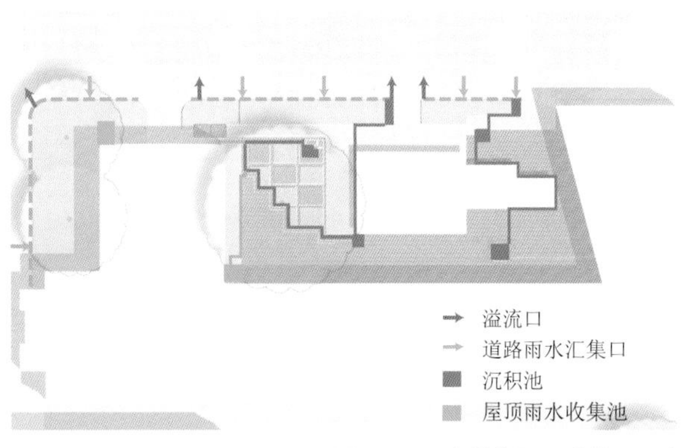

图 3-3-5　东楼花园雨洪管理示意

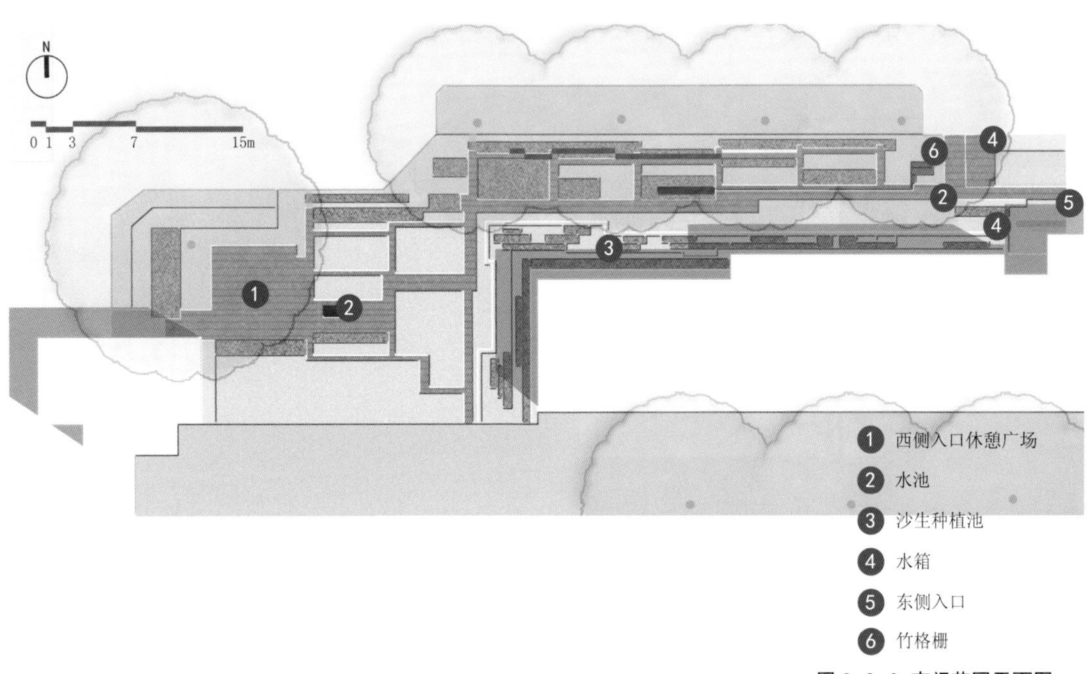

图 3-3-6　南门花园平面图

雨水链仍然作为南门花园的雨水管理系统，650 m^2 的建筑屋顶所流下的雨水通过建筑边缘的3处落水管汇流进入花园中的种植池，实现雨水的调蓄和下渗。在暴雨情境下，雨水从种植池溢出，通过地表排水沟进入约10 m^2 的生态滞留池。蓄留的雨水通过净化能够补给景观用水。光照条件和土壤水分条件的不同组合造成场地生境微差，全阳区域布置台地式的旱生植物生境；场地半阳区域利用雨水链引入屋顶雨水，保持土壤湿润，营造中生植物生境。在植物种类（图3-3-8）方面，选择适生乡土草本植物种类组合和种植布局，主要有2类组合布局方式：一类为相对规整的“团块式”布局，将单一种的野生乡土草本植物集中种植形成团簇状的花境组合，植物景观富有季相变化，花期不断；另一类为多种乡土草本植物混植形成的“群落式”布局，达到简化人工管理、可以观测种植群落的形态及演替过程等多种目的。

两个花园分别根据场地的日照、温度、风等条件，结合雨水管控利用措施，创造干、润、湿3种程度的植物生境；通过改造土壤性质，有目的地创造不同类型的适生土壤环境；通过海绵校园与植物造景的综合应用满足校园中场地功能、环境美化和科研用途等多元需求。

图3-3-7 南门花园剖面图（组图）

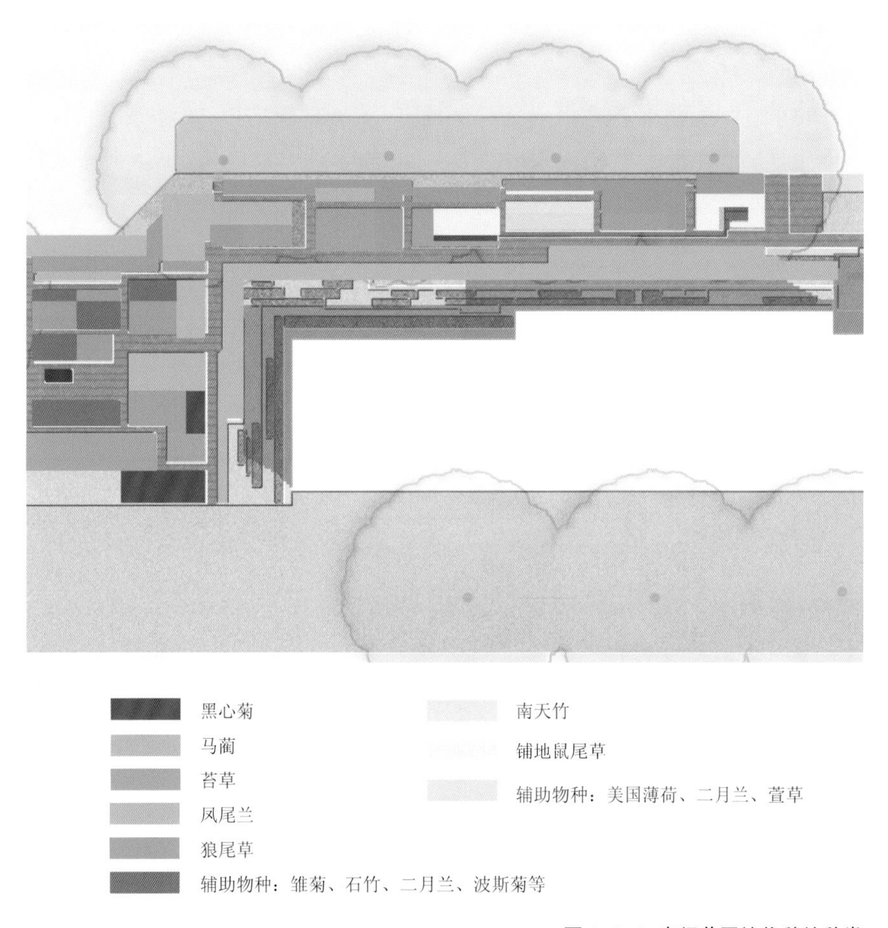

图 3–3–8　南门花园植物种植种类

3.3.2　地形设计与雨水花园

雨水花园是以地被、灌木为主，或点缀有些许乔木的地势低凹的园林绿地。它主要利用植物和地形设计形成功能相对综合的生态可持续雨洪控制与雨水利用设施，可以用于滞留雨水、削减径流流量，同时可以净化雨水，让雨水下渗，涵养土壤。本节主要探讨以雨水花园为代表的校园海绵植物景观的地形营造。雨水径流汇入雨水花园的凹地后，雨水花园首先能够起到滞留和调蓄雨水、削减洪峰的作用；其次在耐水湿植物和沙质土壤的综合作用下能够模仿自然过程，完成对雨水中固体悬浮颗粒物、可溶性盐离子以及细菌和有机污染物的过滤净化；最后通过渗透系统使得雨水缓慢渗入土壤，涵养地下水。在暴雨情境下，与雨水花园底层相通的排水导管能够直接将雨水引入附近的排水系统。

美国韦尔斯利学院的植物园温室外环境（图 3-3-9）设计，就是利用植物营造丰富的地形变化，模糊了植物园与外部景观的边界，使得植物温室与场地外环境融为一体（图 3-3-10），创造出“一处带有玻璃盒的景观”。在温室外的雨水花园营造中，通过地形变化引导雨水径流的流向（图 3-3-11），在保证场地雨水消纳吸收的要求下，进一步解决了植物园温室建筑产生的大量浇灌用水的排放和处理问题。

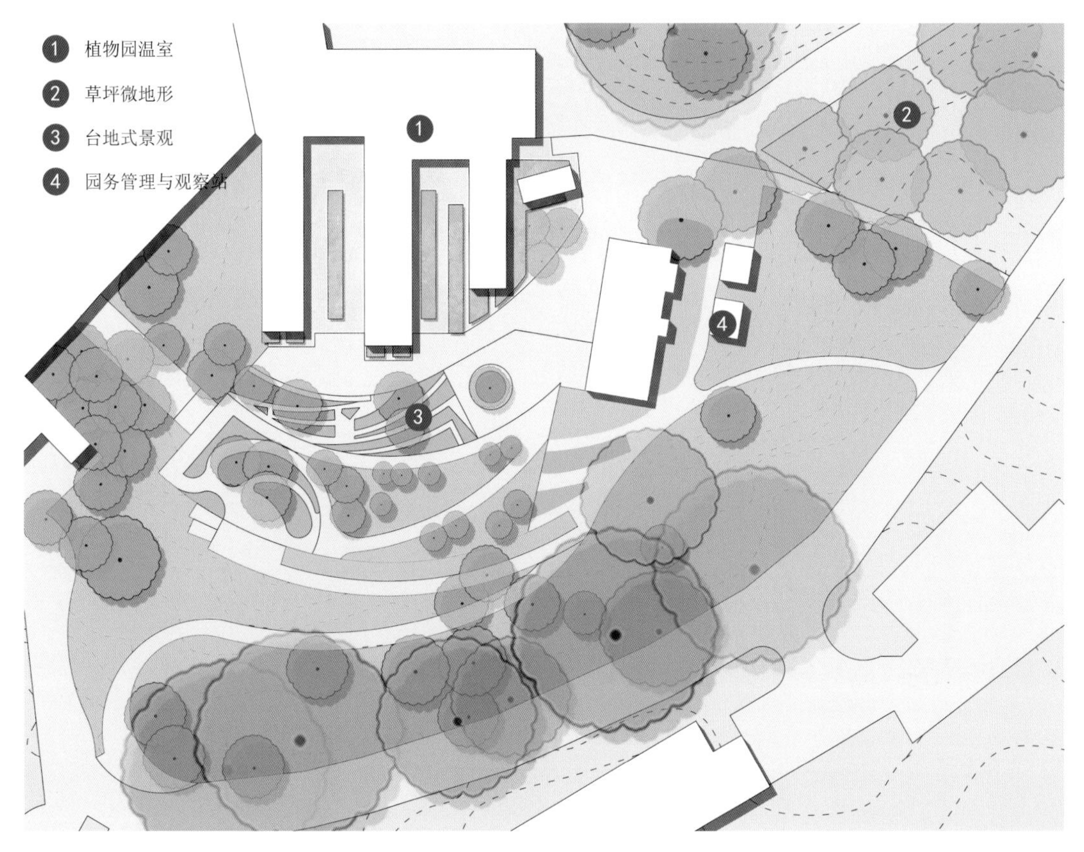

图 3-3-9 美国韦尔斯利学院的植物园温室外环境平面图

英国伍斯特大学图书馆雨水花园（图 3-3-12）对雨水进行收集、过滤和排放，通过地域性材料、乡土植物和用以提高生物多样性的景观管理措施实现校园雨洪管理的可持续性。场地内设置有多个小岛和观景平台，在小岛和观景平台上可以俯瞰茂盛生长的草甸盆地景观。浸水草甸（图 3-3-13、图 3-3-14）不仅是校园中一处自然式景观，同时也是校园雨洪管理的功能性设施。浸水草甸可以对季节性的洪水进行处理，而且没有过高的场地维护要求。苇丛河滩可以对雨水和地表水进行过滤，还可借助风力和建筑环境工程来共同实现水体的蒸发，使之重新进入自然循环过程。浸水草甸中的两处小岛生长有高大冠层树种和稀有乔、灌木品种，为野生动物提供了良好的栖息环境。

校园中雨水花园的面积和形式可以根据场地尺度和周边环境的具体条件而变化。小型雨水花园通过人工下挖后，根据施工工艺自下而上形成砾石层、砂层、种植土层、覆盖层以及植物层。为防止下凹地形形成积涝难以排水，雨水花园的截面一般呈抛物线形，通常标高要求低于周边地表 2 m 以内。种植土层、砂层和砾石层要求保证雨水的渗透性，使得雨水花园中的蓄水能在 24 h 内充分渗透。砂石层中埋有导管，将渗透的雨水收集汇入其他排水系统。覆盖层由树叶、树皮、卵石等覆盖物组成，一方面能够减少土壤水分蒸发，保持植物根部湿润；另一方面能防止下雨天地表径流对雨水花园的土壤冲刷侵蚀造成水土流失。大型的雨水花园可以结合场地地形变化，形成富有坡度变化的缓丘、盆地等多种自然形态的草甸景观。校园中的雨水花园可以控制、管理雨洪径流，调节水量，改善水质。花园中的植物采用粗放管理方式，也可降低校园景观的维护成本。

图 3-3-10　植物园温室外环境景观（组图）

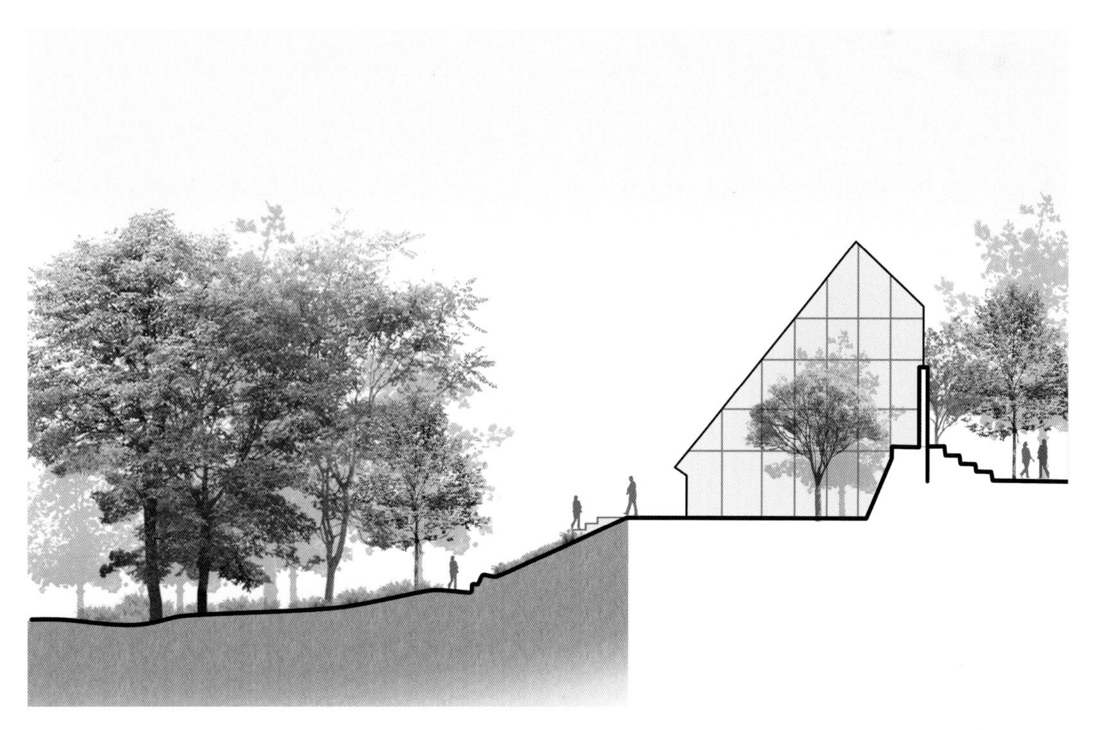

图 3-3-11　植物园温室外花园剖面图

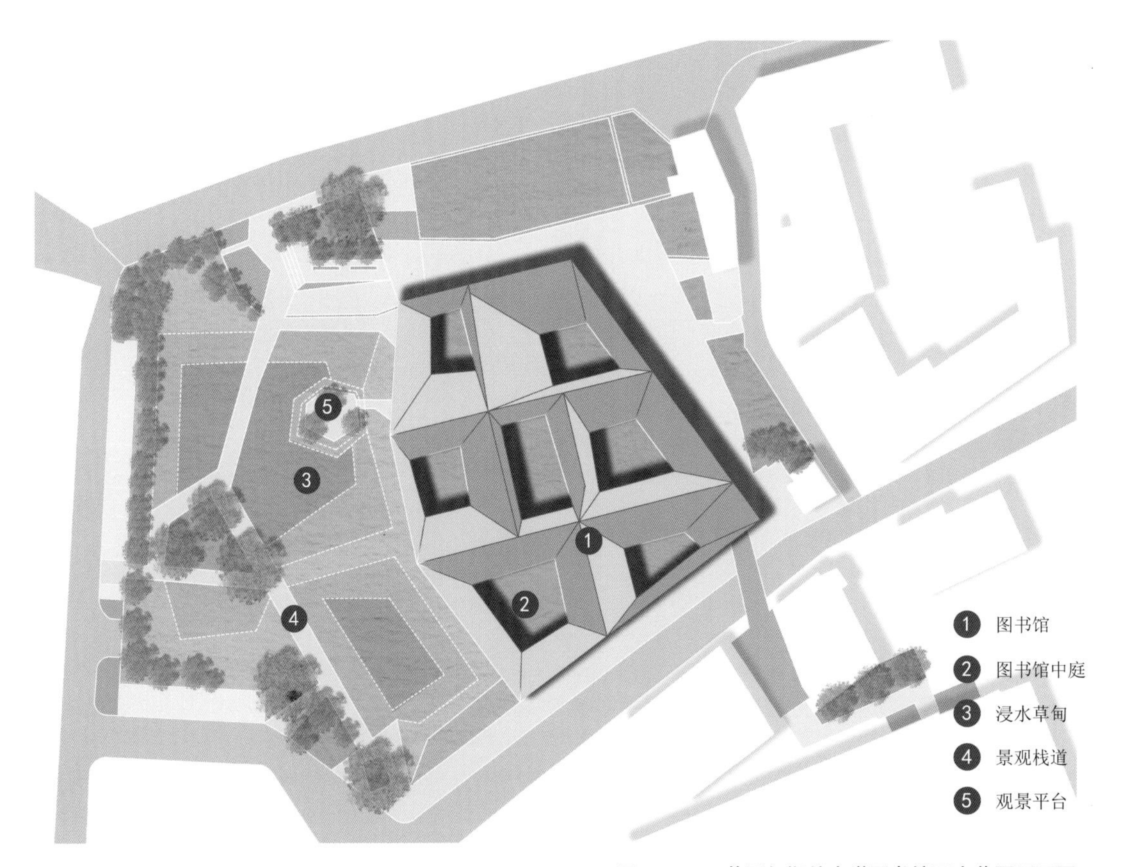

图 3-3-12 英国伍斯特大学图书馆雨水花园平面图

此外，结合前文提到的内容，雨水花园可种植耐水湿、具有发达根系的湿生植物和水生植物。在气候湿润的地区，备选植物种类丰富，但是在半干旱或干旱地区，要求植物必须满足耐湿与耐旱双重要求。除了要选择生长习性适宜的植物外，雨水花园的植物配置还应当综合考虑植物的颜色、形态、花期等因素，以丰富雨水花园的造景效果，从而给校园环境带来自然野趣的景观体验。

3.3.3 立体绿化与屋顶花园

校园中教学楼、宿舍楼和各类活动中心的建筑多成组、成团分布。不同类型的建筑组团形成校园功能划分的基础。校园建筑是师生学习和生活的主要场所。一方面，在下雨天，大量建筑形成屋面汇水增加校园的排水压力；另一方面，校园建筑容纳人员集中，人口密度较大，对生活用水的要求较高。因此，校园建筑绿化是改善校园生态环境、丰富校园绿化景观的有效方式。从生态角度来讲，建筑绿化能够减少热岛效应，吸尘，降低噪声，减少有害气体，保温隔热，节约能源，营造和改善校园生态环境；从景观角度来讲，发展校园建筑立体绿化，能丰富校园景观的空间结构层次和建筑立体景观艺术效果。利用植物实现校园建筑的生态化设计和建设是海绵校园建设的一部分，可实现建筑屋面雨水、建筑空调用水等的回收再利用，主要方式有绿色屋顶、垂直绿化、

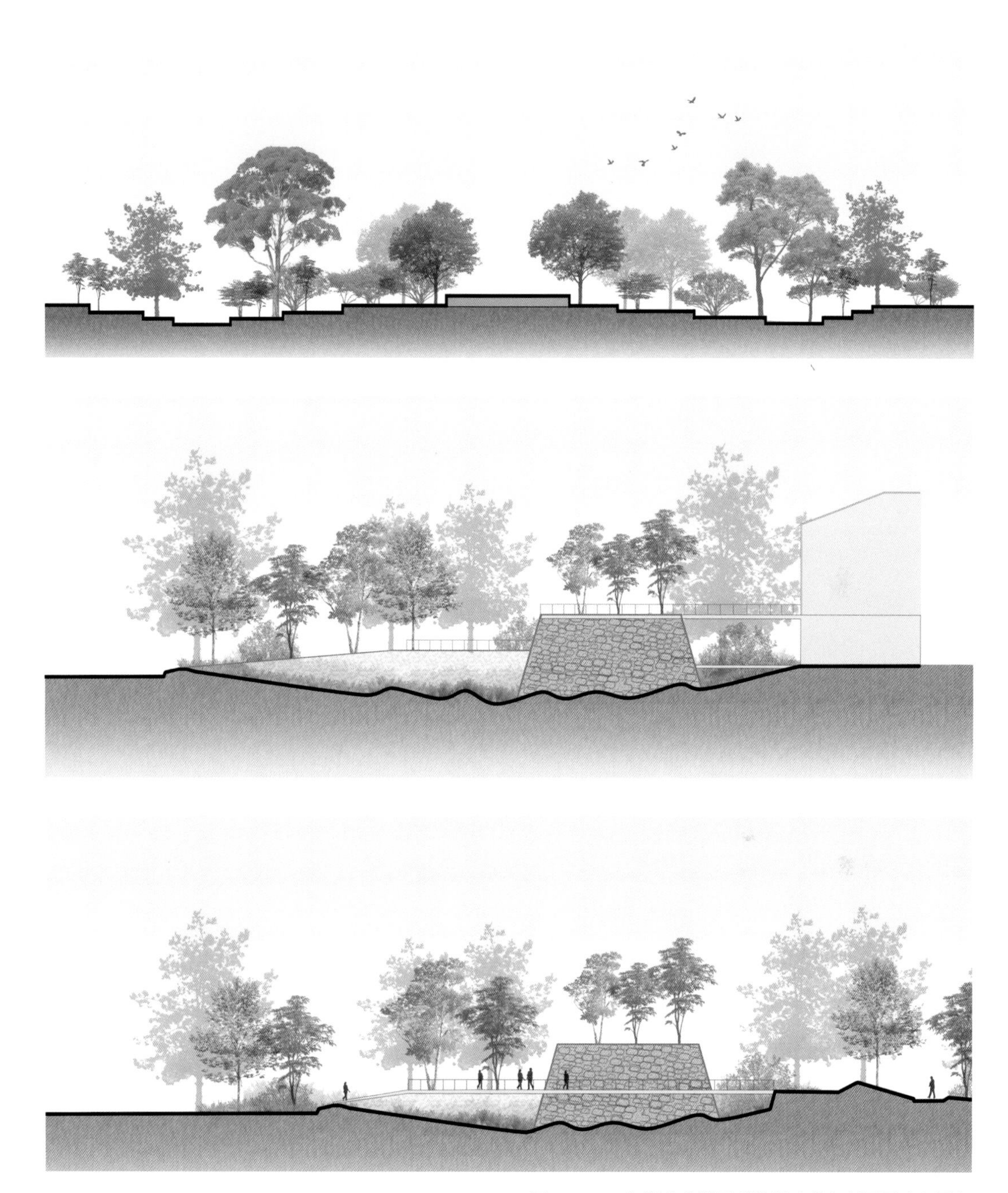

图 3-3-13　伍斯特大学图书馆浸水草甸剖面图（组图）

建筑庭院绿化等，用植物覆盖建筑物的部分立面，在建筑外围形成一个立体的雨水消解利用网络。立体绿化能够有效滞留雨水，缓解校园下水、排水压力，实现雨水的回收再利用，节约校园水资源。降落的雨水与建筑各个立面覆盖的植物相接触能够实现初期的滞留和消纳；雨水沿着绿化建筑的屋面、墙面、地面顺流而下，在这个过程中能够完成雨水的阻滞和净化，最终雨水被蓄积后统一处理回用，用于建筑内部厕所的冲洗、建筑周边绿植的浇灌等，形成雨水收集利用的循环过程。

图 3-3-14 伍斯特大学图书馆浸水草甸景观（组图）

台北科技大学在校园改造中，在校园西门运用垂直绿化方式制造了一处生态节能的“绿色大门”（图 3-3-15）。“绿色大门”采用的是以树脂纤维为主的生态材料，在纤维板构件中填入无纺布包覆的种植土以及多种藤本植物的种子。大门两侧的道路、建筑以及入口停车场等不透水面汇集而来的雨水经收集处理后可以满足“绿色大门”的日常灌溉和建筑内的中水利用需求。

美国亚利桑那大学的苏诺伦景观实验室运用墙面绿化的方式，减缓了雨水径流的流速，将宝贵的雨水资源利用起来，在实现水循环的同时，显著地减少了自来水的使用，实现了场地内的水循环（图 3-3-16）。

屋顶花园又称植被屋顶、绿色屋顶或生态屋顶。屋顶上的植被可以截留雨水，因此绿色屋顶也被纳入雨水径流滞留设施的范畴。但是屋顶花园并不具备良好的水体净化能力。绿色屋顶的设计关键在于设置好分层体系。屋顶栽培介质中蓄积的雨水不仅要满足植物的生长需求，还要防止发生渗漏。屋顶的排水设计十分关键，要求积水能够沿着防水层通过雨落管垂直排出屋顶。

美国华盛顿大学医学中心对 4 座建筑的屋顶进行了屋顶花园改造（图 3-3-17、图 3-3-18）。一方面，这样的改造有利于降低建筑能耗，提高雨水资源利用率；另一方面，屋顶花园的建设为医学中心的医护工作者和病人提供更多的活动场地和景观空间，有助于他们舒缓心情。

在大学校园环境中引入建筑立体绿化，可明显地补充生态化空间，并增加校园的绿化面积。

图 3-3-15 台北科技大学“绿色大门”

图 3-3-16 美国亚利桑那大学的墙面绿化（组图）

图 3-3-17 华盛顿大学医学中心南侧儿童医院屋顶花园景观（组图）

屋顶花园可以为师生提供便捷可达的景观活动空间，有助于他们调节情绪，放松心情。这种绿化形式也为海绵城市建设提供了相应的参考，作为城市绿化模式的范例以建设效果与应用条件引导并推进城市环保化建设。

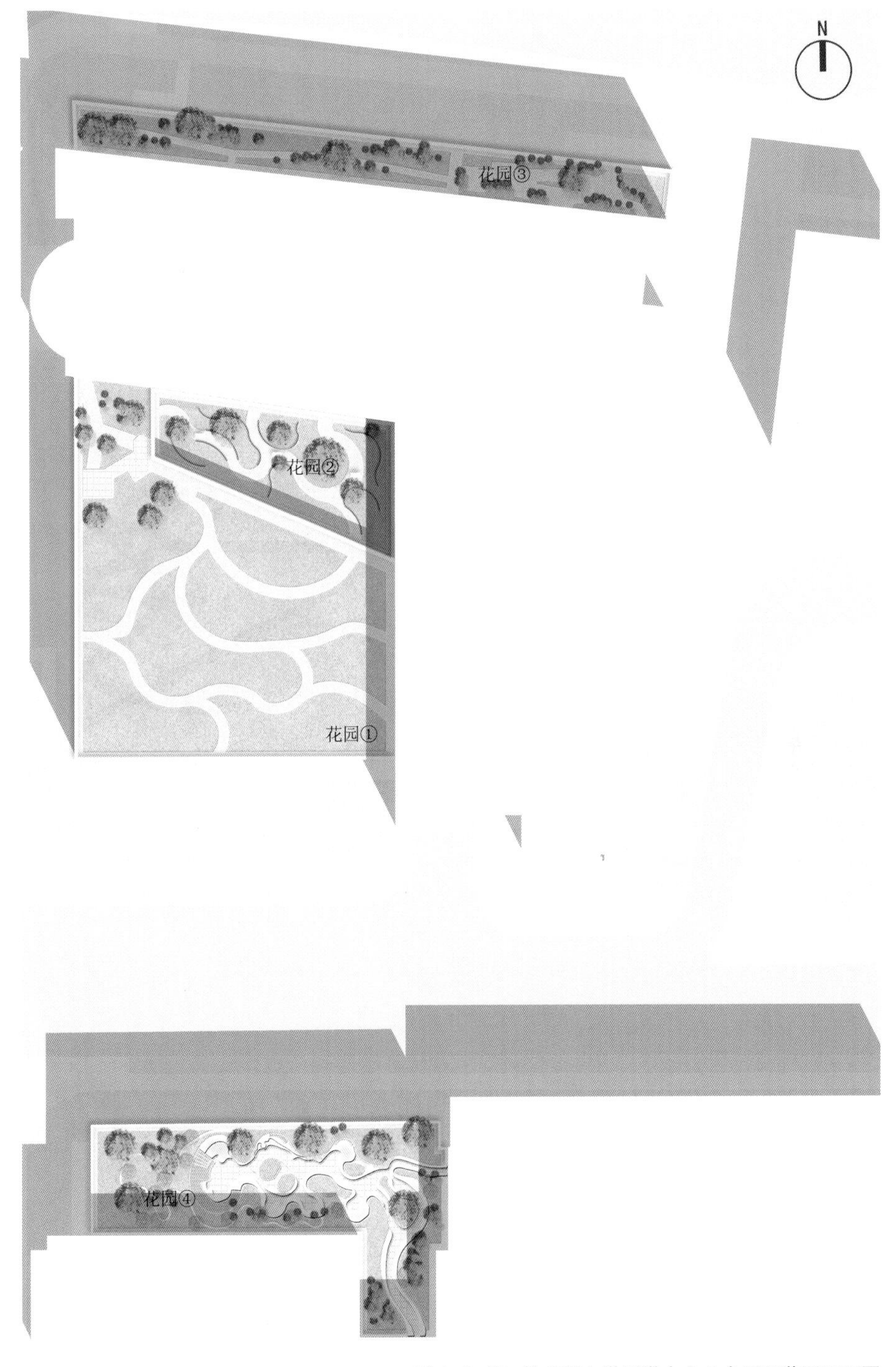

图 3-3-18 华盛顿大学医学中心 4 个屋顶花园平面图

3.4 道路景观

校园道路是校园景观空间的骨架，不仅连接校园内部的各功能组团，而且连接校园与外部的城市空间。校园道路除了满足交通、运输、消防等基本功能，由于校园中人员集中、潮汐人流规律性强等特征，还成为师生重要的活动和交流空间。大学校园道路尤其是景观大道两侧均有茂密高大的行道树，景观环境良好，有些景观道路成为校园的形象与名片，甚至成为周边居民和旅游观光客游赏、漫步的理想场所。因此，校园道路景观是学校重要的线性景观，是展示校园形象的名片，也是校园景观建设或改造关注的重点内容。

道路附属绿地是校园生态结构中主要的“线性绿地”要素。由于道路的线性特征，道路景观连接校园各块状绿地，使各个独立的块状绿地组成相互联系的校园绿地网络系统。道路景观可以形成隔离带，吸收有害物质，净化空气。因此在海绵校园的建设中，校园道路通常与校园的排水管道在位置上重叠。道路景观不仅是校园交通的载体，而且对校园排水系统组织、海绵校园网络构建具有重要意义。

3.4.1 交通组织

传统的校园缺乏总体性道路规划及人车分流设计，往往整个校园被几条主干道分割成若干空间开敞的大板块。而随着时代的发展，各大院校纷纷扩招，私家车逐渐普及并进入校园。人与车之间的“软冲突”日益凸显。一方面，停车位挤占非机动车道，给学生的步行和自行车出行带来安全隐患；另一方面，在上下课高峰时期，车行、人行混乱，造成校园主要道路的交通拥堵。特别是近年来共享单车在大学校园内推广普及，在为大学生提供健康、便捷的出行方式的同时，由于单车停放自由、缺乏管理，非机动车道宽度有限等问题，造成了大学校园内交通秩序更加混乱。

我国西南民族大学航空港校区民大路的景观改造利用海绵措施，在隧道覆盖段建成了连接两个校区的入口广场，为师生及当地居民提供了安全、舒适、美观的通行及休憩空间。民大路原为横穿校区的市政道路，道路宽 40 m。为解决师生横穿民大路的安全隐患问题，学校对民大路进行下穿隧道改造，在隧道覆盖段打造道路景观广场。植草沟、雨水调蓄池、生物滞留池和生态树池等海绵措施的应用保证了隧道顶盖的排水安全；人车分流的方式保证了校园内学生的步行安全。高差变化的海绵景观为学生提供了多样的交流活动空间。

哈佛大学道路广场景观改造面临的问题就是复杂的交通情况。项目处于布有城市管网设施的公路隧道顶盖上，而且位于通往教室和宿舍主要道路的交叉口，同时路口附近就是哈佛大学历史悠久的建筑庭院（图 3-4-1、图 3-4-2）。因此，这里不仅经常有大量的学生在上下课时间经过，而且有当地市民步行至此乘坐公交或者地铁，还会有游客驻足停留。场地作为校园中重要的交通节点，在保证通行秩序的情况下需要满足不同人群的使用需求。同时，该场地需要解决基础隧道所需的防水材料更换和表面维修问题。这项道路广场景观改造的目标是通过创建整个大学的一系列室内和室外空间，吸引人们聚集在一起，为校园师生互动和社区建设创造更好的机会。

这个项目采取的具体做法是，首先对改造前没有得到利用的道路周边空地进行生态修复，对残破的沥青路进行修补整治，从而建立起一个全新的校园生活社交枢纽站。其次，由于场地位于隧道顶端，隧道盖板的排水设施、公用设施和不规则的结构不能随意改动，而且覆盖层不能有大体量的植物种植，面对这一难题，项目采用了创新雨水策略：从混凝土到沥青路再到植被绿地，设置一套雨水被动式收集系统（图 3-4-3）。地下通道的薄结构顶内处理部分场地汇流。由废弃的瓷质马桶废料制成的雨水引导槽将雨水引到广场边缘，使其渗透到种满漆树和银杏树的树林中。

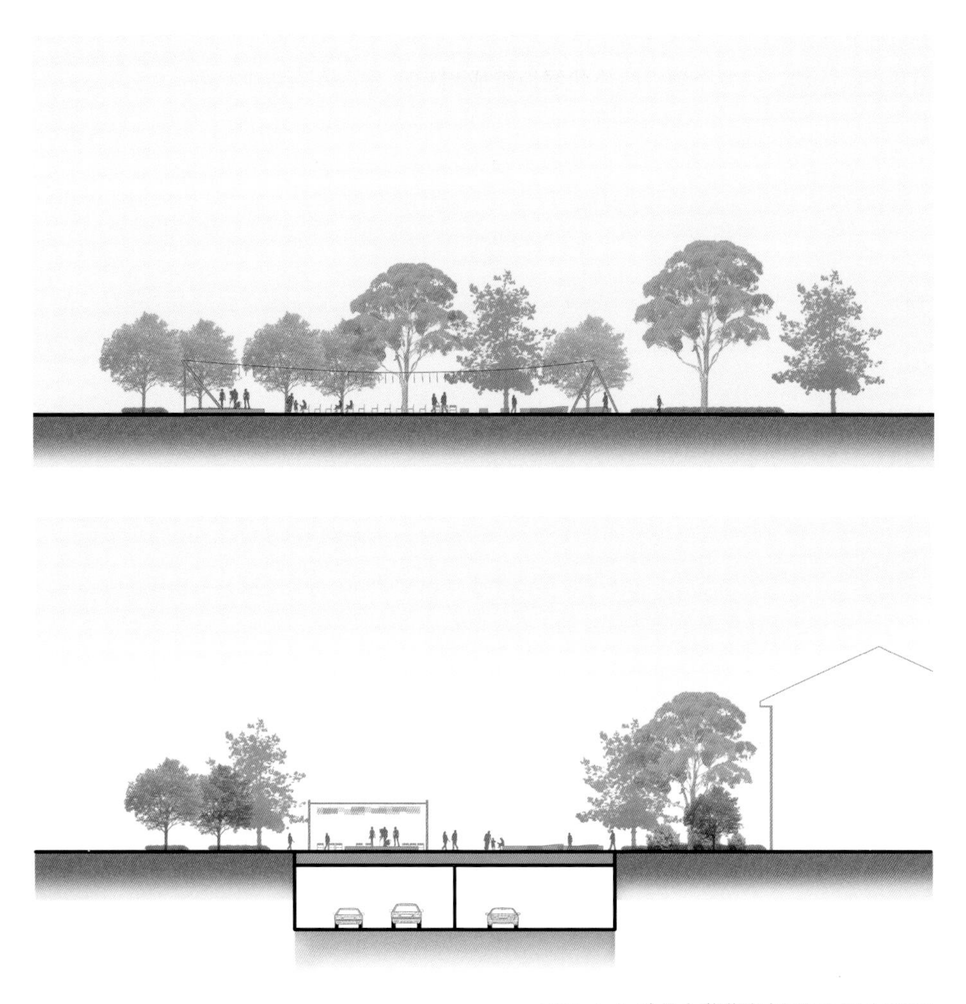

图 3-4-1　哈佛大学道路广场剖面图（组图）

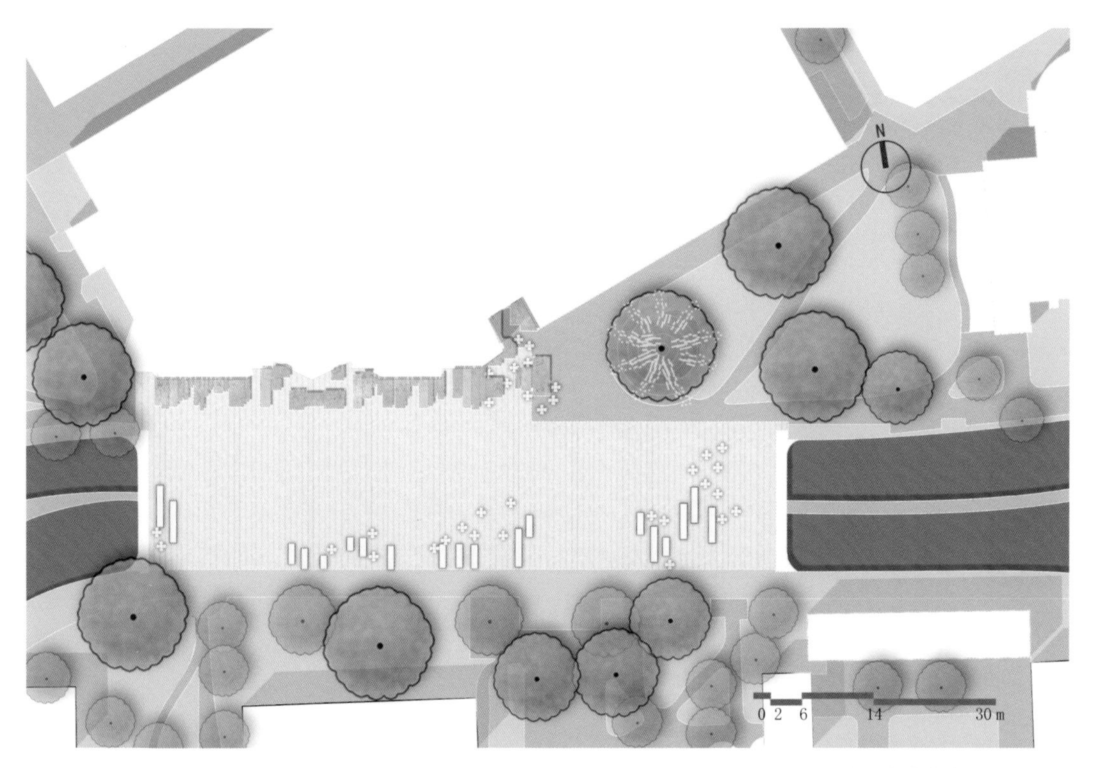

图 3-4-2 哈佛大学道路广场平面图

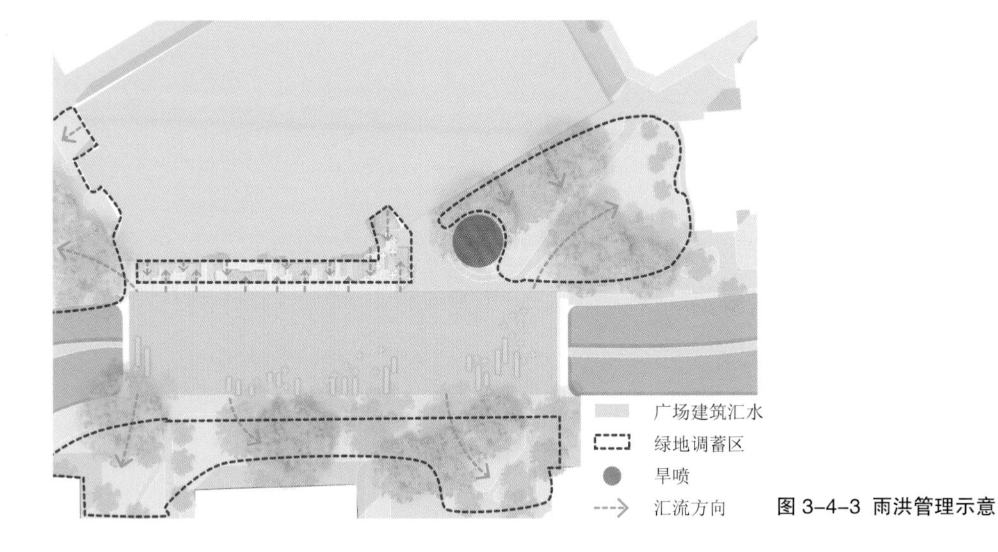

图 3-4-3 雨洪管理示意

通过对交通的组织和引导，这个新建的校园枢纽能够方便地通达具有悠久历史的哈佛大学院楼、科学中心和北校区，减少路线混乱带来的交通问题（图 3-4-4）。通过对未被充分利用的空地的生态修复和改造，使原本废弃的空间转变为新的校园生活中心，为学生、教师、员工、访客和当地居民提供服务；同时，交叉路口成为各种活动的一个目的地，创造出一个便捷可达、功能丰富的社交空间。海绵化的景观措施实现了场地雨水的收集、汇流和排放，使得场地中原有的道路立体结构没有受到干扰。

大学校园的道路景观不同于城市道路景观，有其自身的特殊性。步行或非机动车出行是校园道路的主要交通方式。机动车在校园道路上也明显比在城市道路上行驶缓慢。校园道路不仅要解决人、车之间的“软冲突”，更要在此基础上满足师生散步、交流、游憩等使用需求，体现校园氛围，塑造校园特色景观。在校区规划设计或更新改造中，部分主干道的“人车分流”方式可实现以步行为主的交通组织方式，促进中心步行区景观空间的营造，同时保证车流顺畅。

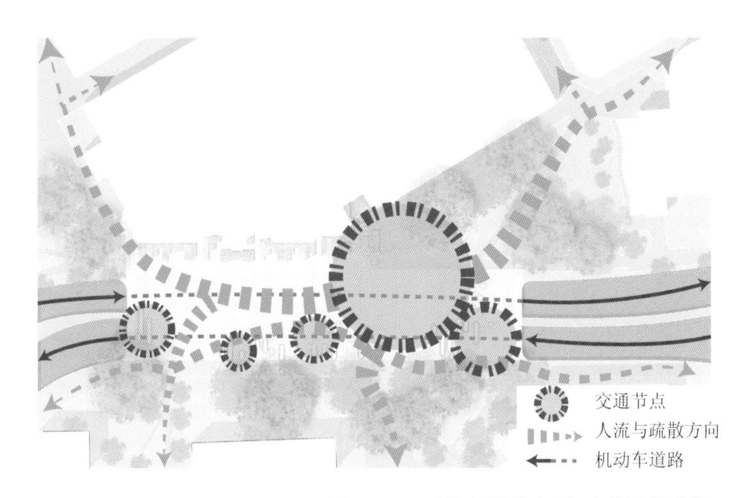

图 3-4-4 哈佛大学道路广场交通流线分析

3.4.2 排水方式

道路是校园中主要的不透水下垫面之一。道路由于具有线性特征，能够有效引导雨洪径流的方向，使其沿着道路方向快速排出。但是道路地势较低处、道路交叉口或下穿式道路，也会因为雨洪径流沿着道路的方向快速排出形成主要的内涝积水点。因此，海绵校园道路景观设计关注的重点之一在于引导排水。

校园道路与城市道路的主要区别有以下几个方面。在使用时段上，由于使用的主要人群为学生，所以校园道路具有明显的规律性，具体表现为学生上下课在教学区和宿舍区的高峰阵发性。在空间上，校园道路的附属绿地以及周边环境中的其他绿地形态丰富、数量较多。由于学生在校期间学习、生活的使用需求，这些绿地的利用率较高。在景观属性上，校园道路是展示校园形象的重要景观。因此对于校园道路景观的海绵系统建设，不能简单地完成排水要求，应当结合校园的风貌特征、学生的使用需求，将校园道路打造成为能够调蓄雨水、引导雨水的多功能线性景观。

图 3-4-5 西南民族大学民大路广场

西南民族大学民大路上新建成的广场（图 3-4-5）长约 490 m，宽约 70 m，总占地面积约 35 900 m²。校园道路广场利用海绵措施结合工程排水实现广场的雨洪管理目标。广场利用原有道路的线性特征构建雨水径流传输廊道，在雨水传输廊道中设置植草沟、雨水沟、生态树池等海绵措施（图 3-4-6），实现了对雨水的调蓄、滞留、净化、回用和错峰排放。

美国马萨诸塞大学阿默斯特校区改造区域是位于宿舍楼之间原本单调、破败的道路空间（图 3-4-7）。宿舍楼之间的道路空间尺度较小。道路连通学生宿舍楼，因而承担更多满足学生日常生活的功能。在小尺度的道路空间内实现雨水传输和调蓄的景观手段会更加细致丰富，此项

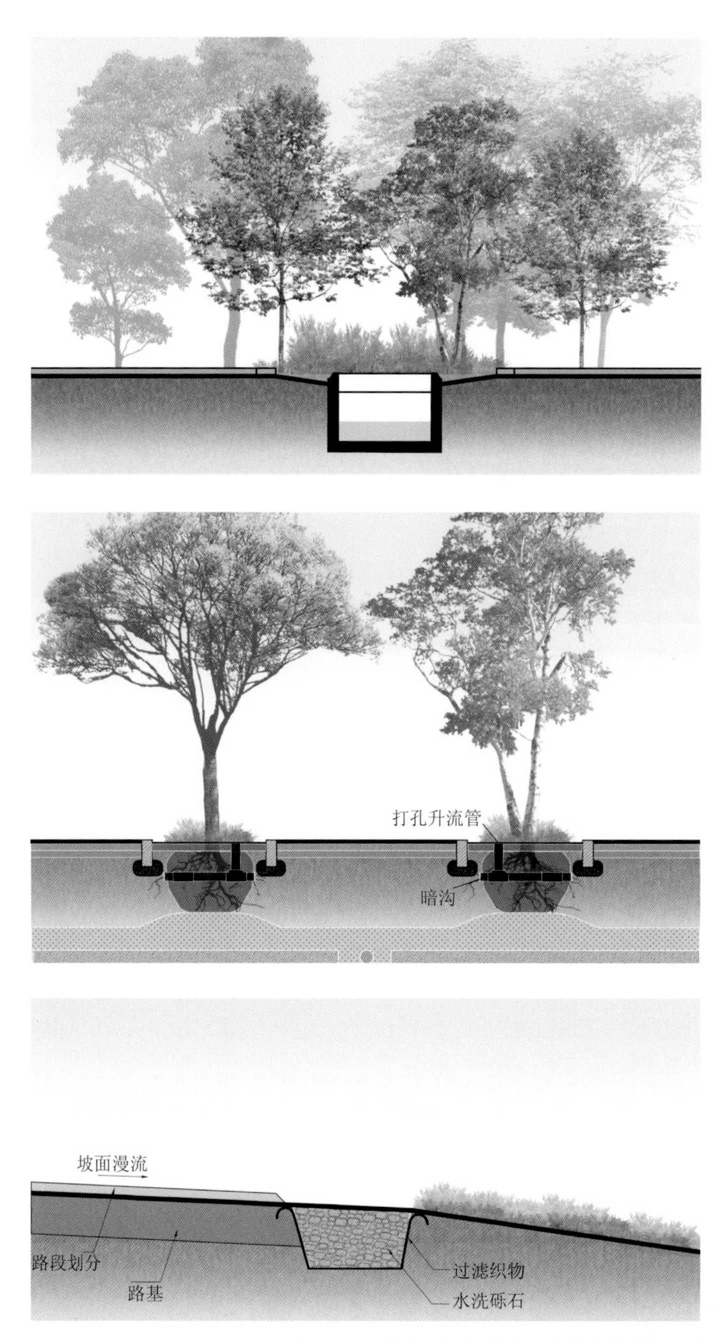

图 3-4-6 道路广场上的主要海绵措施（组图）

目利用多种景观方法构建了由雨水传输带和雨水花园组成的直观可见的雨水系统，使得雨水的收集、利用成为校园宿舍区的景观特色，进而形成校园中融合自然的可持续线性开放空间。

道路是呈南北向的狭长线性空间。道路旁楼宇间的块状绿地是雨水净化入渗和学生活动的主要场所。串联块状绿地形成的平行于道路的绿色走廊是整条雨水传送带的载体，是收集和传输周边广场和屋顶雨水的主要通道（图 3-4-8）。场地采用现代主义的景观设计风格（图 3-4-9），大量运用几何形体和线性元素于雨水景观的设计中，保证了雨水通道的通畅性和直达性；多用金属材质收边和石质、木质铺装，色彩质朴，与周边宿舍楼的建筑风格协调一致。其中的主要雨水管理措施如下。

图 3-4-7 马萨诸塞大学阿默斯特校区西南侧宿舍平面图

图 3-4-8 宿舍区雨水传送带

图 3-4-9 俯瞰宿舍区景观

1. 雨水传输带

场地由南向北形成一条宽 1 ～ 1.5 m、有明显高差变化的浅沟，用于收集、传输周边建筑、道路和广场的雨水。石条、金属板、原木座椅和植物丰富了雨水沟（图 3-4-10）的形态和结构变化，同时能够满足学生在校园宿舍区交流、休憩、自习等的需求。雨水传输带上的石材用料全部采用废弃石块或再生石材。在保证低开发强度和用料节约的前提下，它们既能传输雨水，也能在冬季植物凋零时丰富人们的视觉体验（图 3-4-11）。

2. 下沉雨水花园

在道路的东侧有尺度较大的下沉式绿地（图 3-4-12）。雨水经过浅沟的收集、传输后汇入绿地，进一步实现调蓄、净化和渗透。下沉式绿地上方设有坡道和平台，学生在接触自然绿地的同时，能够看到雨水的净化、渗透过程，获得雨水生态知识。围有金属栏杆的坡道（图 3-4-13）和木质平台供游人行走、停留和活动，有效保证师生行为安全。

3. 可渗透铺装

原先宿舍楼间破损的路面材料被更换为灰色透水砖（图 3-4-14），此外碎石、花岗岩石块、木条等铺装材料被大量应用。道路空间适度扩大了绿地面积。这些措施使得场地原先的不透水面积从 70% 减少为 40%。这样的改造不仅丰富了场地的变化性和趣味性，同时有效提高了可渗透铺装的比例和雨水渗透能力。透水砖和原有材料用不同颜色拼搭出几何线性图形，呼应“雨水传送带”的景观形态。

图 3-4-10 绿地中的雨水沟

图 3-4-11 秋冬时节的雨水沟

图 3-4-12 下沉式绿地

图 3-4-13 坡道栏杆

图 3-4-14 可渗透铺装

3.5 广场景观

相对于校园绿地等汇水面，校园广场是硬质铺装最集中的校园景观。校园广场主要由道路和建筑围合，因此校园广场成为校园雨水径流的集中汇水区域。由于广场紧临道路且硬质铺装面积大，周边路面汽车行驶以及降雨径流造成的污染物扩散导致雨水径流的水质污染情况比较严重。

传统校园广场排水主要依靠广场中的绿地和附近的排水管网。广场的绿化区域有限，而且在降雨过程中，绿地土壤吸收的水分一旦达到饱和，就会将产生的溢流排回广场路面。这样不仅加大了市政管网的压力，而且增加了一定的污染负荷。随着降雨量增大，径流中挟带的杂物阻塞雨水口，使雨水无法按正常设计速率排出而导致积水严重。

广场是校园景观环境中的点状空间。基于海绵理念的校园广场设计首先要做到的是积极有效地解决好场地自身的雨水资源化处理问题，将可持续排水理念运用到城市广场的雨洪管理措施中，结合道路、绿地等校园主要景观形成“雨洪弹性网络”。面对重现期小的降雨，广场硬质铺装上的雨水地表径流沿汇水坡流入广场雨洪设施中，经过滞、蓄、渗、净过程，径流速度减缓，雨水得到错峰处理，经过滤后更多地回流到地下，不至于排入市政管网中造成浪费。在极端降雨过程中，当市政管网排水压力过大时，根据广场的等级、结构与高度，多余的雨水可顺势流入整个校园的雨洪管理系统中。对校园广场进行“海绵化”改造，将大大减少校园下垫面硬化带来的危害，提升校园的雨洪蓄滞能力，在缓解校园内涝的同时，能够有效降低校园环境的面源污染。本章节通过海绵校园广场景观的竖向设计、铺装设计以及雨洪调蓄池在广场中的应用来介绍海绵理念下的校园广场景观设计。

3.5.1 场地竖向设计

传统的校园广场景观设计关注的重点是通过组织广场的空间形态，烘托广场的文化氛围，强调广场的仪式感。海绵校园广场在满足广场空间功能、交通组织、场所精神等广场景观基本要求的前提下，强调对场地竖向变化的关注。设计人员在开敞平坦的广场空间中，通过适当的场地高差关系设计，能够有效引导雨水径流方向，让雨水沿汇水坡排入广场雨洪设施中。排水竖向设计是保证校园广场雨洪安全的基础。合理的排水竖向设计不仅可以顺利完成排水任务，还可以有效地收集雨水进行生态利用，同时促进师生与雨水的互动体验。

美国加利福尼亚州的努埃瓦小学在2007年完成了包括两个屋顶花园的建设在内的校园扩建和景观改造项目（图3-5-1～图3-5-3）。基于校园可持续改造的理念，校园通过节能灌溉、雨水再利用等方式减少了 53% 的用水量。校园扩建和景观改造项目将旧停车场变为一个中心广场。围绕广场还有一座新图书馆、一个学生中心和教学楼。项目的主要目的在于创建一处可展示生态水管理技术的景观，并将其作为教学工具为学生服务。

在新图书馆和学生中心的屋顶上进行屋顶绿化，可以吸收和保存雨水，这样有助于减轻当地暴雨排水系统的负担。在广场的竖向设计上，变化的阶梯、不同高差的种植洼地将新中心广场的不同层次分隔开来。原来一块平坦的停车场空地变成了一系列尺度适合中小学生活动的功能性空间。在雨季，雨水从广场的硬质铺装流入这些洼地，有助于防止形成暴雨径流。学校沿着教学楼为学生创造了不同高差的使用空间（图 3-5-4），增加了学生课外活动的趣味性，同时有助于建筑排水和广场汇流。台阶一侧的排水沟和广场中的银杏树列成为广场中可渗透的排水通道。排水沟中填充的卵石减缓了雨水流速，初步过滤了径流中的颗粒物；同时，这一经济有效的细节设计可以让学生在暴雨期间观察到雨水过滤的具体过程（图 3-5-5）。雨水由上至下进入植物过滤区，海绵措施结合景观设计为学生创造了一个室外教学空间。学校利用这一教学空间，能够对学生进行雨水收集与雨水过滤集成的系统教育。在这里，通过实践观察，小学生能够直观地学习和了解与自然生态环境相关的科学知识。

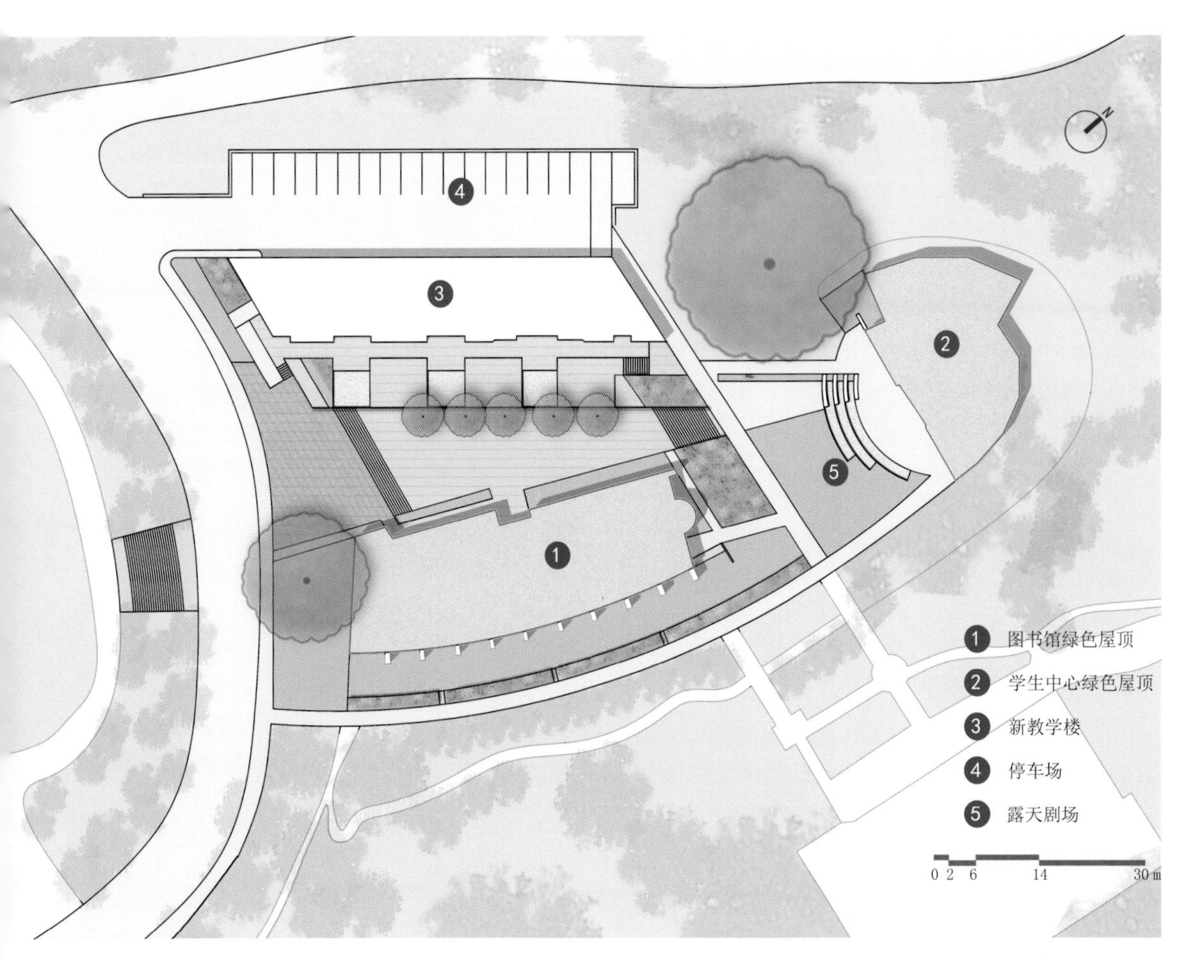

图 3-5-1 努埃瓦小学景观平面图

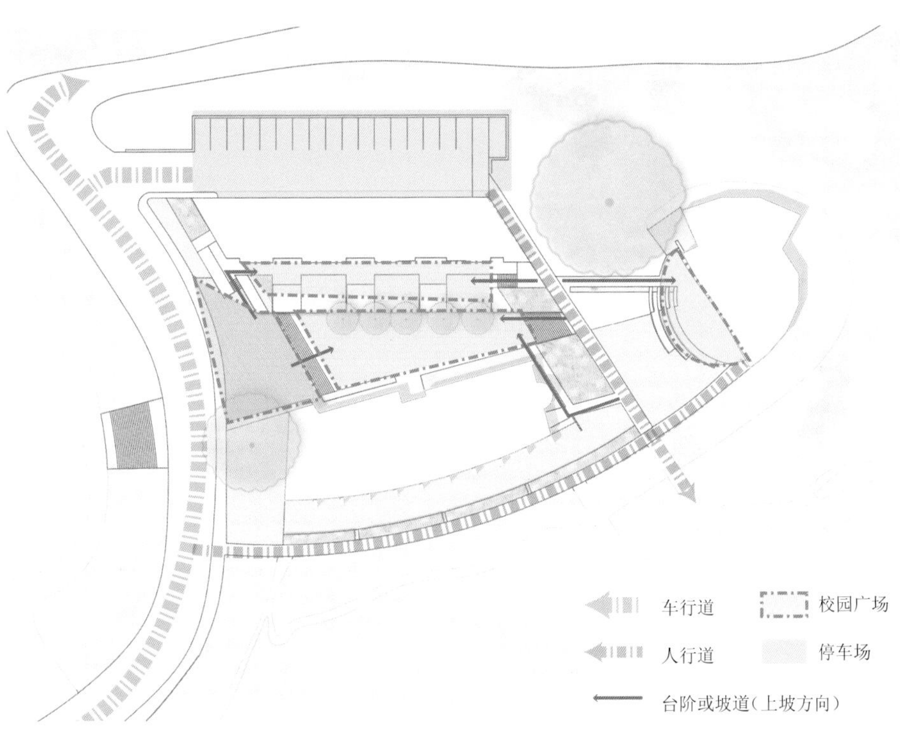

图 3-5-2 努埃瓦小学交通流线分析

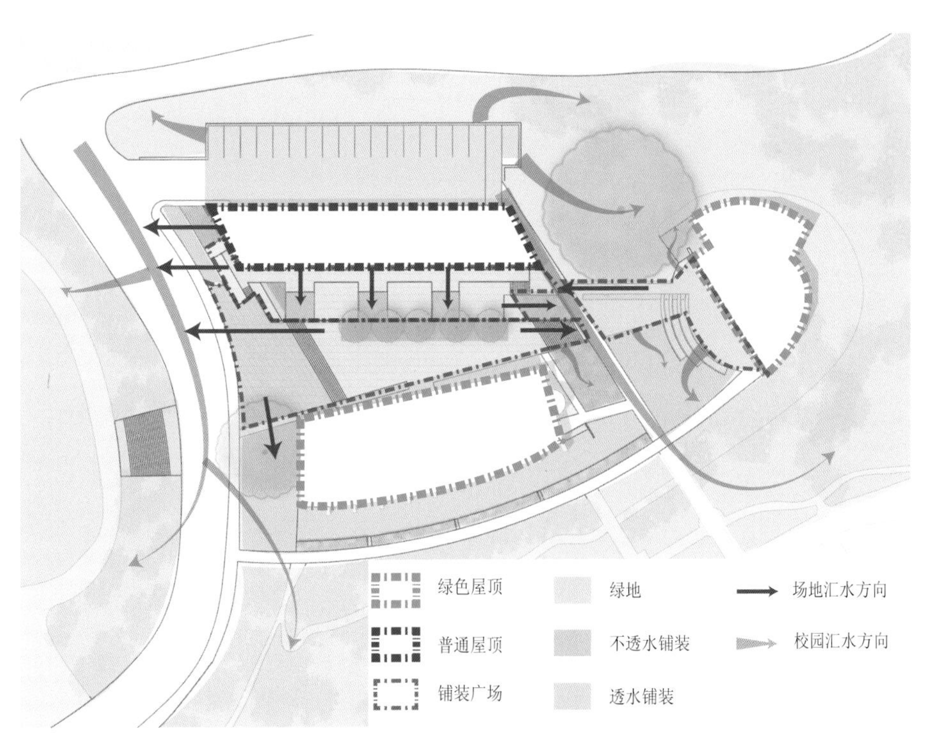

图 3-5-3 努埃瓦小学雨洪管理示意

图 3-5-4 努埃瓦小学校园广场剖面图

图 3-5-5 努埃瓦小学景观排水细部设计（组图）

美国亚利桑那大学的苏诺伦景观实验室被称为“树下的家园”。苏诺伦景观实验室已经建成一个高效能的沙漠景观场地，其是一个入口广场，同时也是师生的户外教室。学校通过对入口广场进行竖向设计，改变场地高差，使原来平坦的入口空间形成了具有雨水管理功能的雨水滞留池、沙漠旱溪等下沉景观空间，减缓雨水径流速度，增加雨水与土壤、植物的接触，实现雨水的净化并将雨水径流收集起来，实现雨水资源的循环利用。该项目不仅实现了场地内的水循环，而且缓解了广场周边的城市环境洪涝问题，还为场地增加了 50% 的生物量。

场地中的下沉小广场（图 3-5-6）是旱溪景观节点的放大。小广场采用透水铺装，下沉式的设计和四周乡土植物的围合提高了广场的围合度和私密性，为师生学习交流及小型社交提供活动场所（图 3-5-7）。在下雨天，旱溪充当雨水通道。雨水进入下沉广场后，下沉广场成为雨水的临时调蓄空间。广场中的透水铺装可以使雨水经过滤后更多地回流至地下，从而实现对部分雨水的消纳。滞流的雨水得到错峰处理，能够通过排水沟槽进入广场绿地，节约绿地的浇灌用水。

图 3-5-6　下沉小广场

图 3-5-7　围合度较高的节点空间

3.5.2 场地构成

广场作为人群集散活动的场地载体，需要一定面积的硬化区域。但是随着校园师生休闲文化生活的日益丰富，学生对校园广场的功能需求也趋于多样。广场不再仅仅通过简单的规整式布局彰显主题，烘托校园氛围；还可以通过场地构成的形态变化划分不同功能区域，甚至实现生态领域所发挥的效应。校园广场要满足学生集会等一定规模的人群聚集活动，必须是成片的集中硬质铺装区域。通过改变广场的场地构成形态来提高校园广场的雨洪管理效率，不失为校园广场景观设计的进一步研究探索方向。

广场的场地构成形态主要指广场的硬质铺装区域和绿化区域的不同组合方式。广场中常见的场地构成形态有围合式、条带式、岛式和不规则式等。在相同面积和相同绿地率的情况下，不同场地形态的广场中能够产生和消解的径流量是相同的，但是不同的场地形态能够影响广场的径流消解速度，不规则、与绿化区域接触面更大的广场能够起到更强的削减洪峰的作用，减少雨洪对广场的负面影响。

另一方面，可将广场的不透水铺装改为透水铺装，或在广场上设计软质景观。透水铺装能使雨水通过材料特有的大孔隙结构层或排水渗透设施实现就地下渗。研究表明，透水铺装的径流削减能力为 40% ～ 90%，比无收集措施时提高约 10%，洪峰削减能力为 20% ～ 80%。软质景观主要指用绿地或水体代替大面积的硬质广场铺装，在不改变广场人流集散、交通路线、视线通畅等功能需求的前提下，保持广场开阔平整的空间特点。相比于硬质铺装，软质景观更具亲和力和感染力，而且由于景观要素的可塑性强，能够创造出充满活力的景观效果。在海绵校园的建设要求下，对于大面积的静态水体要谨慎使用，软质铺装一般采用低矮的草坪和地被植物，高度一般不超过 150 mm，便于形成植物生境，降低维护管理成本，不改变广场的功能和空间要求。

位于美国亚利桑那州立大学坦佩校区东部的生物设计研究所前广场采用了一系列降低环境影响的措施：打破原有空旷呆板的沥青地面广场形态，通过自由灵活的曲线设计形成体现校园活力的景观广场（图 3-5-8）；将沥青铺装改为透水地面，并大量种植具有保健作用的植物，改善场地环境，调节小气候；采用能够衬托当地索诺兰沙漠自然景观的室外家具和景观小品，为师生提供一个交流、活动的场所。因为亚利桑那州气候干旱，降雨多为短时间强降雨，广场中增加的大量绿地有效减小了原来沥青铺地的产流量。设计尽量减少大面积的硬质铺装，广场中活动场地以及台地式铺装全部采用可渗透的铺装形式（图 3-5-9）。屋顶截留的暴雨径流被导入广场的滞留池，最终汇入可透水的广场，实现雨水的消解。

美国托马斯杰斐逊大学的校园学术中心罗伯特广场项目可以说是美国费城近年来最大的广场软化设计项目（图 3-5-10、图 3-5-11），新广场和草坪的透水面积从总用地面积的 7% 增加到 40%。新广场为这个人口密集的城市社区增加了宝贵的绿色空间（图 3-5-12、图 3-5-13），成为大学和周边社区共同珍视的社会和环境资产。罗伯特广场的景观改造是为了给学校的学术活动和仪式，以及城市社区的公共艺术和多样化集会展览活动提供空间。

由于广场位于停车场上方 0.91 m 的位置，场地的植物种类和施工方式受到地下停车场顶盖结构的限制。广场设计借鉴海绵景观中绿色屋顶的做法，采用有机材料和轻质集料，利用绿色屋顶采用的工程土壤和植物种植方式，增加土壤的保水能力。

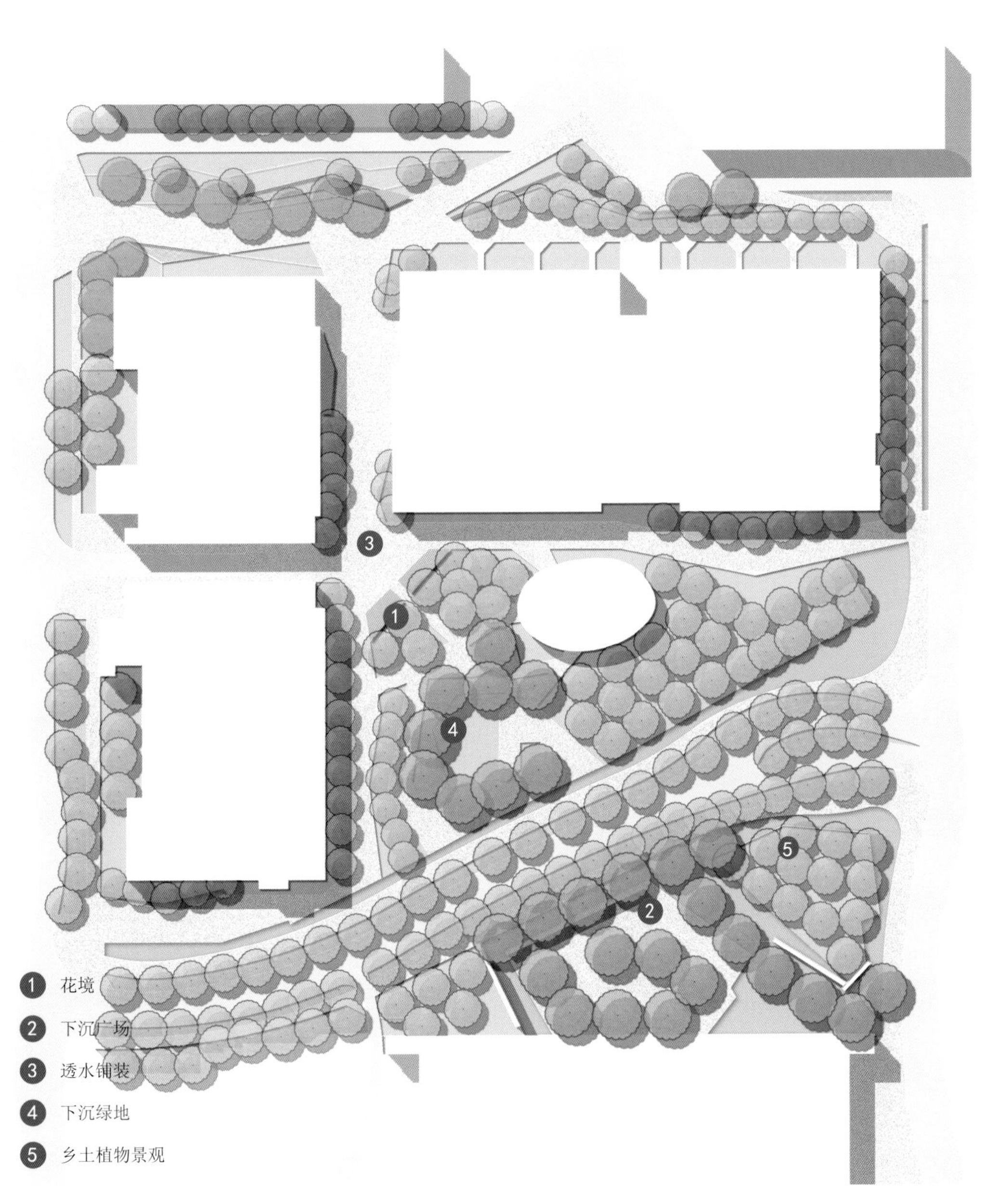

图 3-5-8　美国亚利桑那州立大学生物设计研究所前广场平面图

图 3-5-9 广场丰富的透水铺装类型（组图）

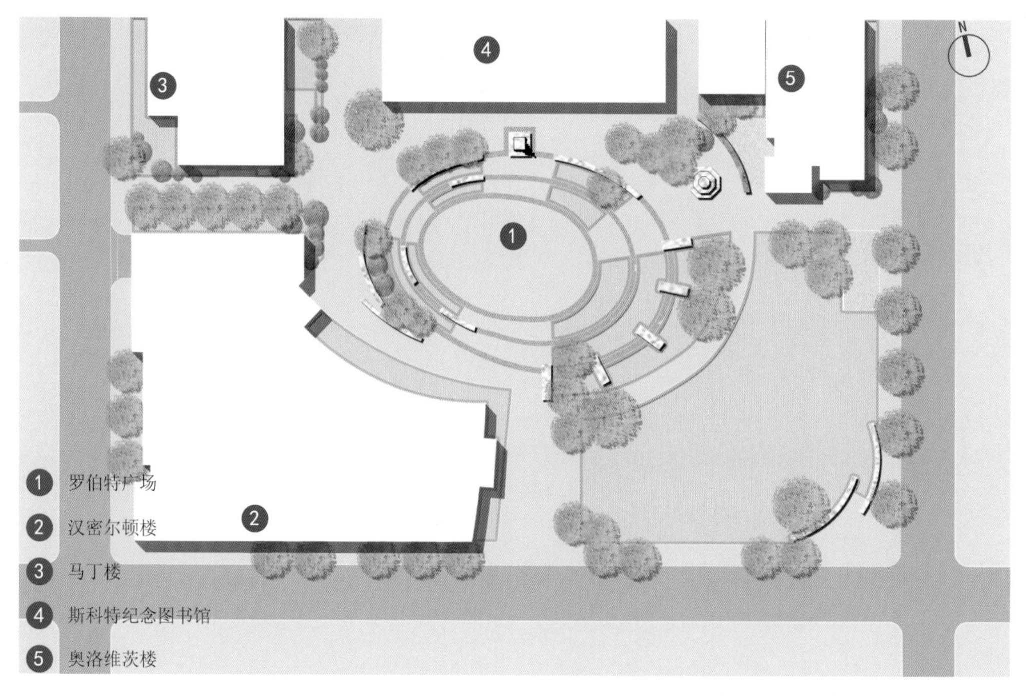

图 3-5-10 托马斯杰斐逊大学罗伯特广场平面图

图 3-5-11　罗伯特广场剖面图

3.5.3　雨水蓄集

校园广场的主要功能是给人群提供集散和公共活动的空间。由于受到使用功能的限制，广场中的水体和绿地、树池占地面积有限，缺少能够直接实现雨水调蓄的设施，难以建立有效的雨水下渗—调蓄—回用系统，这也是导致传统广场无法滞流雨水、产生大量汇流、排水压力较大、容易产生积涝的原因。海绵理念下的校园广场多借助广场中的水景设计或利用广场地下、附近的空间设置雨水蓄集系统。雨水蓄集系统可以实现雨水的滞留和储存，从而减小校园雨水径流量和污染物负荷。雨水蓄集系统还可以为校园雨水再利用提供可靠的再生水源，产生旱季供水、保护自然水源、减少市政供水等环境和经济效益，降低校园用水成本，增加地下水补给量。雨水蓄集系统可将广场和广场周边道路、建筑产生的径流收集、储存至地上或地下水槽中，通过净化处理后实现厕所冲水、景观灌溉、户外冲洗、灭火供水、冷水塔供应以及设施供水等多种作用。

北京交通大学的电气工程楼前庭院（图 3-5-14）设计利用水泥和草坪形成交错式的线性铺装（图 3-5-15），增加雨水的渗透性。木平台和木栈道铺装不仅可以分隔空间，而且有助于建筑周边雨水的排出与下渗。学校在广场中设计了过滤、净化和滞蓄雨水的水池，它活跃了庭院景观，优化了庭院的小氛围，同时成为节约型校园建设的典型景点（图 3-5-16 和图 3-5-17）。

美国波特兰州立大学学生宿舍庭院广场（图 3-5-18）外环境设计利用建筑立面、广场地面和地下空间构成雨水循环利用系统（图 3-5-19）。具体做法是首先通过雨水斗、落水管等一系列建筑排水设施来承接屋面径流。收集到的屋面汇水以及公共庭院的地表径流通过广场的地面导流槽汇入广场中的下凹绿地。绿地可以实现雨水的净化和调蓄。此外，庭院广场中心还设置了一个地下的雨水收集池。随着雨量增大，超过雨水花园设计容量范围的雨水可通过暗管进入雨水收集池。进入雨水收集池的雨水经过净化处理成为中水，供宿舍楼厕所冲洗使用。据统计，这套雨水循环利用系统每年可为周边绿地提供足量的灌溉用水以及为宿舍楼提供 10 000 加仑（约 38 m^3）左右的厕所冲洗用水。此外，在有屋檐遮挡的区域布置了混凝土砌块座椅，以便人们驻足、观察并欣赏这一雨水收集过程（图 3-5-20）。

图 3-5-12 罗伯特广场中心景观

图 3-5-13 罗伯特广场外围的草坪

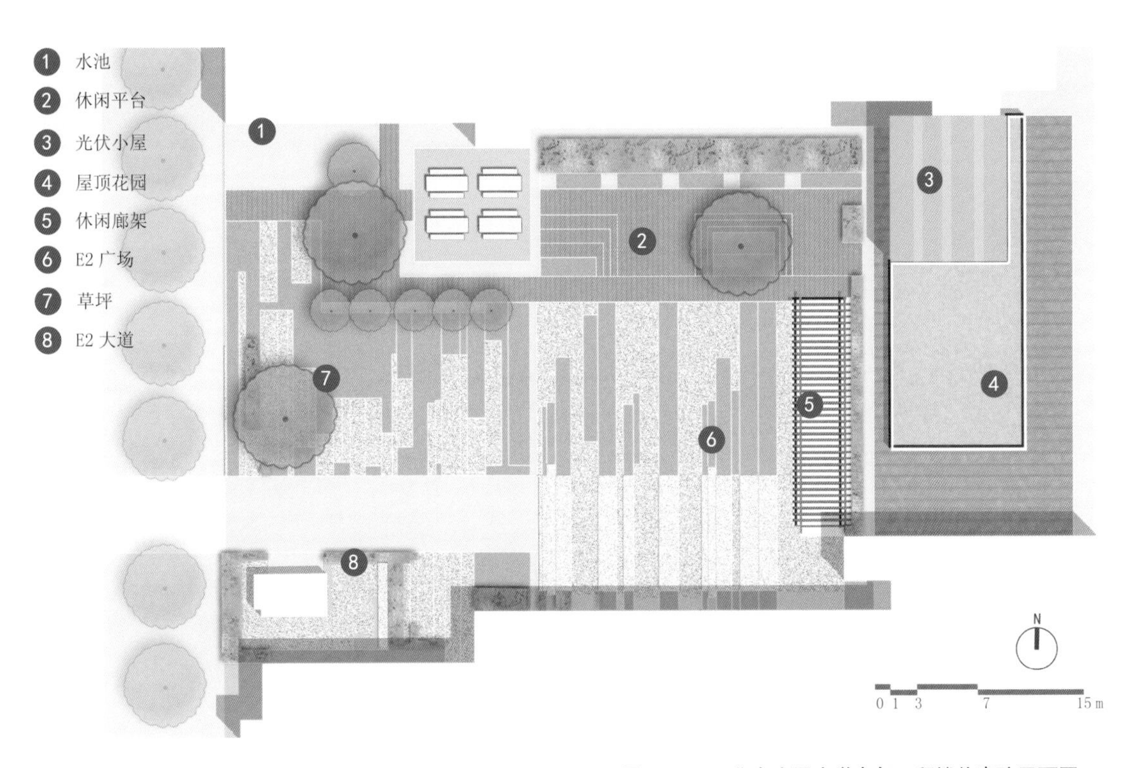

图 3-5-14 北京交通大学电气工程楼前庭院平面图

图 3-5-15 庭院广场的线性铺装形式

图 3-5-16 庭院广场下埋的蓄水池

图 3-5-17 庭院广场景观（组图）

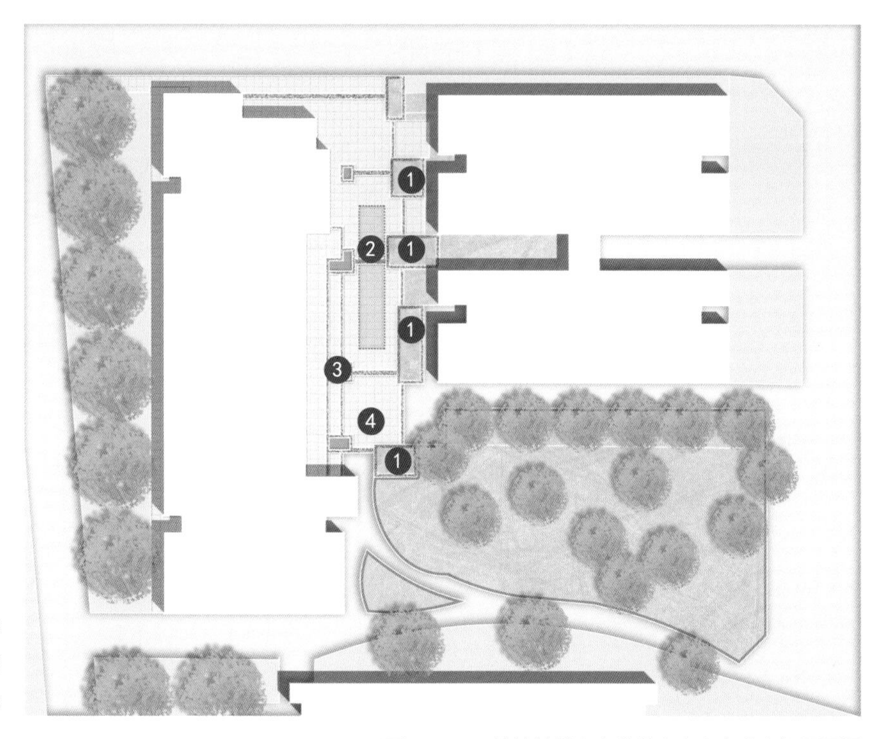

图 3-5-18　波特兰州立大学学生宿舍庭院广场平面图

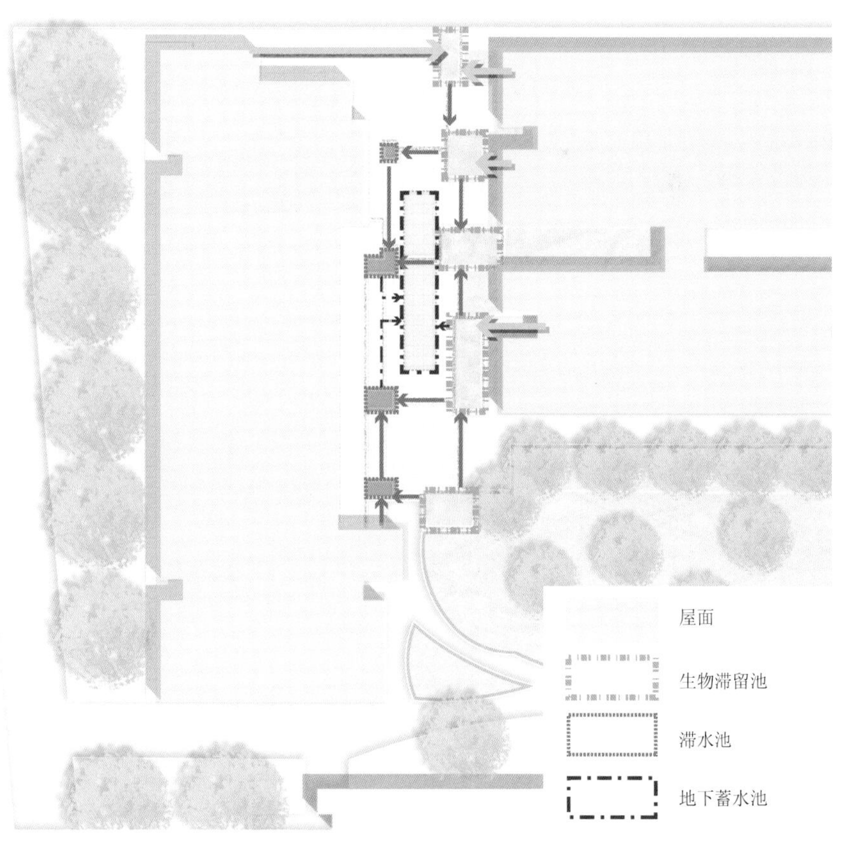

图 3-5-19　雨洪管理系统示意

图3-5-20 波特兰州立大学学生宿舍庭院景观（组图）

第 4 章　海绵校园规划设计程序

校园海绵体系构建应统筹校园中以绿地和水体为主的低影响开发雨水系统、校园雨水管网系统以及超标雨水径流排放系统。低影响开发雨水系统以校园绿化用地为载体，结合景观营造，通过低影响开发雨水设施的建设，满足雨水的渗透、储存、调节、传输与截污净化等功能需求，控制雨水径流总量，推迟径流峰值到来时间和减小径流污染；校园的雨水管网系统与超标雨水径流排放系统则是人工构建的刚性设施，从根本上实现校园的雨洪控制。低影响开发的柔性系统与人工构建的刚性系统二者并不孤立，也没有严格界限，而是相互补充、相互依存，共同构建海绵校园体系。

校园规划设计的各阶段、各环节均应遵守低影响开发理念。海绵校园的构建与校区所在区域的水文、气象、土地利用、雨洪规划控制目标有着密切关系，因此应结合所在城市片区的上位规划，确定海绵校园的雨洪管控目标。在落实校园总体的雨洪管控目标后，应通过以下几个阶段完成海绵校园的规划设计程序。

（1）在校园基础调研阶段，应当通过各个方面的现状特征梳理校园中的雨洪问题，将校园的规划设计与雨洪问题的疏解统筹协调考虑。

（2）在校园规划阶段，应结合校园功能分区的布局，分解每个分区的雨洪管控指标，落实主要运用的海绵措施。

（3）在校园景观设计阶段，应结合海绵设施的量化计算方式对校园景观方案的平面和竖向进一步细化和深化，从而构建低影响开发的校园海绵体景观系统。

（4）在校园建成后维护管理阶段，应当充分发挥现代智慧城市的先进技术，构建智慧化海绵校园的监测管理平台，细化日常维护管理内容，确保低影响开发设施的正常运行。

4.1　校园基础调研

4.1.1　气候特征研究

在海绵校园方案设计之前，相关人员要进行充分的气候调研。我国国土面积辽阔，不同地区呈现出不同的气候特点。掌握降雨量、蒸发量等翔实的资料是进行方案设计的前提。设计需要的大部分测量数据可以通过气象观测站获得，包括年平均降雨量及蒸发量（多年降雨量、蒸发量的平均值）、月平均降雨量及蒸发量（多年观测所得的各月降雨量、蒸发量的平均值）。对于资料不完全的地区，可以进行适当的估算。通过参照近年观测的月降雨量、蒸发量，依据雨水收集需求或特殊的防洪排涝需求，掌握特定暴雨强度出现峰值的时间（暴雨发生的频率，即超过该强度的暴雨可能再出现一次的平均间隔时间，如 1 年、10 年甚至 100 年）及 24 h 内的最大降雨量。可以辅助方案设计过程中雨洪管理技术路线和实施规模的选择。

海绵校园的雨洪管理控制实施程度是由不同地区具体的降雨强度决定的。我国不同地区的降雨情况差异很大。降雨强度直接影响雨水径流控制设施的选择。目前我国气候状况复杂，依据地区降雨量的不同，我国大部分地区可分为湿润地区、半湿润地区、半干旱地区和干旱地区。干旱地区年平均降雨量在 200 mm 之内，半干旱地区年平均降雨量为 200 ～ 400 mm，半湿润地区年平均降雨量为 400 ～ 800 mm，而湿润地区年平均降雨量可达 800 mm 以上。不同降雨条件下的海绵校园方案设计应有所差别。在干旱地区与半干旱地区，应将雨水就地消解或将径流滞留于一定范围内。由于干旱地区与半干旱地区的气候干燥、水分蒸发量大，可收集利用的雨水资源较少，从可持续发展运行的角度来说，不建议设计大面积水景；应结合地形，在这些区域设置绿色基础设施，对雨水进行渗透或者滞留，利用雨水浸润植物，利用植物净化雨水。半湿润地区的校园海绵景观设计一方面可利用海绵设施的滞留、渗透和净化作用控制雨水径流量和污染物，另一方面可依据景观需求将雨水收集与适当规模的水景营造相结合。而湿润地区雨水资源丰富，海绵校园的景观设计应提倡充分汇集雨水来造景和对雨水进行蓄积与再利用。

4.1.2　现有地形分析

地形地貌反映地表形态，是地表以上分布的固定物体所共同呈现出的高低起伏的各种状态。从宏观层面来看，5 种突出地形是平原、高原、丘陵、盆地和山地。我国地域辽阔，地形地貌十分丰富，包括了以上提到的全部 5 种地形，且地势西高东低，呈阶梯状分布；地形多种多样，山区面积广阔，地域性差异明显，处在不同省份的校园的地形差异很大。当规划尺度聚焦到校园整体环境设计时，场地地形可以分为 3 类：凹地形、平缓地形和凸地形。

平缓地形并不是坡度为零的绝对平坦的地形，而是指具有微小坡度、轻微起伏的地形。传统的景观绿地设计，为避免出现表面积水的情况，一般设置不小于 1° 的坡度。在平缓地形中，雨水径流流速慢，设计人员往往会通过一些技术措施增加雨水下渗量，以排干绿地上的雨水。为了充分利用雨水资源，设计人员通常对平坦地形进行改造，利用生态湿地、植草沟等不同形式的雨水设施布置下凹空间，以便增加雨水渗透量，疏导调控雨水径流。设计人员通常会根据实际的空间形态设计不同的下凹空间，如在集散广场等区域设置面状下凹绿地，在道路两旁设置线性植草沟，而在区域较局促的流动空间设置点状集水装置。

凹地形可以概括为校园内低于周围地平面、向下凹陷的区域。在进行海绵化设计时，凹地形可以用于集蓄雨水，有利于雨水径流充分下渗。

凸地形是相对于平缓地面而言坡度大于 10° 的地形。凸地形在一定程度上丰富了空间的层次，特别是在校园环境景观的塑造上，有利于空间的划分与引导。但凸地形的坡度过大会造成严重的雨水流失和引起附近低洼地区的内涝。在对凸地形进行景观改造的过程中，要率先解决雨水径流渗透、输送及疏导等问题。通过对坡度的改造以及对凸地形空间形式的设计，可以有效进行雨水蓄积，避免水土流失，而且可以更好地疏解渗透过程中的径流雨水，增加了雨水的下渗时间和蓄积总量。

对于地形地貌的考察，可以借助 3S（Romote Sensing，遥感技术；Geographic Information System，地理信息系统；Global Positioning System，全球定位系统）技术软件等建立校园及其周边环境的地面模型；利用 GIS（Geographic Information System，地理信息系统）技术提取矢量化地形图中的高程数据，确定每个点在空间中的相对位置，构建三角网，形成地面模型，在此基础上，完成高程、坡度、坡向、水系以及剖断面的可视化分析。地面模型能够直观地显示校园用地的地形变化和分布规律，从而从整体上把控校园规划思路。

GIS 能够迅速生成高程分析。高程分析包括平面高程分析和立体高程分析。高程分析能够直观显示校园规划范围以及校园周边环境的地形高低，据此可大致判断场地的排水方向和排水分区，初步确定交通线路、功能分区和适宜建设的区域。高程的变化率用地面坡度表示，可用 GIS 绘制坡度分析图。坡度是地表单元陡缓的程度。坡度分析能够直观表达地表物质流动和能量转换的规模和强度。对于海绵校园的规划，坡度分析的价值在于为场地的土地利用方式提供决策依据。不同坡度的地形可以作为不同的功能分区，对应地，需要采用不同的建筑和景观设计形式和排水方式。坡向分析是将坡度的朝向分为不同类别，因为坡向直接影响建筑的采光通风、土壤水分的分布以及植物的种植条件，因此在校园规划中需要统筹考虑。在海绵校园规划中，洪水淹没分析是不可缺少的。利用软件模拟重现不同设计降雨情况下的水系分布、排水分区、雨水流向和积水情况，能够有效引导下一阶段的排水规划，减小城市雨洪问题对校园环境的影响。在场地平整之前，设计人员还需要对场地局部地块进行剖断面分析；基于剖断面分析，能够了解场地需要开挖、填埋的情况，同时完成景观的视线分析。

设计人员应结合场地的自然气候特征系统地完成场地的地形分析，在后续的设计中有效利用地形优势，改造地形劣势，应对校园规划设计的要求，使其可持续更新发展。

4.1.3　土壤水文特性

设计人员对基地的调研内容还应该包括校园及其周边区域的水文土壤特性。河流的水文特征一般包括径流量、含沙量、汛期、结冰期、水能资源、流速及水位。当场地附近有城市水系流经时，附近的河流、湖泊等自然水体的基本信息十分重要，如水体的常水位和洪水位，以及不同历史时期该地区的洪水泛滥情况等。结合上一小节中对场地的地形分析，当校园基地位于城市地势较低的地区发生城市内涝的风险较大时，设计人员要收集整个区域在不同暴雨强度下雨洪内涝的相关数据。海绵校园设计不仅要满足校区内部空间的雨洪管理，还要配合城市片区的雨水调蓄和径流控制。因为校园占地面积较大，校园中可使用的绿色基础设施种类较多，体系化的海绵校园建设对城市的洪峰有效削减、雨洪蓄积也能起到积极作用，从而减轻市政设施的排洪压力。此外，海绵校园的景观设计还需避免对附近天然水体的污染，关注对流经校园的河道、水体的生态修复和治理。

与水文条件密不可分的是土壤性质。在海绵校园设计乃至整个海绵城市的建设过程中，土壤的物理渗透能力和化学性质与雨洪径流的形成关系重大。土壤的形态特征包括剖面构造、质地、结构、土壤结持性、干湿度、孔隙状况、新生体和侵入体等。土壤中不同种类和数量的矿物质、有机质、水分、空气以及土壤中各种微生物的含量都会影响土壤的渗透性及对雨水中各种污染物的吸附性。以细砂和粉砂为主的土壤的渗透性良好，特别是砂砾的渗透性尤为突出。但是海绵景观中土壤的改良必须综合考虑水土保持、植物适生需求等各方面因素。

4.1.4　雨洪问题梳理

第 1 章通过阐述目前校园建设的发展方向，归纳总结出校园主要面临的雨洪问题，可以概括为硬质铺装过大不渗水、绿地渗滞蓄净能力弱、河湖调蓄不足水质差以及景观与海绵功能相脱节。这是当下校园建设中普遍存在的雨洪管理问题。现有的校园规划设计普遍以景观形式设计和使用功能需求为出发点，注重校园的景观轴、带、楔、环的空间布局构建，强调以校园景观表现校园氛围和传承校园的历史文化价值。生态建设虽然是校园景观建设的重要环节，但是由于缺少明确的问题导向或评价标准去引导，因此更多的校园生态建设变成简单的场地绿化。

海绵校园规划的主要目标是实现对校园整体环境及其外围城市片区的雨水管控和洪水消解。规划目标的建立需基于所在场地以及周边环境的自然水文过程。校园内的绿地规划要根据自然水文过程进行设计，主要考虑如何消解降雨天由于校园建设和周边环境所引发的洪水、内涝过程，并将校园规划纳入城市整体的蓄水、排水系统。但是有些新建校园的规划可能会考虑对河流进行保护和恢复，需要为洪泛平原以及沿河的小面积湿地、沼泽地预留场地。因此，不同的海绵校园规划的目标要求可能存在一定差异。

校园景观可被纳入城市规划建设体系中。在面对城市中的诸多生态问题时，校园作为城市发展建设的一环，可以通过自身的规划设计来疏解城市问题，助力城市系统的可持续发展。对城市中的各种生态问题，例如水资源短缺与浪费、自然生境破碎化、城市热岛效应、硬质面不断扩张等，应该基于自然生态过程详细考虑景观的规划设计。海绵校园的建设关注城市景观设计的地表径流汇流的过程、洪水泛滥的过程，以及如何使微观尺度下校园的承载功能与雨洪管理机制手段有机融合。而很多既有校区的园林绿地设计普遍体现出人们对雨洪管理意识的缺失，景观设计缺少对土地原本水文循环体系的关注，缺乏对开发后增加的雨水径流量或受污染的水质进行控制的相应措施，没有“把雨水当作资源”的观念，因此校园的雨洪问题会加重城市内涝。因此，在校园景观的海绵化建设或改造过程中，应着眼于用地下垫面的透水性、绿色基础设施的有效性、校园雨洪调控的系统性，有效梳理校园景观的雨洪管理问题，并针对雨洪问题提出因地制宜的海绵化建设或改造方向。

4.2　校园雨洪管控规划

4.2.1　雨洪管理目标

海绵校园整体景观规划的基本要求是与相应的雨洪管理功能结合，强调校园景观的生态效益。对于新建校园，从基础资料搜集、现状勘察开始，便要着重关注场地的水文状况，在设计过程中灵活运用各种技术设施，将雨水径流收集、调蓄、自然净化、渗透、储蓄利用等技术与场地的环境条件以及使用功能、设计表达方式、生境营造等方面进行整合。当普通降雨发生时，以校园中的绿色基础设施为主要载体，雨洪管控系统对道路、广场、建筑、停车场等校园中不同用地产生的地表径流进行水量与水质的控制，实现雨水资源化利用。相关的设计方法需要在各类型的绿地中推广，根据场地条件的差异选择合适的技术设施。既有校园海绵景观改造的难度在于要将场地中存在的各类矛盾通过海绵景观的设计予以化解。既有校区可以利用改造的机遇实现对局部径流的控制管理。基于雨洪管理的校园绿地规划设计方案既要有效地实现雨水径流控制，又要形成良好的造景效果。这就需要进行跨领域综合设计，探讨如何应用排水技术实现雨洪调控过程，如何使技术设施与校园环境融合实现有效的径流控制，如何组织不同特征和用地属性的绿地，在设计时依据自身特点进行统筹规划。具体的海绵措施结合方式有许多种，应根据技术手段与现状条件的不同，进行自由的组合设计。校园雨洪管理目标可以概括为以下 4 点。

1. 减少雨水径流总量

设计人员应依据对地区自然地理条件的分析，判断地区大暴雨集中时间以及最大降雨量出现的日期频率。我国大部分城市雨水管网的排水设计重现期较短，因而无法应对暴雨情况，导致管网溢水问题的产生。但由于市政管网改造地下所能提供的空间有限，而且人力、物力投入过大，所以仅依靠排水管网不能应对暴雨时期的雨水量。因此，对雨洪管理的首要目标就是减少雨水径流总量。而地形地貌的不同对于雨水的去留有很大影响，例如平缓地形为雨水径流滞留创造了良好的前提条件。绿地在一定程度上可以对雨水径流速度进行控制，因而可以利用其收集、渗透、储存内部及周边区域的雨水径流，减小雨水径流速度，增加雨水渗透量并削减地表径流总量。参照《指南》要求，建设人员必须对雨水径流总量进行有效控制，使其达到预期标准要求。

2. 控制雨水径流污染物

校园内的道路、停车场、实验楼、宿舍楼等都是重要的水体污染源，校园中人的各种行为活动也会不可避免地在公共活动区产生污染物。污染物随着雨水径流在不透水的铺装地面流动并扩散，会进一步对绿地、水体造成更大的污染。有研究表明，城市道路的降雨径流量约占总降雨径流量的 25%，却产生了 40% ～ 80% 的污染物。降雨初期的雨水水质较差，SS（悬浮物）、COD（化学需氧量）等超标严重。校园绿地内部产生的雨水径流比雨水径流的水质要好。因此，校园内部的雨水径流可以不设置初期弃流设施，或者用具有截污净化技术的设施替代。此外，在改善校园内部水质的同时，也要控制从周边区域以及道路进入校园的雨水径流的污染情况，净化水质并利用雨水。雨水资源未被处理直接排放，在造成水体以及地下水污染的同时，还会造成自然水资源的浪费。因此，校园绿地的规划设计必须实现雨水的资源化利用。雨水资源化是将看似没有用处的雨水转变为一种可以利用的资源的过程，这也是防治洪涝灾害的基本途径，具备社会、环境和经济三方面的效益。校园绿地的雨水资源可以直接渗透、回补地下水，也可以作为自然水体的补充水源，还可以用作学校生活、教学用水以及用于景观植被灌溉。

3. 灰绿基础设施结合

校园海绵体系是校园排水系统的重要环节，它可以有效地控制中小型降雨的径流峰值。当暴雨和特大暴雨袭击校园时，海绵体作为柔性的雨水管理措施，它的错峰减排能力是有限的，无法代替校园的雨水管网。因此要充分利用相应的调控技术措施，将校园内部的雨水管网与校园海绵体的设计结合起来，并与城市雨水管网和超标排放系统紧密联系，建立从源头、中端到末端的全过程雨水控制管理体系。本套丛书所倡导的智慧化海绵体系提倡海绵城市建设与智慧化结合，即在校园景观设计过程中通过计算和图示模拟与市政管网体系结合，来确定安排绿地类型和数量。城市海绵体系的构建与 3S 技术、大数据、物联网等结合构建城市信息系统也是未来城市规划建设的趋势。

4. 构建良好的生态系统

天然的水体为动植物提供良好的生存环境，形成稳定的生态系统。根据相关研究资料，超过 90% 的鸟类都会在水体周围生活，通常距离天然水体 150 ～ 170 m。但由于城市化发展，灰色基础设施代替了自然水体，水生生物的栖息环境遭到破坏。校园绿地是城市重要的绿色斑块，学校应通过合理的规划设计，在满足校园基本功能要求的基础上，保护好生物的栖息环境，修复原有生境系统，恢复自然水循环过程，改善城市生态环境。

从提高生态效益的角度出发，校园雨洪管理设计要将绿地系统与校园空间设计相结合。校园景观的主要功能之一是为师生服务，即为师生提供休闲游憩、美学观赏的公共活动空间。因此，在此基础上，学校应将绿地规模、地形竖向设计与景观营造相结合，控制、管理校园内部及周边地区的雨水径流，融合雨洪管理技术措施与景观设计元素，在校园绿地渗透、调蓄、净化、利用雨水资源的同时，也能营造校园海绵景观，使雨水设施和绿地的生态功能、场地使用功能以及美学欣赏功能协调统一，打造可持续发展的多功能校园。

4.2.2 控制指标确定

校园具体雨洪控制指标的确定应该与城市的专项设计合理对接。在城市规划的层面，应依据自然水文过程分析，对处于不同区位的城市用地进行子汇水区域划分。落在城市某一区块中的校园用地应当承接的子汇水区域、受纳的径流量与外排径流水质都应该基于城市的各专项规划提出明确说明和指标要求，这是校园规划的最低设计标准。依据总体规划要求选择各绿地中径流控制的技术设施，并设置合理的规模来积蓄和净化绿地内或周边更广阔校园用地的雨水径流，最终目的是构建校园整体的绿色基础设施，并与城市整体水系统设施进行合理对接。只有明确规划指标要求，校园中的规划设计才能推进，校园各地块内专项设计才能有效地发挥作用。

海绵校园各功能分区低影响开发指标（包括下凹绿地率和透水铺装率）的确定采用循环迭代的计算方法，其基本计算单元为校园中的各功能分区（教学区、生活区和活动区等）。

（1）明确校园总体海绵建设目标。根据城市总体规划和控制性详细规划，明确上位规划对校园所在地的年径流总量控制率目标要求及该控制率对应的设计降雨强度值。

（2）确定校园各主要功能分区的用地指标。根据校园总体规划，确定校园内各主要功能分区（教学区、生活区和活动区等）的绿地率、下凹绿地率的可能实现区间值、透水铺装率的可能实现区间值。

（3）计算各主要功能分区的综合径流系数，计算公式如下。

$$\varphi_z=\frac{\varphi_g S_g+\varphi_r S_r+\varphi_b S_b}{S_g+S_r+S_b} \tag{4-1}$$

式中：φ_z——功能分区的综合径流系数；

φ_r——功能分区内道路的径流系数；

φ_g——功能分区内绿地的径流系数；

φ_b——功能分区内建筑屋面的径流系数；

S_g——功能分区内绿地面积；

S_r——功能分区内道路面积；

S_b——功能分区内建筑屋面面积。

（4）计算校园各主要功能分区的设计降雨强度值。以校园中各主要功能分区为基本计算单元，设各功能区低影响开发指标向量为（γ，ω，θ）（分别从下凹绿地率可能实现区间值、透水铺装率可能实现区间值中取值），计算各功能分区的设计降雨强度值，如式（4-2）所示。

$$H_z=\frac{S_g\gamma_g\varphi_g+0.5S_g\theta\Delta d+\omega S_r(1-\varphi_i)}{S_z\varphi_z} \tag{4-2}$$

式中：γ_g——功能分区的绿地率；

θ——功能分区的下凹绿地率；

Δd——功能分区的下凹绿地深度（一般为 100 ～ 200 mm）；

ω——功能分区的透水铺装率；

φ_i——功能分区透水铺装的径流系数；

H_Z——主要功能分区的设计降雨强度值；

S_Z——总面积。

（5）计算校园能够达到的设计降雨强度值，如式（4-3）所示。

$$H^{\text{school}}=\frac{\sum_{1}^{m}H_{z}^{\text{type}}A_{z}^{\text{type}}}{A^{\text{school}}} \tag{4-3}$$

式中：H^{school}——校园能够达到的设计降雨强度值；

m ——校园内功能分区的数量；

H_{z}^{type}——校园各功能分区的设计降雨强度值；

A_{z}^{type}——校园各功能分区的面积；

A^{school}——校园总面积。

（6）比较能力值（校园能够达到的设计降雨强度值，H^{school}）与目标值（上位规划要求校园达到的设计降雨强度值，H）。若H^{school}大于或等于H，则试算停止，由此获得校园中各功能分区应达到的下凹绿地率和透水铺装率；若H^{school}小于H，则调整各功能分区的指标向量，重新计算，直至H^{school}大于或等于H。

4.3　校园雨洪设施设计

4.3.1　布局设计

在海绵校园建设要求的指导下，学校应当采用“源头控制削减—中端下渗疏导—末端净化、储蓄、利用”的系统流程来实现校园雨水的资源化利用、雨水径流量和污染率控制以及校园整体环境的提升。

1. 源头控制削减设计

在海绵城市建设中，可以采用绿色屋顶、生物滞留池、透水铺装、雨水花园等技术设施，在雨水径流产生初期就从源头上控制，尽量削减径流流量，为之后的雨水处理打好基础。建筑可以采用斜坡式的绿色屋顶，力求从源头上截留部分雨水径流；可以在绿地上适当布置卵石；可以通过种植湿生植物等方式减少雨水的冲刷作用；可以在硬质区域运用透水铺装，且使道路略高于绿化区域，并在二者交界处布置植草沟、雨水花园等设施，串联绿地中的各种雨水管理技术设施，为下一阶段的下渗疏导作铺垫；可以采用生态性停车场，在停车场的拐角布置干井，用以局部消纳雨水；可以采用生态型树池，增加下渗面积；可以在绿化区域搭配种植乔木、灌木、草坪，截留部分雨水，以减缓雨水下渗速度，延缓雨水径流的产生。

2. 中端下渗疏导设计

在中端可以充分利用地形进行雨水下渗疏导设计。若原场地有地形起伏，则保留该地形并充分利用原场地的地形条件进行雨水下渗和资源化利用，避免造成水土流失和资源浪费，营造丰富的景观层次；若原场地地势平缓，则可通过下凹绿地、雨水花园、植被缓冲带等设施营造微地形，既能减小径流流速，实现一定程度的雨水净化，又能营造丰富多样且富有自然野趣的景观，美化校园环境，同时采用乔、灌、草相结合的种植方式，更有利于雨水的下渗疏导。

3. 末端净化、储蓄、利用设计

研究表明，在降雨初期产生的雨水径流的污染最为严重。为保证雨水质量，实现资源化利用，可以通过漂浮植物塘、挺水植物床、沉水植物塘等植物设施达到雨水沉淀、净化、储蓄的目的，以便雨水进一步为人类所使用。驳岸是水体和绿地交界处的构筑物。学校可以根据场地活动的不同，分区设置形式各异、类型丰富的驳岸，以增加师生游览的互动性和趣味性。设计人员注意要合理设计蓄水量以实现水体自净能力最大化，同时可以充分利用近驳岸区域植物群落实现雨水径流的过滤和净化，以及利用水生植物为微生物营造稳定的生存场所和条件，在末端实现雨水净化、储蓄和利用。

4.3.2 规模量化

依据《指南》，结合第3章对海绵校园景观的分类，此处给出透水铺装、屋顶花园、下沉式绿地、雨水花园、植草沟等几种主要海绵设施规模的计算方法。

1. 透水铺装

透水砖铺装和透水水泥混凝土铺装主要适用于校园的广场、停车场、人行道以及车流量和荷载较小的道路，如校园道路中的非机动车道、学生宿舍区的小路等。透水沥青路面可用于机动车道，但是要选择荷载能力强的道路材料和结构形式。透水铺装结构应符合《透水砖路面技术规程》(CJJ/T 188—2012)、《透水沥青路面技术规程》(CJJ/T 190—2012)和《透水水泥混凝土路面技术规程》(CJJ/T 135—2012)的规定。透水铺装还应满足以下要求：透水铺装对道路路基强度和稳定性的潜在风险较大时，可采用半透水铺装结构；土地透水能力有限时，应在透水铺装的透水基层内设置排水管或排水板；当透水铺装设置在地下室顶板上时，顶板覆土厚度不应小于600 mm，并应设置排水层。

2. 屋顶花园

屋顶花园适用于符合屋顶荷载、防水等条件的平屋顶建筑和坡度不大于15°的坡屋顶建筑。屋顶基质深度根据植物需求及屋顶荷载确定。通常种植草皮时基质深度不大于150 mm，而种植乔木时基质深度可超过600 mm。

3. 下沉式绿地

下沉式绿地具有一定的调蓄容积，能够调蓄和净化径流雨水。下沉式绿地的下凹深度应根据植物耐淹性能和土壤渗透性能确定，一般为100～200 mm。下沉式绿地内一般应设置溢流口（如雨水口），以保证暴雨时径流的溢流排放。溢流口顶部标高一般应高于绿地50～100 mm。渗透设施有效调蓄容积计算公式如下。

$$V_s = V - W_p \tag{4-4}$$

式中：V_s——渗透设施的有效调蓄容积，包括设施顶部和结构内部蓄水空间的容积，m^3；

V——渗透设施进水量，m^3；

W_p——渗透量，m^3。

渗透设施渗透量计算公式如下。

$$W_p = kJA_st_s \tag{4-5}$$

式中：W_p——渗透量，m^3；

k——土壤（原土）渗透系数，m/s；

J——水力坡降，一般可取值为1；

A_s——有效渗透面积，m^2；

t_s——渗透时间，s，指降雨过程中设施的渗透历时，一般可取7 200 s（即2 h）。

渗透设施的有效渗透面积 A_s 应按下列要求确定：

（1）水平渗透面按投影面积计算；

（2）竖直渗透面按有效水位高度的 1/2 计算；

（3）斜渗透面按有效水位高度的 1/2 所对应的斜面实际面积计算；

（4）地下渗透设施的顶面积不计。

4. 雨水花园

海绵校园绿化在满足景观和使用功能要求的基础上，应在地势低洼的各汇水中心交接处设置一定的雨水花园作为雨水收集和渗滤的重要载体，同时可以增加景观层次。雨水花园的进水口和溢流出水口应设置碎石、消能坎等消能设施，以防止水流冲刷和侵蚀。雨水湿地的调节容积应能保证雨水在 24 h 内排空。雨水花园的蓄水深度一般不超过 2.5 m，具体深度根据计算得出。水深不同，则选择的水生植物类型也不同。雨水花园规模计算公式如下。

$$F_f = 1\,000 W_y h_m \tag{4-6}$$

式中：F_f——雨水花园面积，m^2；

W_y——控制蓄水量，m^3；

h_m——蓄水层深度，mm。

若有多个雨水花园，则需要分区域进行计算。

5. 植草沟

植草沟主要用于收集和传输周边雨水，是雨水径流系统的重要组成部分，主要位于校园主干道两侧和硬质广场周围。可以按照汇流面积及传输水量的大小，将校园中的植草沟分级。植草沟的设计目标通常为排出一定设计重现期下的雨水流量，可通过推理公式来计算一定重现期下的雨水流量。

$$Q = \varphi q F \tag{4-7}$$

式中：Q——雨水设计流量，L/s；

φ——流量径流系数；

q——设计暴雨强度，L/（s•hm^2）；

F——汇水面积，hm^2。

确定对应区域中植草沟的雨水设计流量后，植草沟的设计应满足以下要求。

（1）浅沟断面形式宜采用倒抛物线形、三角形或梯形。

（2）植草沟的边坡坡度（垂直∶水平）不宜大于 1∶3，纵坡不应大于 4%。纵坡较大时，宜设置阶梯形植草沟或在中途设置消能台坎。

（3）植草沟雨水径流最大流速应小于 0.8 m/s，曼宁系数宜为 0.2～0.3。

（4）传输型植草沟内植被高度宜控制在 100～200 mm。

4.4 海绵校园雨洪智慧化监测管理方法

现阶段城市水问题已成为我国城镇化快速发展过程中的重要议题。城市内涝现象严重，水环境恶化，雨水直排、未循环利用造成水资源浪费，水生态环境退化日益突出等问题已严重制约城市发展，相似问题亦困扰着我国校园环境的发展。海绵城市利用自然积存、渗透与净化的方式实现“小雨不积水、大雨不内涝、水体不黑臭、热岛有缓解”的多重效益，但由于现阶段海绵城市建设量巨大，不论是在城市尺度海绵化过程中还是在校园尺度海绵化过程中，重建设、缺监测、只管建、少运维的现象非常突出。由雨洪带来的杂物淤积阻塞管道，导致功能单元损坏，引起溢流，产生内涝，以及植草沟、湿地水塘等处杂物堆积现象严重，因此在不同尺度海绵设施建设过程中融入智慧化监测管理系统是十分必要且紧迫的。在海绵校园建设过程中，应融合物联网、云计算、自动化技术等实现对海绵校园的智能运维、智慧监测、智慧排水，以实现校园海绵建设的整体协调管控，从而达到海绵校园建设的目标。

4.4.1 平台搭建

海绵校园雨洪智慧化监测管理系统平台的搭建框架可分为数据获取、数据传输、数据处理、分析模拟、结果评估五大分支。

数据获取：基于 IoT（Internet of Things，物联网）传感器数据对校园管网各个节点的液位、流量、流速、压力等信息进行精确监测、收集。

数据传输：通过 4G 或 5G 移动通信网络或互联网等传输方式将 IoT 海量数据上传至服务器端进行存储、分析。

数据处理：通过校园三维数据模型搭建海绵校园数字化孪生平台，基于获取的 IoT 数据信息，利用云计算等手段对获取的数据进行处理、分析。

分析模拟：基于校园三维数据模型搭建海绵校园数字化孪生平台，叠合地下管网数据、DEM（Digital Elevation Model，数字高程模型）高程数据等多类型数据对获取的 IoT 数据信息进行相应的模拟计算。

结果评估：通过对传输的数据进行分析与模拟计算，作出全面合理的绩效评价，并对结果进行反馈与修正。

数据获取、数据传输、数据处理、分析模拟、结果评估五大分支内容构成了完整的海绵校园雨洪智慧化平台。学校可通过搭建智慧化平台，使得原本难以获取的监测数据容易获取，难于决策的控制参数容易决策，并使海绵城市更好、更高效地发挥其在排水防涝、雨水资源利用和生态环境保护等方面的作用。

4.4.2　数据获取

海绵校园雨洪智慧化监测管理系统平台的数据可分为基础数据与实时数据两大类型。基础数据包含校园三维空间模型数据、用地属性数据、地下管网数据、DEM 高程数据等多类型数据，这些数据层是构成校园水文内涝模型的关键，亦是实现海绵校园雨洪智慧化监测管理的基础。实时数据分为气象降雨实时数据，基于水质监测的水质浊度、pH 值、溶解氧、生化需氧量（BOD）信息等 IoT 传感器实时数据，以及基于校园管网信息监测的雨量、液位、流量、压力数据信息等 IoT 传感器实时数据。工程人员应通过叠合校园基础数据与实时数据，为海绵校园雨洪智慧化监测管理与分析奠定基础。

4.4.3　监测系统

海绵校园雨洪智慧化监测管理系统平台的运行需要基于校园三维数据模型搭建海绵校园数字化孪生平台实现，从而对校园雨洪进行智慧化监测（图 4-4-1）。海绵校园数字化孪生平台需叠合校园三维空间模型数据、用地属性数据、地下管网数据、DEM 高程数据等多类型数据，结合实时获取并传输的多类型 IoT 数据进行监测。

海绵校园雨洪智慧化监测管理的应用主要体现在以下 5 个方面：第一，对排水和雨水收集进行智能控制，实现智慧排水与雨水收集；第二，对地下管网和一些校园海绵设施的进水口或溢流口进行监测，判断其是否堵塞或渗漏，并实时反映；第三，对校园水体污染情况进行监测，实现智慧水污染控制和治理；第四，对雨情和积水情况进行实时监测，实现防洪排涝预警控制；第五，通过对用水量进行智能控制实现雨水的高效利用。排水管网信息监测是校园雨洪智慧化的重要方面。管网信息监测主要用来监测校园管网的运行状况，对管网溢流、积水、堵塞等状况进行预警和报警。检测系统前端传感器采集管网各个节点的液位、流量、流速、压力等信息后，将采集的结果通过总线传输到检测中心后台。后台通过对采集数据的分析来判断某个节点是否发生管网故障。

其具体实现步骤如下：第一，利用遥感等技术探测管网走向和布局，并将探测数据上传至服务器；第二，对数据进行处理，利用 ArcGIS、SWMM、CAD 等软件获得现状管网的布局和汇水分区图；

第三，对管网进行分类、分段、编号，并标出管网的分叉点、汇集点等特殊点；第四，在每个编号段的合适位置以及一些特殊点上布设流量传感器，实时监测雨水流量和上传数据；第五，利用云计算等技术对大量数据进行分析、计算，将布设点实时监测的流量与利用水力模型推算出的该点流量进行比对，并对流量差别较大点进行预警，分析流量变化的原因（如流量变大可能是因为堵塞，变小可能是因为渗漏）；第六，及时对预警点进行排查和维修、疏堵或补漏。

校园蓄排水工程的水质监测同样是校园雨洪智慧化的重要方面，应根据海绵城市绩效评价标准中对城市水域水质的要求，构建海绵校园水质监测系统。系统共分为以下 4 部分。

第一，数据采集单元，对校园水域环境的水质浊度、pH 值、溶解氧、生化需氧量（BOD）信息进行传感检测。选取 SIN-PSS200 污泥浓度传感器作为水质浊度监测的传感器。此传感器基于组合红外吸收散射光线法，可以连续、精确地测定污泥浓度。选取 SIN—pH4.0 型 pH 传感器作为水质 pH 值监测的传感器。水中溶解氧监测选取 SIN—DO700G 传感器进行监测。生化需氧量（BOD）监测选取 BFDH319BD 检测仪，通过检测水中有机物的耗氧量监测水中有机物等需氧污染物的数量变化情况。

第二，信号处理单元，将传感器采集的模拟信号转换为可分析处理的数字信号。

第三，数据传输单元，根据传感器的传输方式，通过有线串口传输方式或者无线传输的方式将数据传输到中继节点。

第四，系统通信单元，利用中继节点通过总线将数据传输到数据中心进行存储、分析及处理，并在监控界面上显示，通过对校园水质监测点进行实时监测，实现对水体污染的预测与报警。

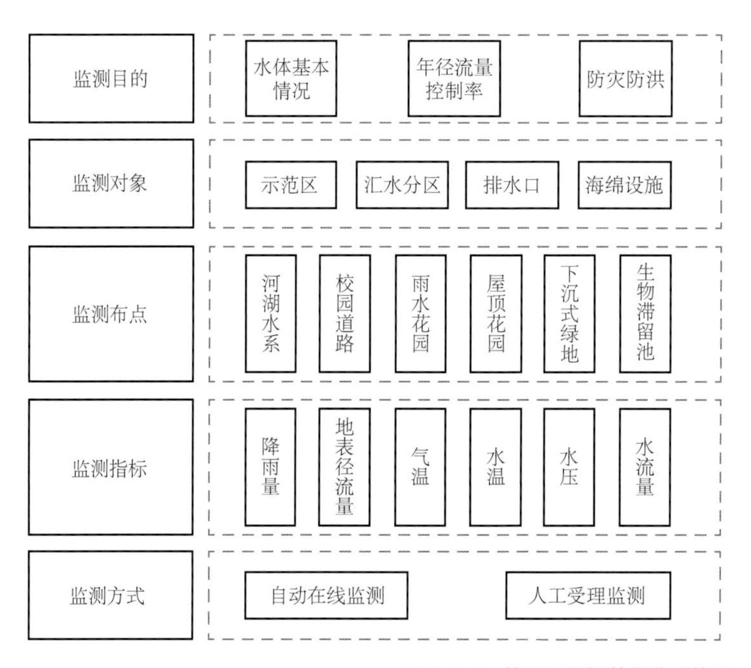

图 4-4-1　校园雨洪智慧化监测体系

第 5 章　海绵校园规划设计实践项目解析——以天津大学为例

5.1 天津大学新校区景观规划设计方案

5.1.1 总体规划方案

天津大学前身为北洋西学学堂。1895 年，光绪皇帝御笔钦准成立天津北洋西学学堂。同年 10 月 2 日，学堂在天津北运河畔大营门博文书院旧址成立，中国近代第一所大学自此诞生。在盛宣怀“自强首在储才，储才必先兴学”的主张下，以“兴学强国”为使命的北洋西学学堂在创办之初，便与国家经济、政治、军事的需要紧密联系在一起，它仿照美国大学的办学模式，全面系统地学习西学，分设律例、工程、矿冶和机械 4 个学科。1912 年，北洋西学学堂更名为“北洋大学校”，直属当时的“教育部”。1913 年北洋大学校奉令改称“国立北洋大学”（以下简称“北洋大学”）。1917 年，北洋大学与北京大学科系调整，法科并至北京大学，北京大学工科移并北洋大学，自此，北洋大学进入穷理振工的专办工科时期。1937 年 7 月 30 日，天津沦陷。北洋大学与北平大学、北平师范大学（即现在的北京师范大学）一同迁至陕西城固县的七星寺，成立西北联合大学。筚路蓝缕中，学校坚持严格办学，教师坚持正常授课，北洋学子在艰苦的条件下不分昼夜坚持苦学，留下了“七星灯火”的佳话。1949 年 4 月，北洋大学在原校址正式开学复课，设立理学院、工学院，进入理工结合时期。1951 年，北洋大学与河北工学院合并，定名为“天津大学”，此时设立有土木、水利、采矿、纺织、冶金、机械、电机、化工、地质、数学、物理共 11 个系。1952 年，全国高等院校院系调整，天津大学从北运河畔迁至南开区七里台校址（图 5-1-1、图 5-1-2）。1959 年，天津大学由中共中央首批确定为 16 所国家重点大学之一。改革开放后，天津大学提出了把学校办成理工结合的综合性大学的建设目标，调整系科设置，兴办理科专业和理工结合的新专业，加强基础理论和技术基础研究。1995 年 5 月，天津大学通过国家“211 工程”部门预审，成为中国首批建设的重点大学之一。2000 年，天津大学入选“985 工程”建设高校，进入了全新、快速的发展时期。由此可见，天津大学的人文精神可以用“历史悠久、积淀深厚、人才辈出、实事求是、知书育人、中西交融”24 个字提炼概括。

历史悠久——北洋大学为中国近代第一所大学。北洋大学因救国而生，为强国而建，与民族、国家共度艰辛，同享荣辱，虽历经艰难，仍不改往日初衷，“从不纸上逞空谈，要实地把中华改造”。学校经院校的调整、学科的分合，形成了以工为主、理工结合、经管文法等多学科协调发展的学科布局。

积淀深厚——“花堤蔼蔼，北运滔滔，巍巍学府北洋高”，一部北洋校史见证了中国近代百年的荣辱沧桑。“自强首在储才，储才必先兴学”，北洋大学法工结合，创高等教育之始、工程

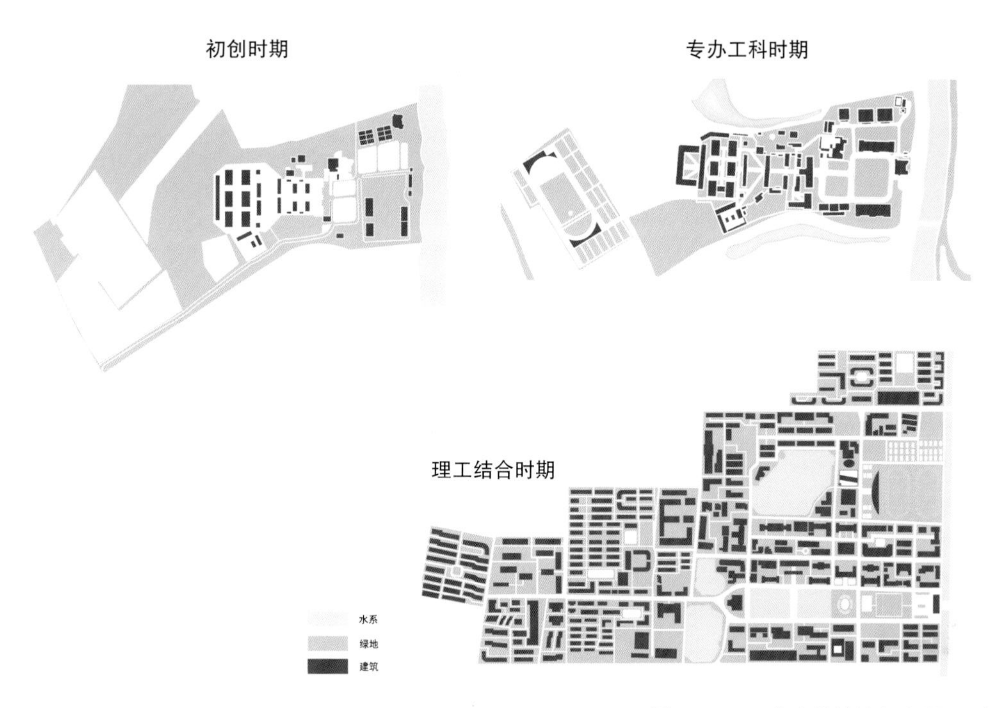

图 5-1-1　天津大学校址变迁平面示意

教育之先。悠悠北洋史，浓浓中华情，愿一心一德共扬校誉于无穷。穷学理，振科工，望前驱之英华卓荦，应后起之努力追踪。北运之水奔流百年不息，北洋血脉永续未来不朽，传承百年历史，延续传统基因、血脉，基因相续，血脉相承，以崭新的面貌面向世界，面向未来，赋予新生土地血脉的延续。

人才辈出——十年树木，百年树人，天津大学（简称“天大”）如同百年之古树，根深叶茂，给养莘莘学子。琢玉成器树桃李，教育之树人形同水流之琢玉，滔滔北运磨砺谦谦之君子，蔼蔼花堤孕育天下之桃李。学校自创始以来即以振兴中华为己任，天大百年的发展史是一代代天大学子爱国奉献、不尚空谈的奋斗史，是实事求是、与时俱进的发展史。学校秉承传统，坚持德育为先，培养全面发展的创新人才。

实事求是——1914—1920 年，爱国教育家赵天麟出任北洋大学校长。在任职期间，他总结北洋大学近 20 年的办学经验，概括出“实事求是”的校训，并以之治校与育人，主张办事求学务必据实证、求真谛，以实事求是的精神，对待科学知识，端正学风。这对昔日的北洋大学和今天的天津大学在治学、育人诸方面都起到积极作用，产生了深远影响。“实事求是”的校训是天津大学 120 年来生生不息的不竭动力，是凝聚天津大学海外校友的共同血脉，是天津大学的文化之魂。

知书育人——严谨治学是北洋大学的光荣传统，要求教师讲求真才实学，要有兢兢业业、诲人不倦、努力开创教学方法的敬业精神。天津大学将北洋大学时期严谨治学、严格教学的传统在实践中努力贯彻实施，使这一优良传统进一步发扬光大。天津大学在 120 多年的办学历程中，把师德文化作为学校文化的核心，提出“以师德之忧创天大之优”的理念和“忠诚不倦、业务精湛、挚爱学生、率先垂范”的师德目标，培养出一批批优秀人才。

北洋大学堂西沽武库校门

北洋大学堂西沽校区教学楼

经过岁月洗礼的行政楼

北洋大学校领导与教师合影

北洋大学教授住宅

茅以升题写的“实事求是”

“实事求是”地刻

“实事求是”碑

留学生与教工合影

天大学子的课余生活

莘莘学子毕业

中西学者

历届外国教员

外文工程制图

图 5-1-2　天津大学老照片（组图）

注：上图中部分老照片摘自《北洋大学—天津大学校史》，部分彩图由作者拍摄自天津大学校史馆。

中西交融——创学之初，在历史发展的大趋势下，走兴学救国之路，学习西方办学模式，培养合乎时代发展需求的科技人才已成必然。1895 年盛宣怀在天津首创的“北洋西学学堂”是一所适应中国国情、以“西学体用”为指导的新型大学，也奠定了今日中西交融学风的根基。在以后的办学史上，天津大学进一步扩大国际学术交流与合作，博采各国之长，为我发展所用，提高了在国际上的影响力和声誉。

2010 年，为满足学校建设国际一流大学的发展需求，教育部和天津市政府签署重点共建天津大学北洋园校区的框架协议，并将该校区的建设列入天津市重点工程。

天津大学北洋园校区选址于海河中游南岸，位于天津市中心城区和滨海新区之间的海河教育园中部、生态绿廊的西侧（图 5-1-3），规划总用地面积约为 2.5 km^2，总建筑面积为 155 万 m^2。北洋园校区所在的津南区属于温带半湿润季风性大陆气候，四季分明，春季干旱多风，夏季炎热多雨，秋季天高气爽，冬季寒冷干燥；年均降雨量为 602.9 mm，降水随季节变化很不均匀，降雨集中于 6—9 月，其降雨量占全年降雨量的 78.5%。根据天津市水利科学研究院提供的资料，天津市 24 h 内降雨最高纪录为 158.1 mm，1 h 内降雨最高纪录为 92.9 mm；年均蒸发量为 163 ～ 1 912 mm，全年最大蒸发量主要集中在 4—7 月，为 2 673.3 mm，尤以 5 月蒸发最为强烈。全年主导风向为西南风，冬季西北风、北风盛行，夏季西南风、南风盛行。规划场地属于海积和冲积平原，地势低平，平均高程约为 2.5 m，土层较厚，由海积物与河流冲积物形成，以重盐化潮土和盐化湿土为主，土质盐碱化，pH 值约为 8。根据天津市规划和自然资源局提供的资料，津南区地下水位一般为 0.8 ～ 1.5 m（2008 年大沽高程），校区建设基地内部平均地下水位为 1.4 m（2008 年大沽高程），地下水矿化度较高。项目场地内现有“两河一路”穿越，即先锋排污河、卫津河及白万路。白万路及先锋河堤防高程为 4.5 ～ 5.0 m。卫津河为城市二级排洪河道，底宽 10 m，河水流量约为 10 m^3/s，河底高程为 ±0.00 m，河堤高程为 4.5 m。卫津河水质较好，河岸开阔，两侧为自然驳岸，沿线有近年种植的白蜡、国槐、毛白杨等，河内芦苇长势良好，岸线整体景观自然而单一。先锋河底宽 4 m，河水流量为 5.32 m^3/s，河底高程为 0.36 ～ 0.60 m，河堤高程为 4.5 m。现状水系、现状地形和现状照片见图 5-1-4 ～图 5-1-6。

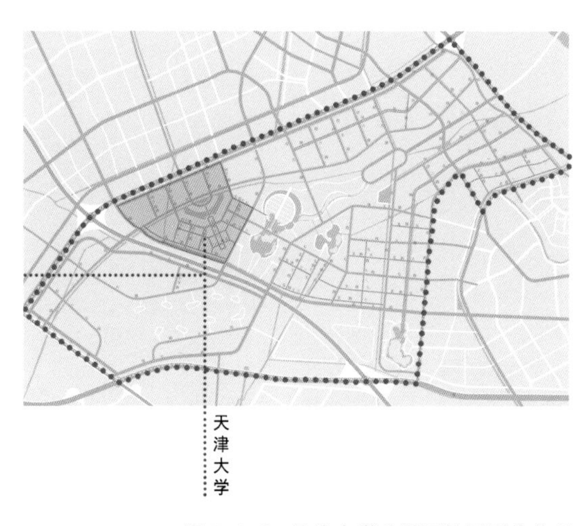

图 5-1-3　天津大学北洋园校区区位分析

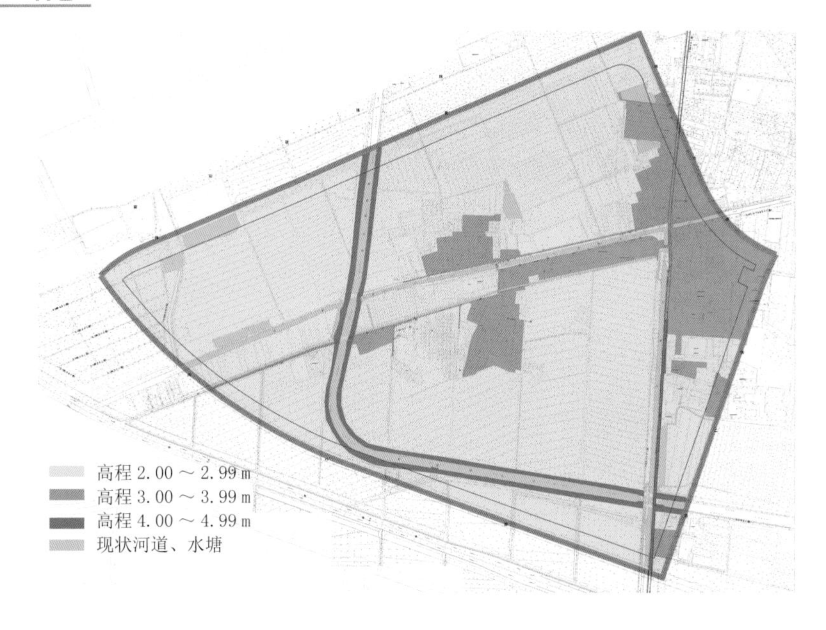

图 5-1-4　现状地形

图 5-1-5　现状水系（组图）

图 5-1-6　现状道路（组图）

天津大学北洋园校区总体规划以“一个中心、三个融合”为核心理念，即以学生成长为中心，形成学科的集聚与融合、教学和科研的融合、学生和教师的融合。为体现该规划理念并传承卫津路校区校园的结构模式，北洋园校区沿用东西向校园中轴及正南北建筑布局，将公共教学楼、图书馆与学生中心等学生最常用的设施建设在中轴线两侧，精心营造以学生公共活动为校园核心的中轴空间。中轴线始于东侧主大门，经校园标志性建筑——图书馆，止于校园中最大水面——青年湖。中轴线的南北两翼布置着六大类功能建筑构成的若干组团。同时，为了达到建设生态性绿色校园的目标，北洋园校区规划了“双环双湖”，即中心河、外环河、青年湖和龙园湿地。外环河由卫津河和先锋河改道而来，环绕校园外侧一周，作为护校河，取代冰冷的围墙，保障校园安全。更为重要的是，“双环双湖”的水系结构为校园生态化雨洪管理、水系统良性循环奠定了重要的基础。规划鸟瞰图、规划用地布局、规划水系及规划雨水管网见图 5-1-7 ～图 5-1-10，景观设计草图、景观总平面图与鸟瞰效果图见图 5-1-11 ～图 5-1-13。

图 5-1-7 天津大学北洋园校区规划鸟瞰图

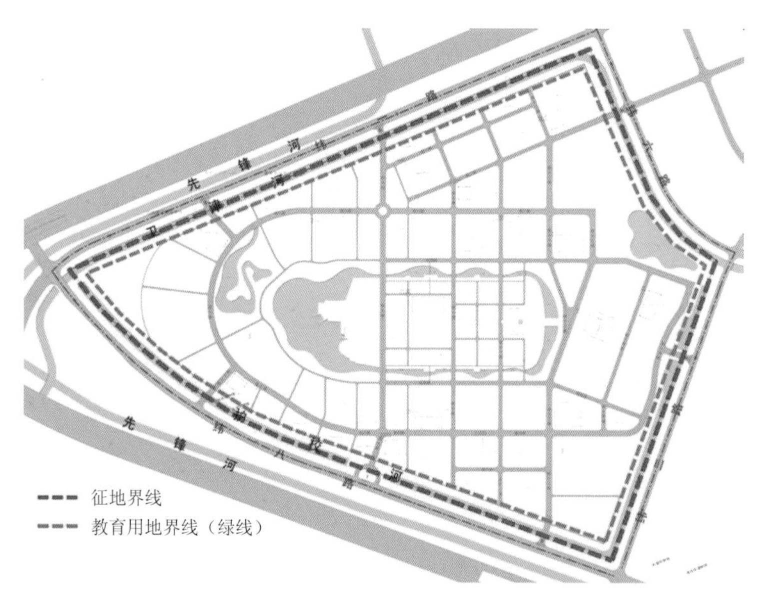

图 5-1-8 规划用地布局

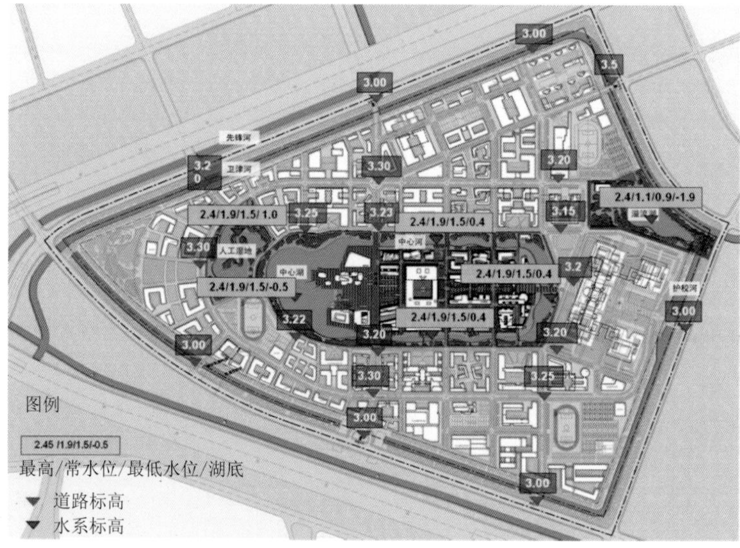

图 5-1-9 规划水系

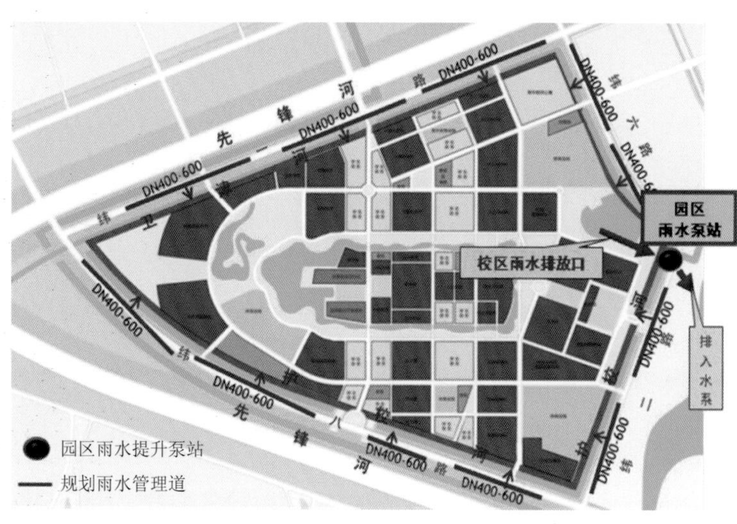

图 5-1-10 规划雨水管网

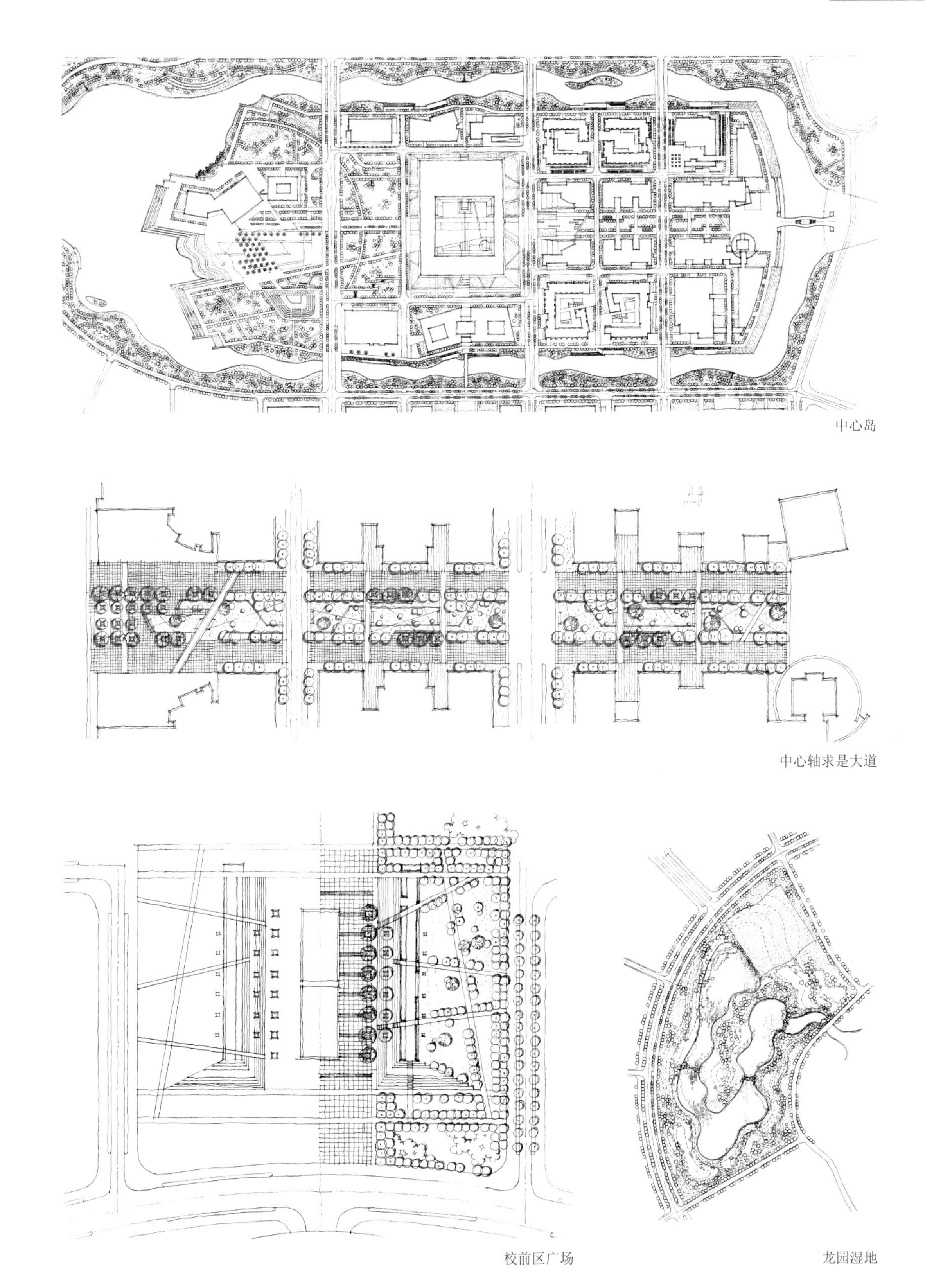

中心岛

中心轴求是大道

校前区广场

龙园湿地

图 5-1-11　天津大学北洋园校区景观设计草图（组图）

N
m
0 20 40 80 160

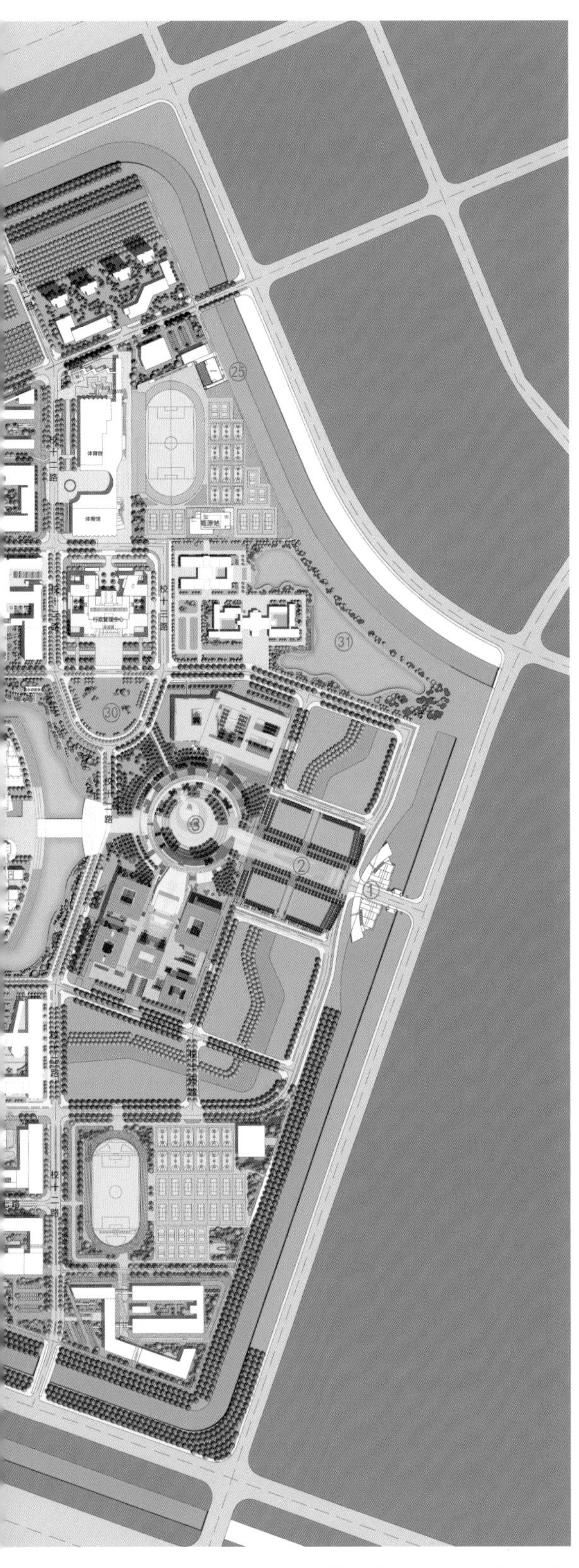

1 行政主入口
2 北洋广场
3 宣怀广场
4 求是大道
5 太雷广场
6 音乐下沉广场
7 高位植台驳岸
8 绿化植台驳岸
9 海棠坞
10 杏树堤
11 岛内亲水平台
12 桃花堤
13 海棠堤
14 硕士公寓组团
15 计算机软件教学组团
16 北区生活组团
17 化工材料教学组团
18 机械教学组团
19 南区生活组团
20 土木教学组团
21 博士公寓组团
22 龙园湿地
23 六艺园——书园
24 六艺园——数园
25 六艺园——乐园
26 六艺园——礼园
27 六艺园——射园
28 六艺园——御园
29 日新园
30 行政楼前景观
31 溢流湖
32 次入口

图 5-1-12　天津大学北洋园校区景观总平面图

图 5-1-13 天津大学北洋园校区景观鸟瞰效果图

秉承天津大学深厚的历史积淀，遵循国际一流大学的办校治学理念，在总体规划的基础上，天津大学北洋园校区景观规划设计以“百年筑梦”为方案主题，通过传承历史文脉的景观轴线、隐喻“琢玉成器”的景观形态和象征“百年树人”的景观结构表现出来。

设计团队提出“一中心、两理念”的设计思想，即“以学生为中心，注重景观的文脉延续和生态的可持续”。景观规划方案主题见图 5-1-14。

景观的文脉延续以景观基因解读（图 5-1-15）和提取为基础，采用新的设计理念和设计手法来诠释和表现北洋大学和天津大学原有的校园景观特征和景点，使原有校区的景观基因得以延续和传承（图 5-1-16）。在生态可持续方面，设计团队全面了解和系统研究了场地的自然环境特点，深入挖掘校园景观建设的生态要素，包括生态水景的塑造、盐碱地绿化种植等，并着力强调生态功能与景观审美的融合，特别注重雨洪管理与师生使用需求的融合、雨洪管理与盐碱地改良功能的融合。

为了将设计思想切实落地，项目前期设计团队查阅史料，寻访北洋大学、天大故人，同时为了充分了解学生的室外活动需求和喜好，对天大既有校区的师生进行了“关于天津大学校园室外环境使用情况”的问卷调查，对人群较为集中的建筑物的室外空间（诸如宿舍区的公共空间、食堂前广场、公共教学楼前广场、教学楼前的道路等）进行定点观察。此次调查问卷主要针对天津大学在校师生，样本量定为 1%，共发放问卷 320 份，收回 315 份，收回率为 98.4%。通过对既有校区的场地空间信息进行搜集、了解，辅以满意度调查，设计团队对师生的使用诉求和空间偏好有了全面、真实的掌握。

在景观规划设计过程中，设计团队还明确了 8 项设计原则，以保障“延续景观基因、促进学科发展、提升生态价值”三大核心目标的实现。

（1）结合北洋园校区的规划要求，设计立足于建设“综合性、研究型、开放式、国际化的世界一流大学”的天津大学总体发展目标。

（2）传承天大百年校史，展现北洋学府的办学特色，利用历史及既有的景观元素，营造北洋园校区景观。

（3）从学生的使用角度出发，充分贯彻“育人为本”的思想，着眼于学生的综合培养和全面发展，在校园功能分区、交通组织、景观环境和建筑空间配置等各方面均体现了方便学生学习、生活的核心规划设计理念。

（4）结合区域环境，充分考虑基地的现状特点，选择适合本地生长的植物物种，考虑植物的季相设计和主题性设计，体现校园植物景观的多样性和丰富性。

（5）体现生态雨洪管理，将水资源、土地资源、能量消耗和环境的污染程度降至最低，营造高效、低耗、无废、无污染的，可持续发展的景观空间，并保证建设的可实施性。

（6）营造人性化空间，形成良好的人际交往氛围，促进校园学术交流；创造兼具参与性、多样性、时尚性、趣味性的多功能空间环境，提升校园的整体活力。

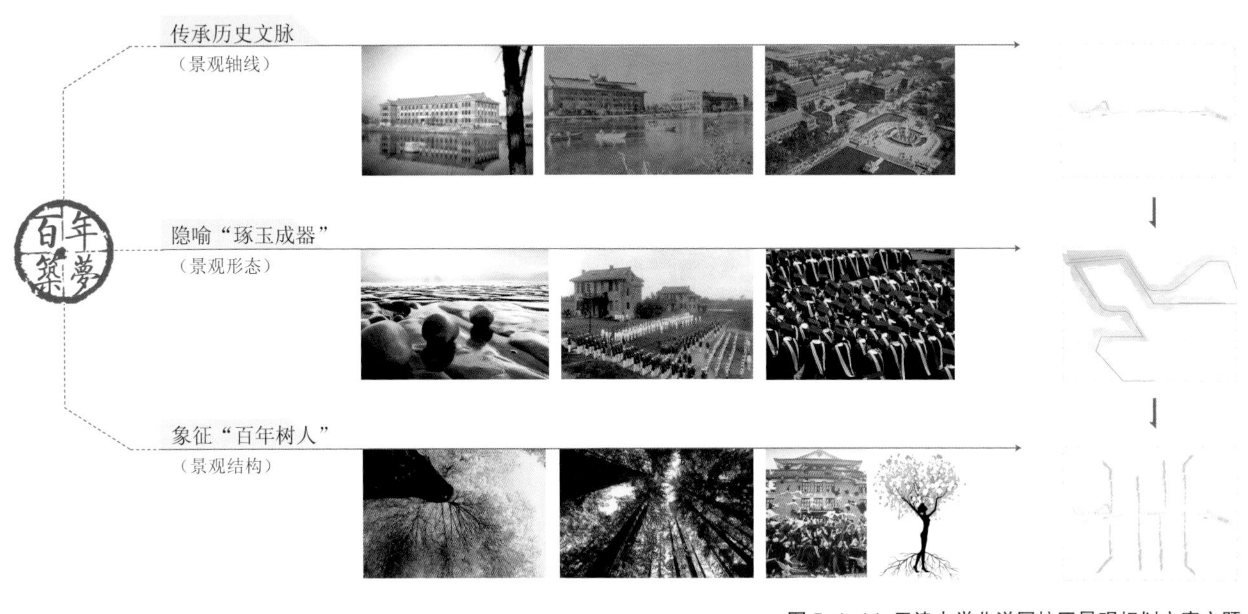

图 5-1-14　天津大学北洋园校区景观规划方案主题

图 5-1-15　天津大学卫津路校区景观基因解读

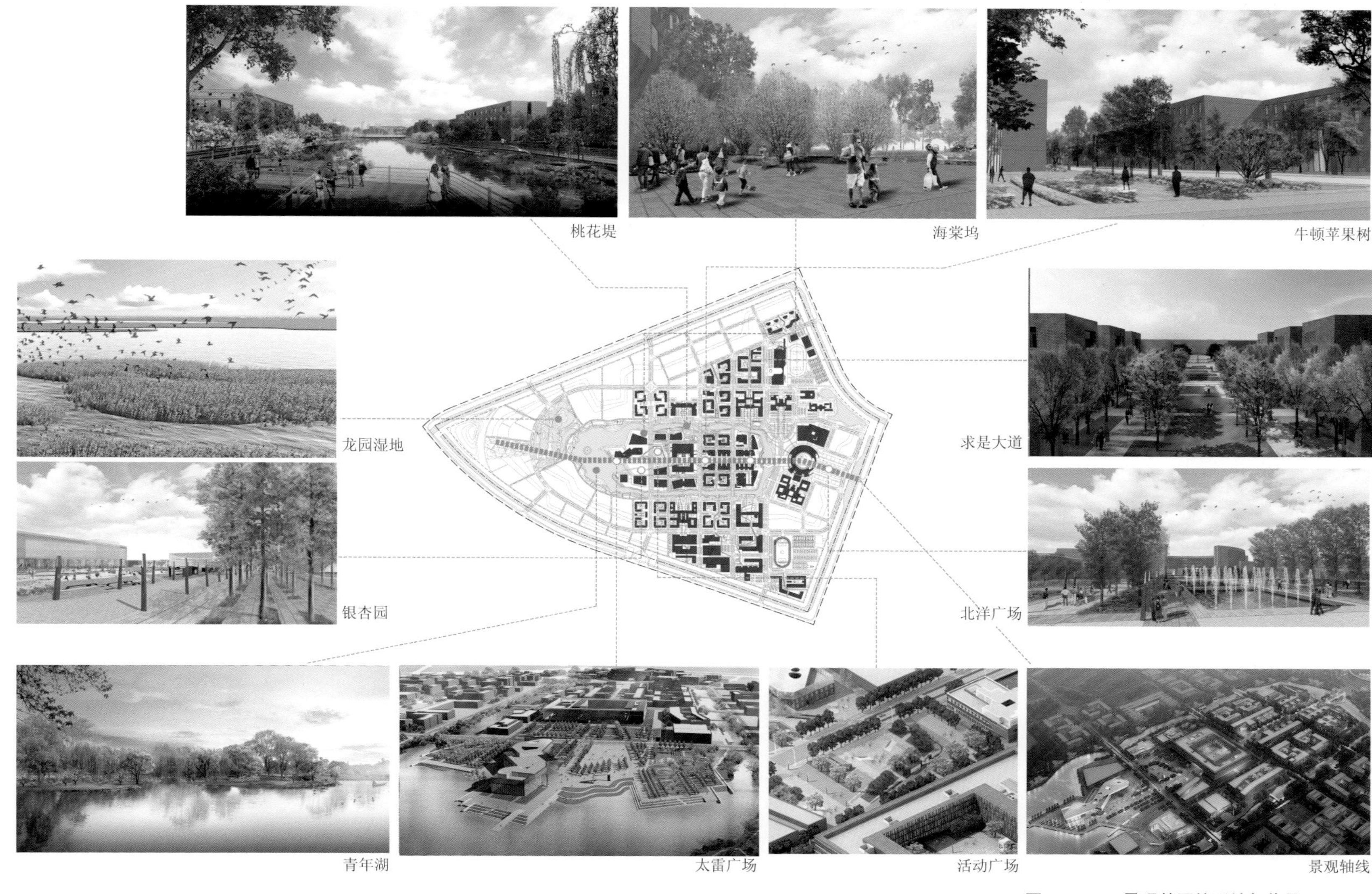

图 5-1-16 景观基因的延续与传承

（7）创造兼具科普性与知识性的校园景观环境，既为全体天大学子的生态意识培养作出贡献，同时也为相关学科的教学和科研提供重要支撑。

（8）力求减少初期建设成本，降低日常维护费用。

在上述设计策略和研究分析的基础上，设计团队形成了天津大学北洋园校区“一轴串人文十景、一环连两堤六园”的景观结构（图 5-1-17）和石景布局（图 5-1-18）。一轴串人文十景，隐喻历史之传承，展百年之筑梦。景观轴从承载历史的北洋广场起航，穿越宣怀广场、三问桥、天麟广场、求是大道、书田广场、牛顿苹果树、太雷广场，如滔滔运河水汇入青年湖与龙园湿地，展现历史的精彩与回忆。未来百年，梦想将从这里起航。

“一环连两堤六园”，景观形态如水流，如枯树，琢玉成器，百年树人。桃花堤——北洋园之再现，海棠堤——天津大学的还原。“一环”将多学科组团串联，象征天大多学科的构成与发展。花树蔼蔼，平园、诚园、正园等组团相映成趣。垂柳绦绦，修园、齐园、治园等组团交相辉映。中心河两岸开放空间相互呼应，形成对景关系（六组）。对景空间不仅使两岸形成优美的观景效果，同时也为学生们创造了一个个有趣的交往空间。

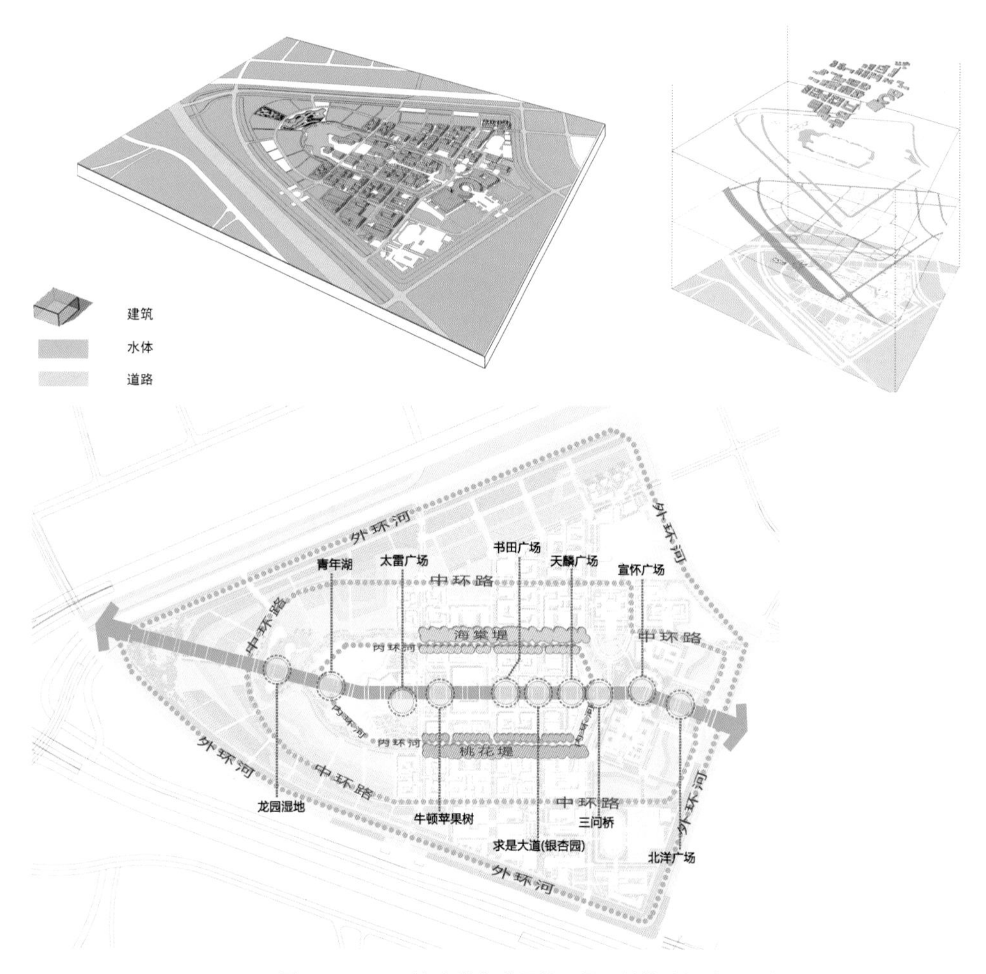

图 5-1-17　天津大学北洋园校区景观结构分析（组图）

关于石景布局，设计分析了天津大学北洋园校区整体及其周边环境情况，结合中国传统景观理论，浓缩出 3 处石景布局：一是位于青年湖湿地景观环境中的一座叠石山景，其可作为北洋园校区景观环境中心轴线的底景；二是位于行政楼西北角位置上的土生石景观，造型如茂盛生长的尖笋，冲天直上；三是位于机械教学组团中的土生石景观，其外形仿佛灵动秀丽的山峰。这三者构成了三足鼎立之势。

校园整体分为中心岛区、中环区、外环区 3 部分。其中中心岛区的主要景观有求是大道、太雷广场、亲水平台、音乐广场、桃花堤、海棠堤、高位植台驳岸等，中环区主要景观有龙园湿地、苗圃区等，外环区主要景观为日新园与君子六艺园等。

北洋园校区建成后，蜿蜒的水系与自然起伏的地形构建起校园连续的景观主体轮廓，营造出山林清幽、水流潺潺的自然、生态的景观效果。校区层进式的空间序列通过景观的层次营造与过渡处理形成了清晰贯通的景观脉络，中轴线沿袭传统基因、血脉，隐喻悠久历史之传承，并向南北两翼有序展开，以秩序的美感展现环境特色，保持景观的连续性及活动空间选择的多样性，满足师生室外活动、休憩、交往、观赏等不同的使用功能要求。中心岛夜景鸟瞰效果见图 5-1-19。

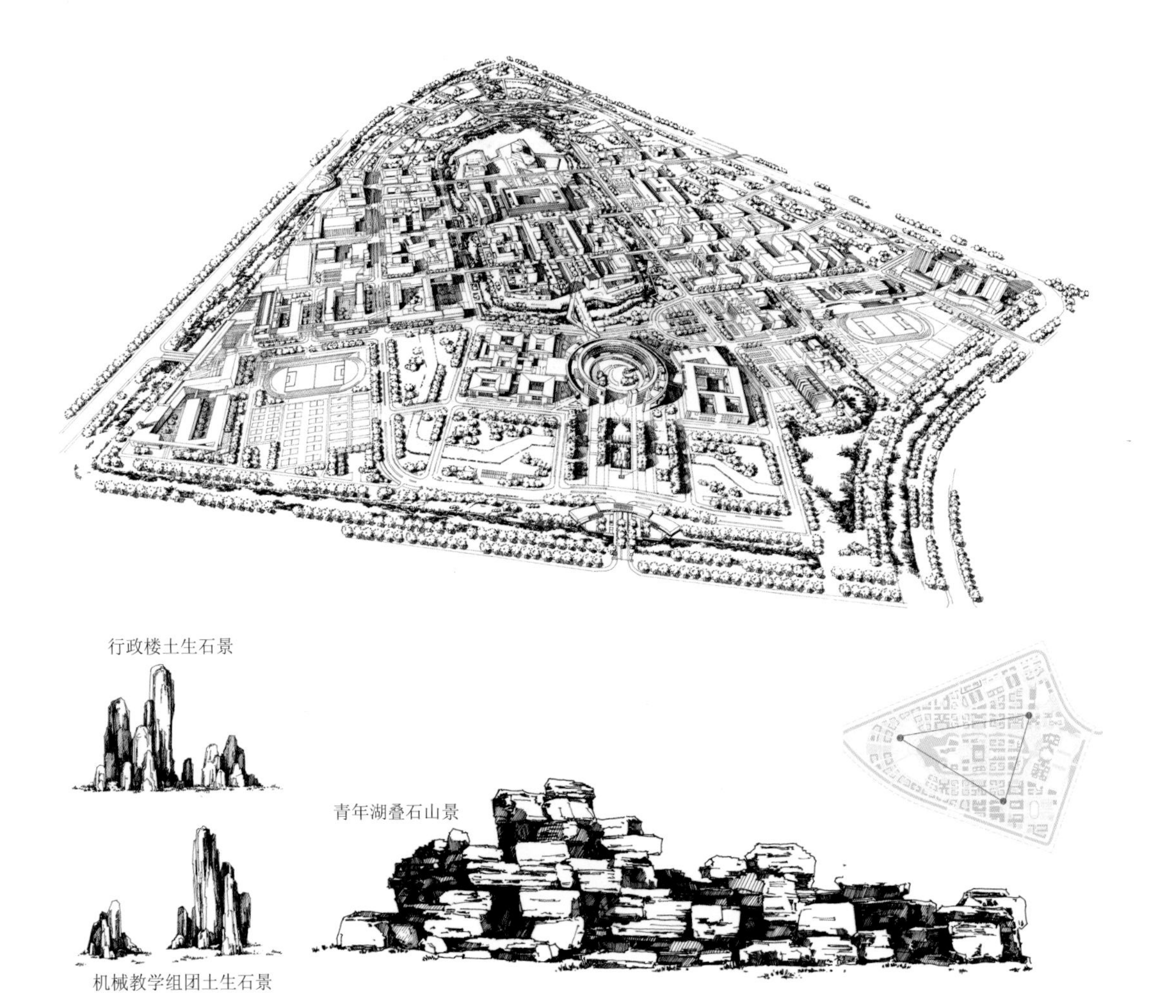

图 5-1-18　天津大学北洋园校区石景布局分析（组图）

图 5-1-19　天津大学北洋园校区中心岛夜景鸟瞰效果图

5.1.2　雨洪管理思路

5.1.2.1　构建弹性的海绵系统——分区而治、内外联合

天津大学北洋园校区弹性雨洪管理系统的构建以分区而治、内外联合为主要特点，即根据北洋园校区整体布局和功能组团的规划，将校园划分为 3 个排水分区。每个分区结合自身的功能定位、用地特性，因地制宜地规划设计了不同的雨洪管理系统，系统间配合协作，从而实现校区水安全与水利用的“双赢”。

校区内外双重环形水系的布局结构决定了排水分区的划分和各分区雨洪管理系统的规划设计策略，见图 5-1-20 和图 5-1-21。

1. 外环自然排雨区

外环自然排雨区为校区外围环状区域，即图 5-1-21 中红线与绿线之间的范围（不包括城市绿化带），总面积约为 43.54 hm^2，绿地率近 90%。在外环自然排雨区，由于卫津河水位较高，因此沿河区域不设置雨水管道，雨水或直接下渗涵养地下水、补充外环河基流，或依靠合理规划的场地竖向形成坡面漫流，就近汇入外环水系（卫津河和护校河）。沿河绿化带采用自然缓坡入水形式，对初期雨水起到净化作用，可有效控制污染，减少入河污染物的总量。外环自然排雨区的规划以“水安全”为重点，由于雨水径流直接排向校园外部河道，有效减少了北洋园校区的产流面积，特别是在暴雨季节，充分发挥毗邻环校水系的优势，有效减轻了校园防洪排涝压力。

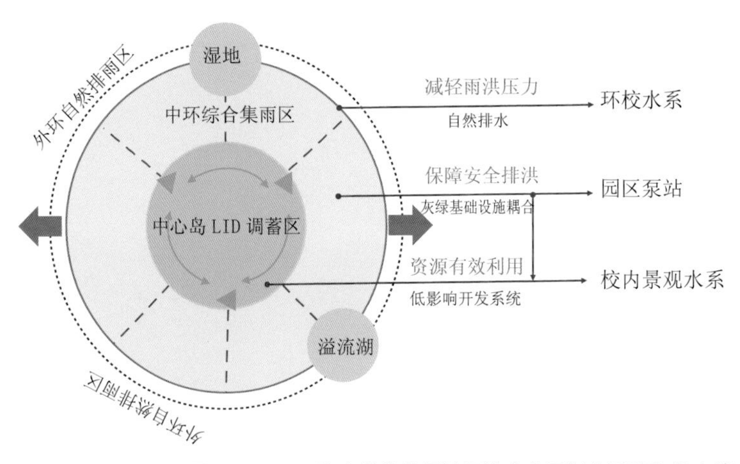

图 5-1-20 天津大学北洋园校区排水分区划分思路和排水管理策略

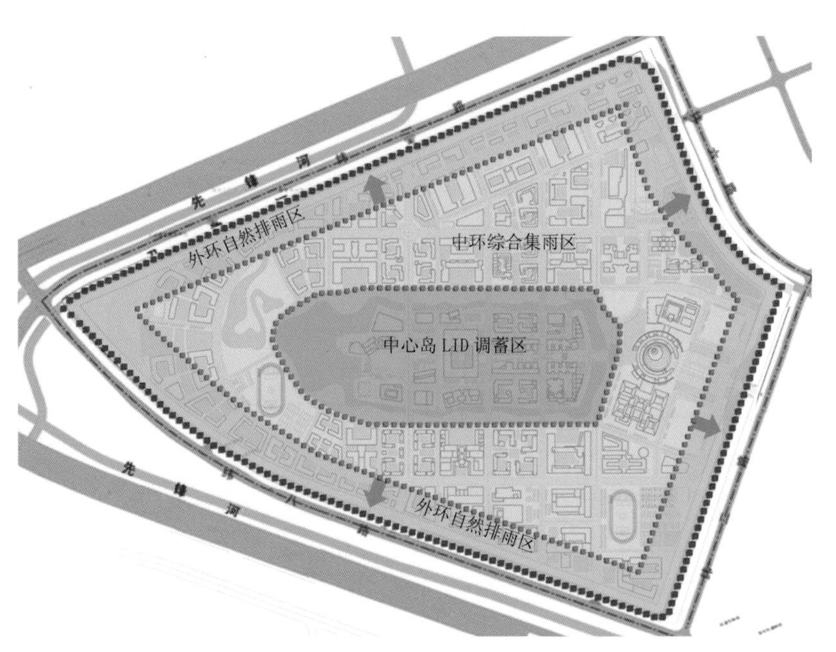

图 5-1-21 天津大学北洋园校区三个排水分区的划分与布局

2. 中环综合集雨区

中环综合集雨区是指外环自然排雨区以内、中心岛 LID 调蓄区以外的区域（不包含校内水系），总面积约为 138.26 hm^2，硬质化率约为 38%。由于教师教学、办公和学生活动、住宿主要集中在该区域，因此区域内硬质化率高，建设强度大。为保障水安全，实现水利用，该分区采用以管道收集雨水为主，辅以绿色基础设施鼓励径流下渗的雨洪管理方式。自管道而来的雨水定期经由泵站提升，用以补充景观用水。该分区实现了传统雨水管道收集方式与雨水资源有效利用新理念的有机融合。中环综合集雨区雨洪管理系统技术路线见图 5-1-22。

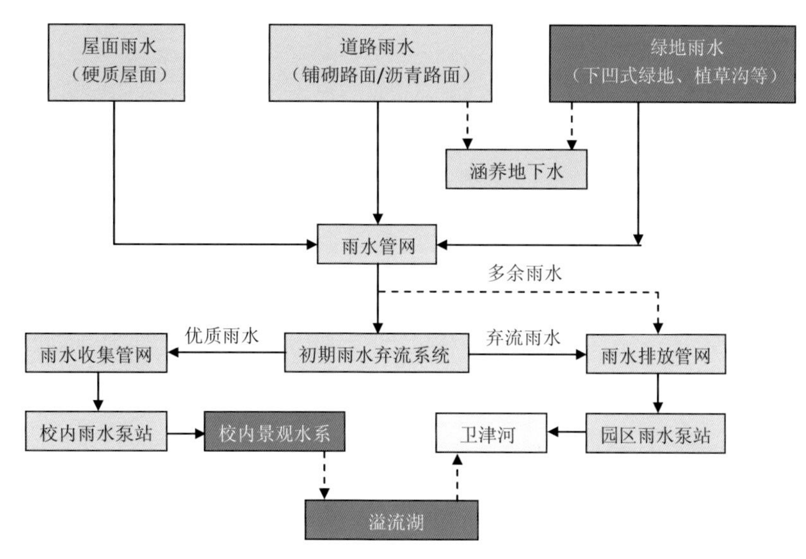

图 5-1-22　中环综合集雨区雨洪管理系统技术路线

3. 中心岛 LID 调蓄区

中心岛 LID 调蓄区（简称“中心岛”）被校区内环水系包围，总面积约为 25.55 hm^2。整个校园的景观主轴贯穿于此，且该分区内集合了图书馆、综合实验中心、学生中心等诸多代表性建筑。作为校园核心功能的集聚地、景观风貌的集中展示区，该分区借助四面环水的场地优势，全面贯彻低影响开发策略，源头削减、自然净化、蓄渗结合，构建审美与功能相融合的生态化雨洪管理系统。中心岛雨洪管理系统技术路线见图 5-1-23。

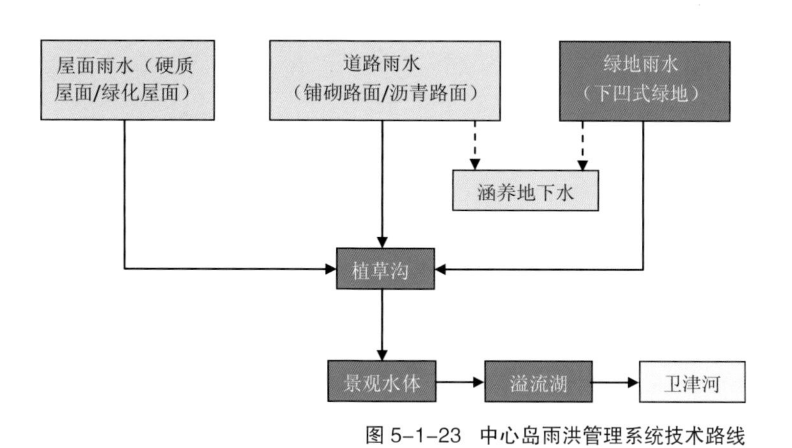

图 5-1-23　中心岛雨洪管理系统技术路线

该分区采用的雨洪管理措施主要有 3 方面：①以管控建筑屋顶径流为目标的绿色屋顶（又称“绿化屋面”）；②以管控绿地、广场径流为目标的下凹绿地和阶梯式绿地；③以管控道路场地径流为目标的植草沟。

1）以管控建筑屋顶径流为目标的绿色屋顶

综合考虑经济性和管理运行的难度，该分区采用绿色屋顶与传统硬质屋面相结合的方式调控屋面产流量(图 5-1-24)。第一教学楼为绿色建筑，因此按照绿色建筑标准设置绿色屋顶(图 5-1-25、图 5-1-26）。绿色屋顶不仅可明显降低屋顶产流量，净化径流，隔热保温，还具有显著的空气净化作用。第一教学楼绿色屋顶所用植物见表 5-1-1。

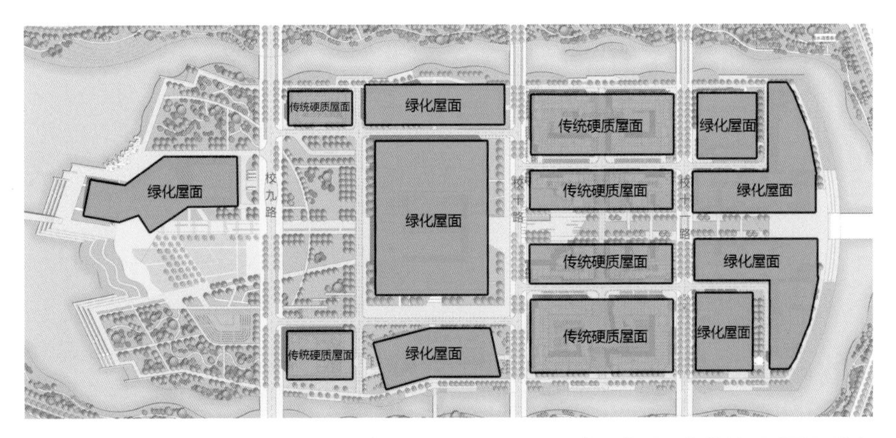

图 5-1-24　中心岛绿化屋面与传统硬质屋面分布

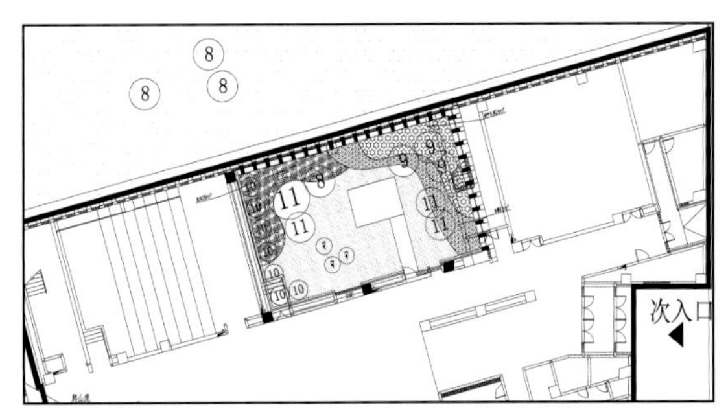

图 5-1-25　第一教学楼绿色屋顶平面图（从景观总图截取）

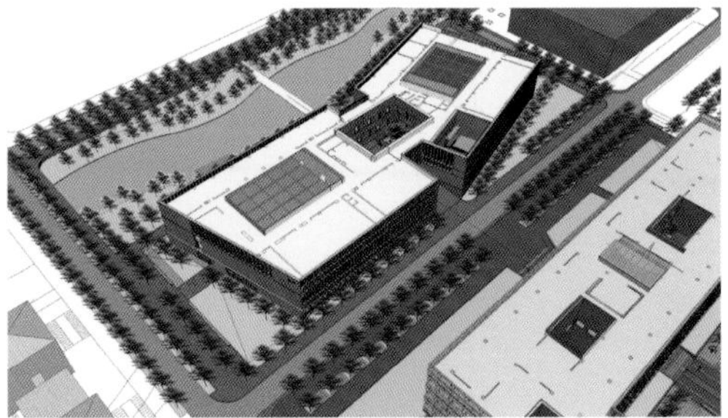

图 5-1-26 第一教学楼绿色屋顶效果图

2）以管控绿地、广场径流为目标的下凹绿地和阶梯式绿地

下凹绿地是低影响开发措施中一种较为常见的雨洪调蓄技术，具有渗蓄雨水、削减洪峰流量、减轻地表径流污染等优点。典型下凹绿地的高程低于周围场地高程，并设有溢流井，与植草沟或者市政管网等传输设施相连，溢流口高程介于场地高程与绿地最低点高程之间。在北洋园校区景观规划设计项目中，设计团队以调查问卷(问卷向师生提出了“最喜欢的校园空间类型是什么”“宿舍生活区中需要哪些活动场所”“最常在校园室外公共空间进行什么活动”等问题）统计结果为依据，配合周围场地的功能定位，规划设计了多种不同形式的下凹绿地，如自然缓坡式下凹绿地、台地式下凹绿地、阶梯式绿地等，满足不同功能需求，丰富景观形式（图 5-1-27 ～图 5-1-40）。

表 5-1-1　第一教学楼绿色屋顶植物材料表

名称	规格	数量	备注
木槿	地径为 4~5 cm	18 株	
碧桃	地径为 4~5 cm	12 株	
榆叶梅	地径为 4~5 cm	13 株	
珍珠梅	冠幅为 1.5 m	7 株	
金叶榆	直径为 6~8 cm，分枝点高度不小于 1.2 m，全冠	4 株	
玉簪		143 m^2	
爬山虎		56 延米	4~5 株 / 延米
金叶女贞篱	高为 600 mm	24 m^2	
麦冬		26 m^2	

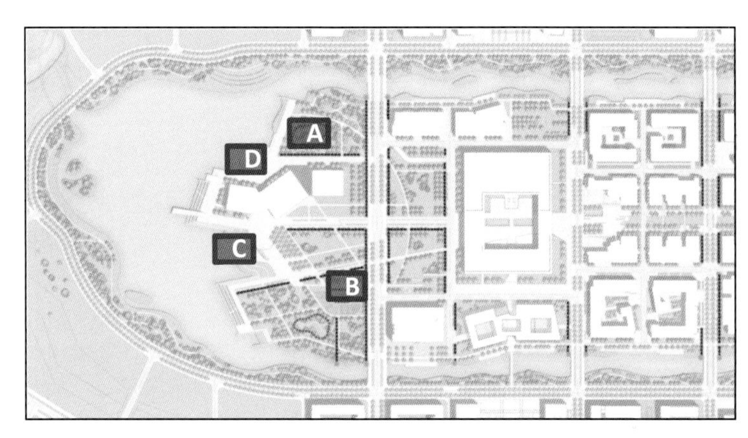

图 5-1-27　北洋园校区 4 种典型下凹绿地位置

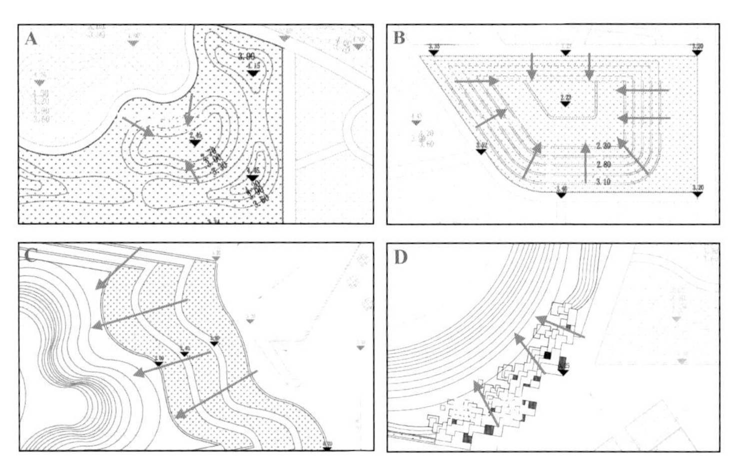

图 5-1-28　4 种下凹绿地类型

A—自然缓坡式下凹绿地　　B—台地式下凹绿地

C—阶梯式绿地 1　　D—阶梯式绿地 2

图 5-1-29 自然缓坡式下凹绿地实景照片

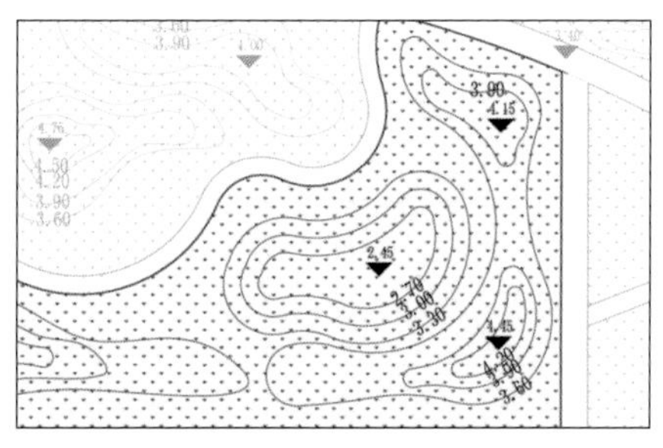

图 5-1-30 自然缓坡式下凹绿地平面图

图 5-1-31 台地式下凹绿地实景照片 1

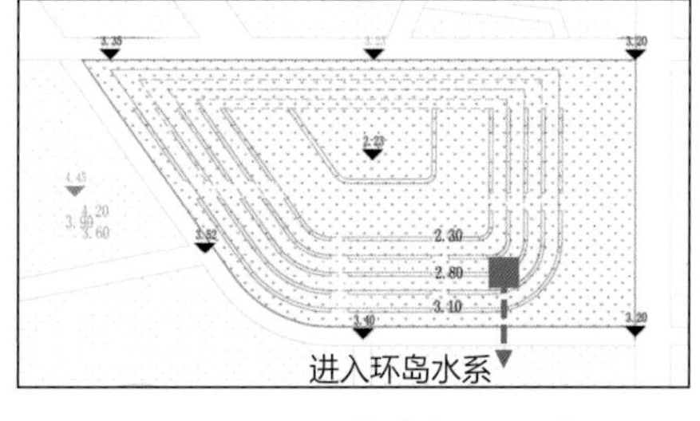

图 5-1-33 台地式下凹绿地平面图

图 5-1-32 台地式下凹绿地实景照片 2

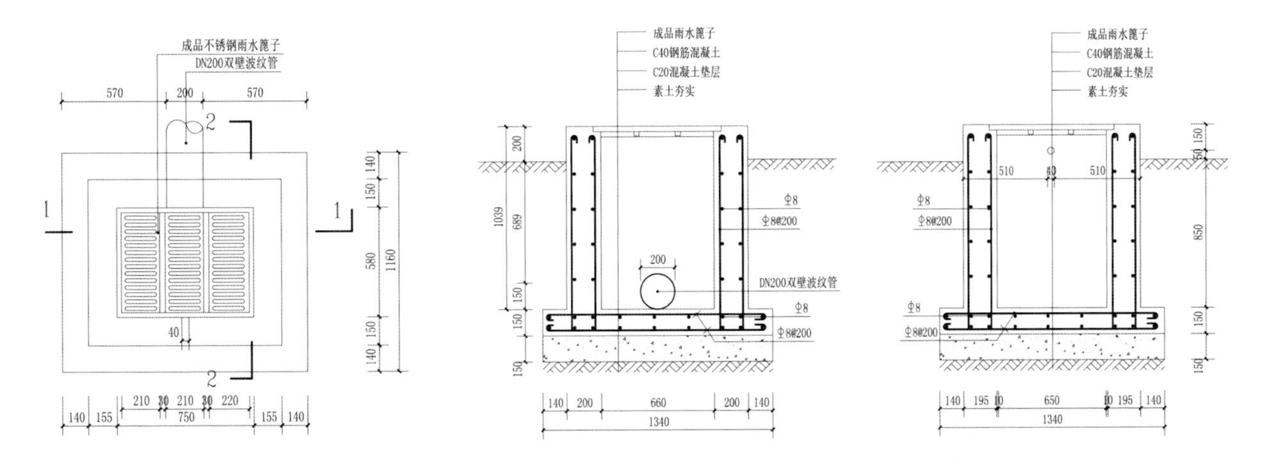

图 5-1-34 台地式下凹绿地滞留井构造做法（组图）

图 5-1-35 阶梯式绿地 1 实景照片 1

图 5-1-36　阶梯式绿地 1 实景照片（组图）

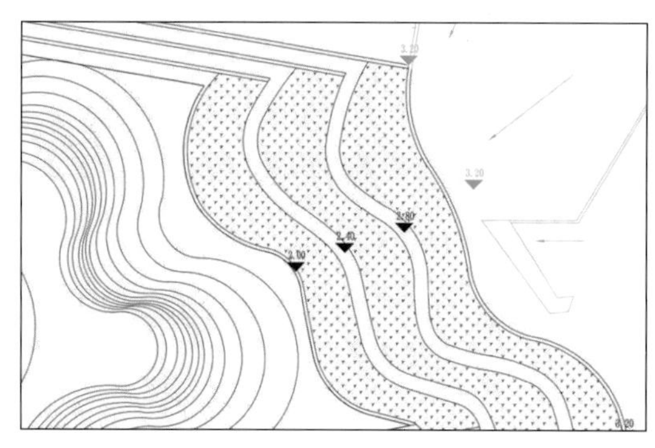

图 5-1-37　阶梯式绿地 1 平面图

图 5-1-38　阶梯式绿地 2 平面图

图 5-1-39　阶梯式绿地 2 实景照片

图 5-1-40　阶梯式绿地 2 实景照片

3）以管控道路场地径流为目标的植草沟

本项目对中心岛区道路采用植草沟收集雨水和采用传统管网收集雨水这两种方案进行了比选。考虑北洋园校区地下水位较高（1.4 m），且含盐量高，植草沟选择标准传输植草沟形式（植草沟有标准传输植草沟、干植草沟以及湿植草沟3种，见图5-1-41）。植草沟断面宽为0.8 m，高为0.6 m，纵向坡度为0.8‰。传统管网集水方案中雨水管道管径为500～800 mm。

由表5-1-2可知，中心岛采用植草沟集水和使用传统管网集水的两种方案（图5-1-42、图5-1-43）相比，尽管前者投资较高，但可促进雨水下渗，减少下游的排水压力，同时具有沉淀和净化功能，还可获得景观环境、先进科技示范性等附加效益。根据研究，植草沟对雨水中的污染物去除情况为：径流浊度的去除率保持在70%以上；COD、TP的去除率保持在47%～82%，NH_3-N的去除率为25%～74%，重金属Pb的去除率达到80%～90%。因此，北洋园校区中心岛中规划设计了数十条沿路的植草沟（图5-1-44），在对雨洪径流量进行管控的同时，初步过滤

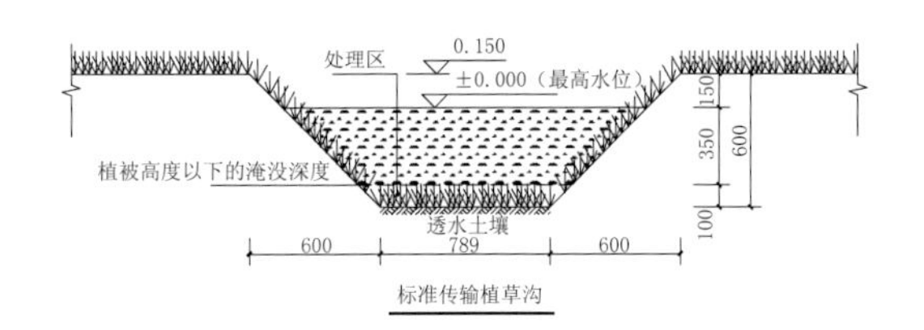

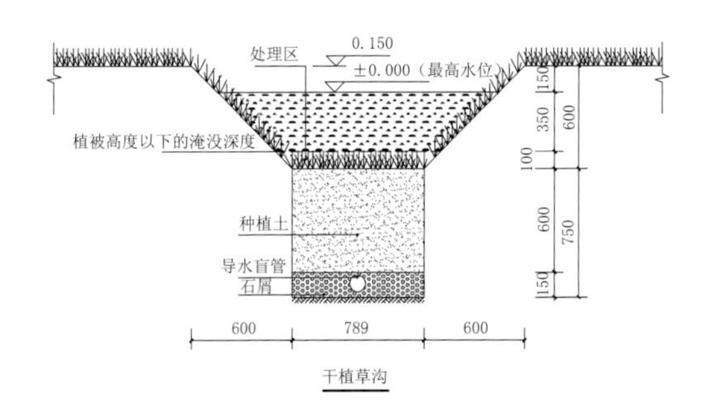

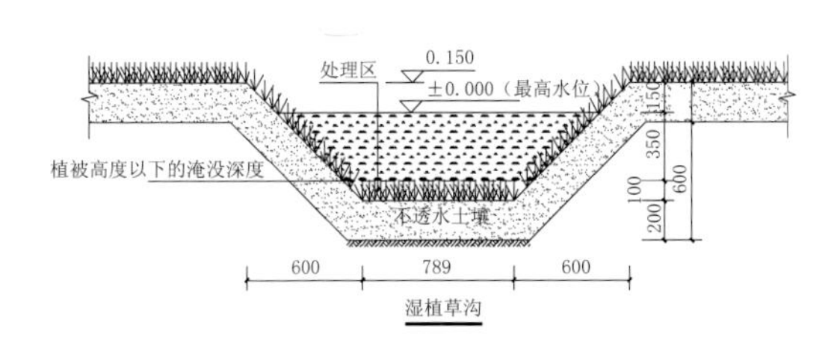

图5-1-41 植草沟的3种典型类型

表5-1-2 两种集水方案比较

	方案一：植草沟集水	方案二：传统管网集水
投资	较高	较低
管理维护	较复杂	简单
雨洪管理作用	具有渗、蓄、排的作用	排水
净水能力	较好	无
综合效益	科研教育意义、社会效益显著	一般

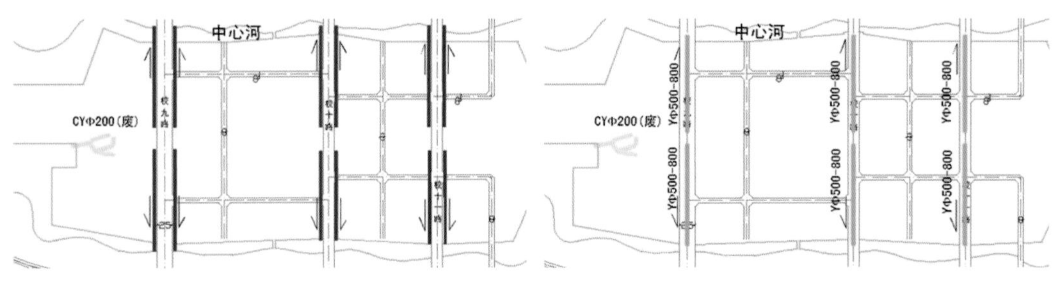

图5-1-42 植草沟方案
图5-1-43 传统管网方案

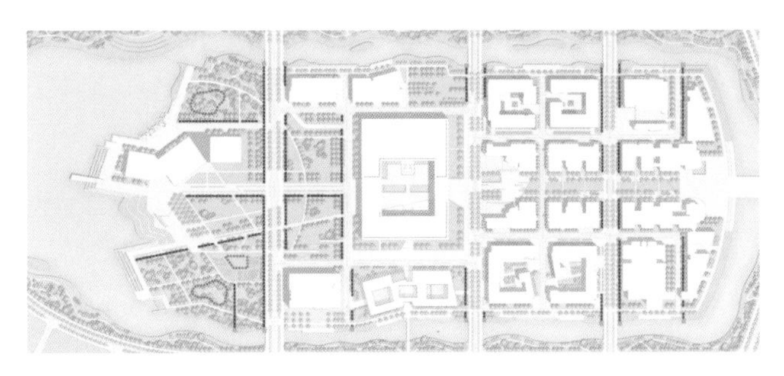

图 5-1-44　植草沟分布示意

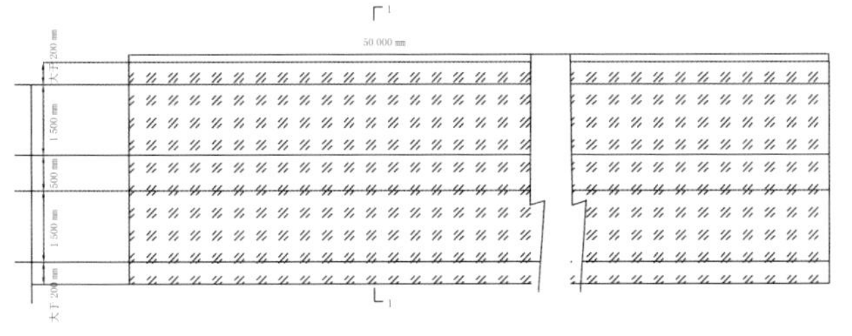

图 5-1-45 植草沟施工平面图

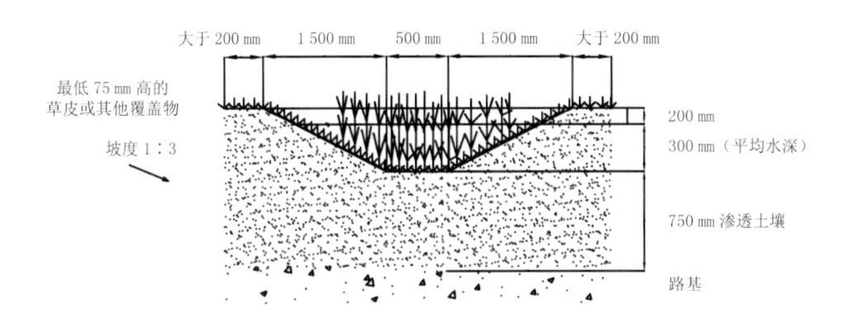

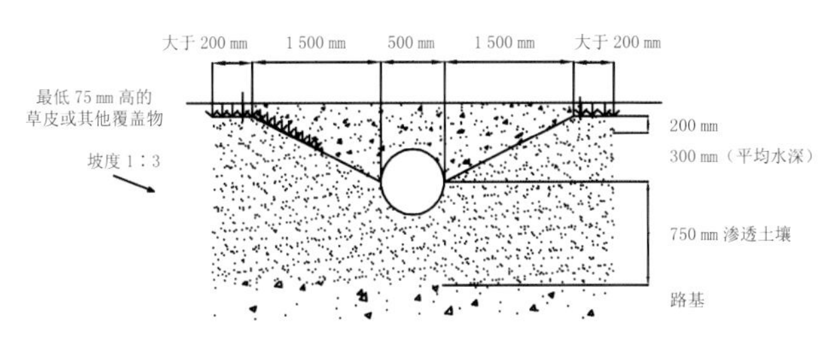

图 5-1-46 植草沟施工断面图(组图)

净化雨水径流。植草沟施工图纸及实景见图 5-1-45 ～图 5-1-48。

综上所述，3 个排水分区、3 种不同的雨洪管理策略有机地形成了天津大学北洋园校区雨洪管理系统相互补充、互为依存的 3 个层级，为校区提供三重保障（图 5-1-49）。第一重保障是从源头削减校区雨水径流的低影响开发措施，以中心岛 LID 调蓄区采用的绿色屋顶、下凹绿地、植草沟以及透水铺装等为代表。岛内采用慢行交通系统，实现了透水铺装 85.8% 的覆盖率，将路面的综合径流系数由 0.9 降至 0.5。第二重保障是校园内包括中心湖、中心河、溢流湖以及龙园湿地在内的规划水面，它们具有很强的调蓄能力。经计算，校区内景观水面的调蓄量可达到 15.5 万 m^3。第三重保障是园区内完备的排水条件。以北洋园校区雨水全部外排的最不利情况为前提，在校园东侧规划雨水提升泵站 1 座。中环综合集雨区通过管道收集的雨水经园区内预留的两根 DN2600 雨水管直接接入雨水泵站。中心岛过量的雨水径流则先进入环岛水系，超过溢流水位后经溢流管进入溢流

图 5-1-47 植草沟施工过程照片

图 5-1-48　北洋园校区植草沟实景照片

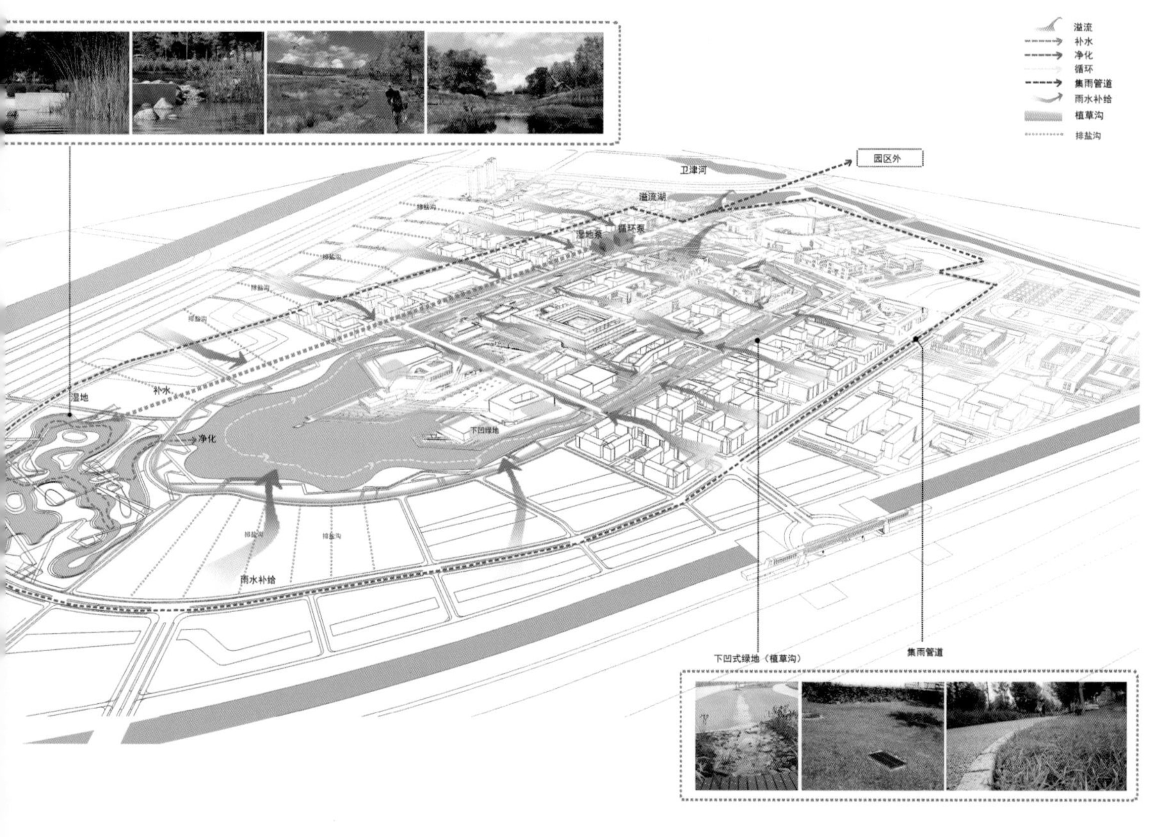

图 5-1-49　天津大学北洋园校区生态雨洪管理分析图

湖，最终通过预留的雨水管道进入雨水泵站。东侧的雨水泵站与校外环河连通，其作为城市级别的行洪河道，具有较强的纳洪、排洪能力，保障强降雨条件下校区雨洪顺利外排（图 5-1-50）。北洋园校区逐月排水量与再生水需求量对比见图 5-1-51，逐月汇入景观水体的雨水量与景观补水需水量对比见图 5-1-52。

4. 校园污水净化利用系统

北洋园校区内设有中水处理站，生活污水进入调节池、水解酸化池、速分生化池，并进行混凝沉淀、机械过滤、紫外线消毒等过程，然后进入人工潜流湿地以及龙园景观表流湿地进行再次净化，净化后的水体排入景观湖，用于景观湖的补水和作为绿化用水。当中心湖水质出现问题时，也可进入龙园湿地水系循环系统进行水质提升。

由此可见，天津大学北洋园校区雨洪管理系统结合用地规划和功能布局，巧妙地实现了低影响开发雨水系统、城市雨水管渠系统及超标雨水径流排放系统的统筹，并实现生活污水的净化再利用，与《指南》中有关海绵城市建设途径的论述完全符合。

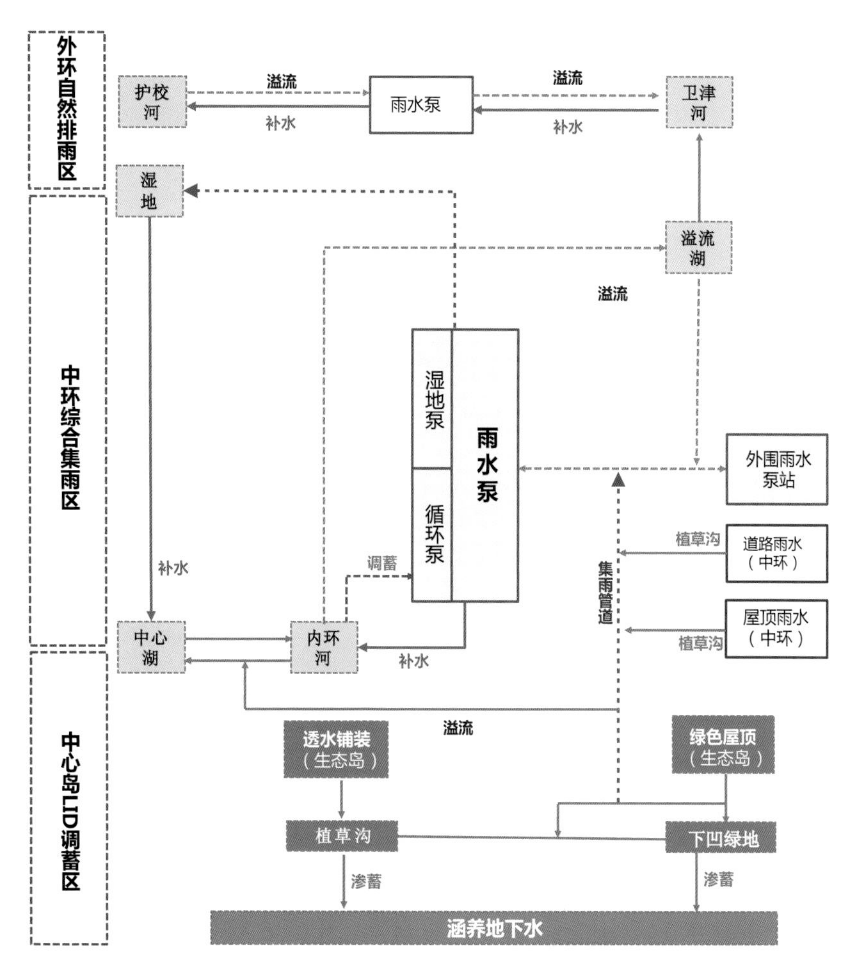

图 5-1-50　北洋园校区水系统循环原理示意

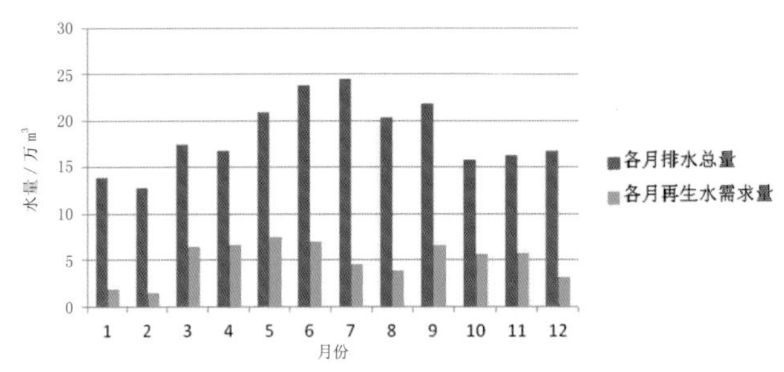

图 5-1-51 北洋园校区逐月排水量与再生水需求量对比

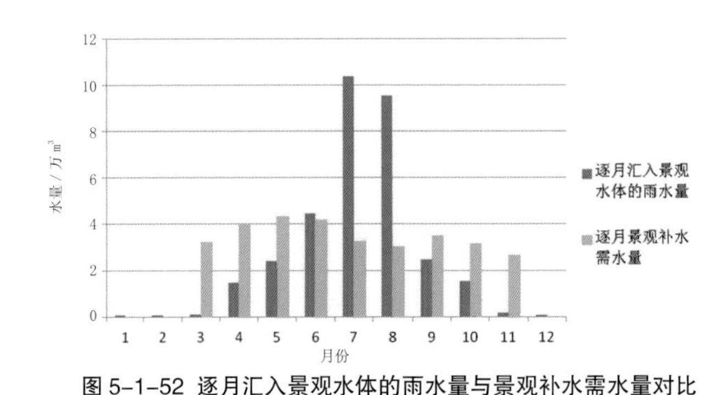

图 5-1-52 逐月汇入景观水体的雨水量与景观补水需水量对比

5.1.2.2 创造宜人的景观感受

“双环双湖”的水景观不仅在绿色校园的雨洪管理方面承担着重要的角色，而且是校园景观营造的核心，既可作为“基因传承”的亮点烘托出深厚的人文气氛，也可以水岸为依托满足师生的使用需求。

中心河环绕中心岛，充分利用滨水岸线满足学生日常活动交流的需求，彰显学生公共活动组团开放自由的景观气质。中心河内侧驳岸采用硬质与软质相结合的形式，硬质驳岸满足亲水需求，软质驳岸以舒缓的草坡景观呈现，同时起到雨水净化、入流径流的作用，一定程度上缓解面源污染。亲水平台起承转合的形式依据周边建筑的形式进行设计，强调与周边环境的有机融合。一些区域在平台上还设置了树池，方便学生在夏日避暑。竖向设计中，路面与亲水平台间高差约 1.5 m，以台地形式过渡。台阶适当放宽（600 mm×200 mm），尺度宜人，可停可行，满足通行功能的同时可为学生的活动交往提供场所空间。中心河外侧驳岸以软质草坡入水形式为主，坡上种植乔灌木，步行小路蜿蜒贯通于其中，给人以亲近自然的宁适感。

驳岸上的绿化种植特别注重对西沽校区、卫津路校区景观氛围的再现。1902 年，北洋大学堂迁往西沽武器库旧址，师生共同沿北运河种植了大量桃柳树。据民国《天津志 • 城郭》一节中记述：“天津西沽村北洋大学校长堤，遍树桃花，每当春晴晓日，往游者有山阴道应接不暇之势。”桃花堤不仅时至今日仍为观春赏桃的胜地，更是北洋学子心中的标志景观。它是天大历史的见证者，亦成为天大的一个文化符号，“花堤蔼蔼，北运滔滔……”。天津大学卫津路校区则以海棠花为特色景观。每年春天，700 余株海棠同时盛开，可谓“飘粉流丹，香沁十里”，“天大·海棠季”校园开放日活动成为天津大学的特色活动。因此，北洋园校区景观规划设计结合自然条件和场地特点，为重新搭接起“桃花”与“天大人”的纽带，溯桃花之源，在中心河外侧驳岸南面集中种植桃树，选择了红碧桃、白碧桃、山桃、菊花桃、粉碧桃等十几个品种，主题性植物丰富多样。与之相对，中心河外侧驳岸北面种植不同品种的海棠树数百棵，打造海棠堤，对卫津路校区早春 4 月的景观进行还原，树种选择包括西府海棠、贴梗海棠、木瓜海棠、垂丝海棠、红宝石海棠、八棱海棠等。由此，中心河南北两岸形成对景关系，创造出历史对话与视线对景的趣味景观（图 5-1-53 和图 5-1-54）。

图 5-1-53 中心河景观效果图

图 5-1-54 中心河实景照片

外环河长约6.5km，河岸开阔，水质良好，两侧驳岸自然质朴，水生植物长势良好。河内大面积的芦苇、水葱具有一定净水固土作用，两侧近60m宽的缓坡绿化带可拦截入流径流中的污染物，尤其是对初期雨水具有净化作用，能够有效减少入河污染物总量。一条校园外环线步道沿外环河蜿蜒展开，沿途设置6处驿站，供师生停留观景游憩，提供更多休闲活动空间。6处驿站以中国传统六艺为主题（图5-1-55），形成君子六艺主题园（图5-1-56、图5-1-57）。

六艺是中国古代君子的六门必修课，其内容包括五礼、六乐、五射、五御、六书、九数。在我国古代，六艺教育的实施是根据学生年龄大小和课程深浅循序渐进进行的，并且有小艺与大艺之分，书、数为小艺，礼、乐、射、御为大艺，系高级课程。天津大学非常注重对学生综合素质的培养，而这正可被视为现代君子品性的培养，因此六园以儒家经典《周礼》中的“君子六艺”为主题展开设计，并通过各园的平面布局隐喻六艺内涵，用现代景观手法来诠释中国传统园林之韵味。

（1）礼园呈对称布局，结合景石与休闲座椅的设置，调节空间层次。

（2）射园用生动朝气的景观、小品体现动态之美，并配有秋季观花、观叶树种，形成特色植物景观。

（3）书园由趣味绿篱和以六书为主题的主题雕塑组成，空间活泼，富于变化。

（4）乐园则以硬质铺装的设计营造出疏密有致、似音符般舒缓与跳跃相间的空间氛围。

（5）数园的景观设计以规则几何形态为母题，营造具有趣味性和公众参与性的景观空间。

（6）御园设计用碾压车轮的抽象雕塑表达具象含义。外层平缓用地内种植彩色地被，丰富游览体验。

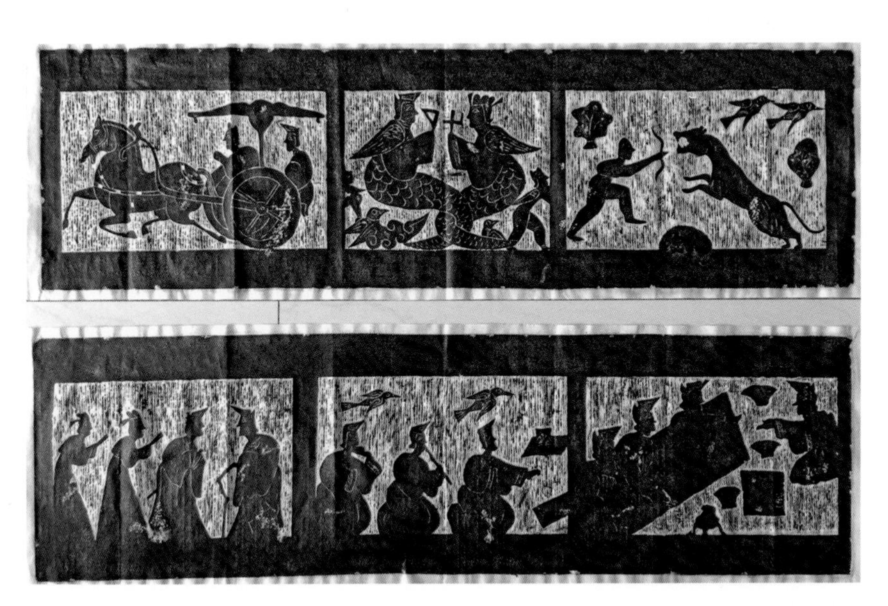

图5-1-55 孔子六艺图碑拓

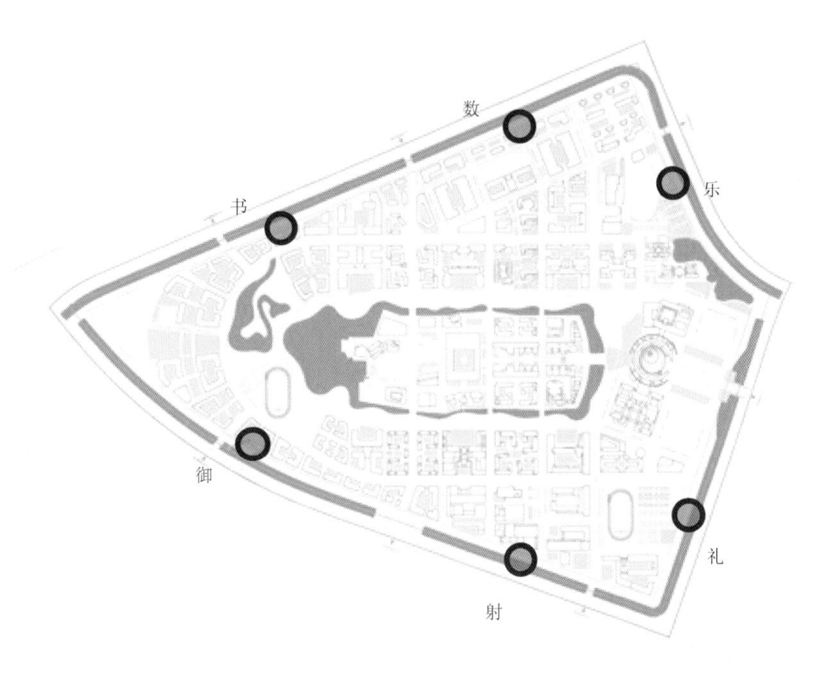

图 5-1-56　外环河沿途六艺主题园平面布局

图 5-1-57　六艺园效果图（组图）

5.1.2.3 满足多重功能需求

如前文所述，天津大学北洋园校区景观规划设计非常强调功能、生态与审美的多元素融合，主要体现在雨洪管理和使用与审美需求的融合以及雨洪管理与盐碱土改良功能的融合。

1. 雨洪管理和使用与审美需求的融合

根据不同分区景观形象定位的差异，生态化雨洪管理措施的处理手法也各有不同。

中轴核心景观区空间突出严谨、秩序、开敞、简洁的氛围（图 5-1-58），即轴线两侧教学楼前各留出约 5 m 宽的绿化带，用来种植乔灌木，两侧绿化之外各留出 5 m 宽的通道，方便学生通行；通道包围的中心部分设大草坪，宽约 20 m，绿地之中设置必要的人流通道，边缘设有一些树池和座椅组合，方便学生休息和交流。整个轴线空间呈现出典雅清新、开敞疏朗的气质。平坦的草坪保障了中轴线上良好的景观视野，突出了轴线上的主要建筑——图书馆。5 m 宽的通道两侧则以强调轴线秩序感和节奏感为目的，南北各种植两排树形高大优美的银杏，在夏季提供遮阴空间。在竖向处理上，集中的绿地轻缓起伏，微小的下凹在不经意间起到了“渗”“滞”的雨洪管理作用。而轴线东端北洋园的硬质跌水景观水池则兼顾了“蓄”与“用”的双重目标。

青年湖学生活动区以向学生提供户外休憩、活动场地为主要目标，规划设计音乐下沉广场和太雷广场。音乐下沉广场由一片下沉绿地和绿地中条石与绿篱共同构成。绿地设计标高低于周围环境 1 m 左右，四周由高 0.45 m 的条石与绿篱相间围合，围出下沉式的休闲活动空间。该广场既可举办小型聚会活动，也可作为户外演艺场所，条石可用作看台、座凳，绿篱穿插于条石间柔化线条，营造完美的线性美感。雨季，该场地可容纳四周汇集而来的雨水径流，既可作为东侧路边植草沟的终端，收集道路径流，亦可通过溢流口与大区域的市政管网相接。溢流口高出绿地底标高 0.2 m，仅当下凹绿地内积水深度超过 0.2 m 时，才会发生溢流。太雷广场（图 5-1-59、图 5-1-60）位于大学生活动中心前，为保障人流聚集和疏散的安全性，广场大面积采用透水混凝土铺地，并规划设计树阵，树池采用填满鹅卵石的浅坑形式，在丰富景观空间的同时兼具储水、滞水作用。此外，太雷广场西侧与青年湖衔接处的亲水平台采用了两种阶梯绿地形式，在满足亲水需求的同时对入湖径流进行净化。

北洋园校区主要用雨水和中水作为景观水水源，利用二期建设用地，规划设计了人工潜流湿地和龙园景观表流湿地（图 5-1-61），将中水站初次净化后的水体进行再次处理。雨水中的污染物和有机质经湿地沉淀过滤和分解吸收，净化后补充中心岛区景观水体，保持景观水位以及作为绿化用水。同时，该湿地也是北洋园校区蓄滞防洪的重要组成部分，其蓄水量可达到 33 589 m^3。龙园人工湿地（图 5-1-62）不仅是北洋园校区水体净化和生态设计的核心，还是生态湿地景观设施与水生植物造景的有机结合。湿地景观自然，蜿蜒的水岸线延长了水流路径，增加了水体与植物的接触时间，有效提高了净化效率。而丰富多变的地形则塑造出溪流、浅滩、沼泽、岛等不同的生境类型，结合大量乡土的水生、湿生和陆生植物的种植，为校园增添了生机盎然的生态景观，成为校园内亲近自然的绝佳场所，也为学生的课余活动提供了新的选择。

图 5-1-58　中心核心景观区效果图

图 5-1-59　太雷广场实景照片

图 5-1-60 学生活动区鸟瞰效果图

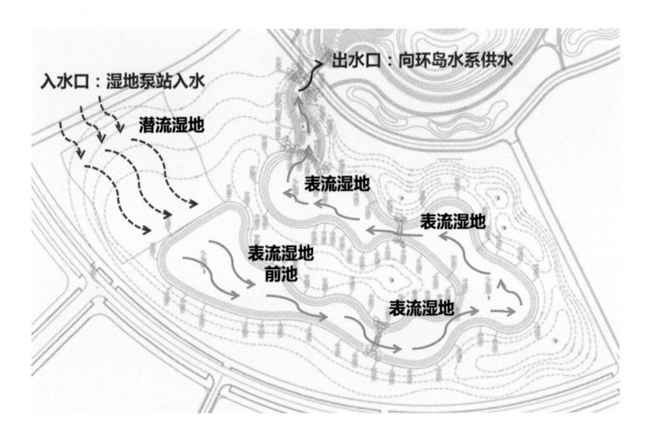

图 5-1-61　人工湿地分析

图 5-1-62　龙园人工湿地断面示意（组图）

2. 雨洪管理与盐碱地土壤改良的融合

天津大学北洋园校区所在的天津市津南区为重盐碱地区，土壤 pH 值大于 8.5，全盐量大于 0.5%。项目充分利用雨洪管理措施对雨水产汇流过程的影响，在北洋园校区西侧约 60 hm^2 的二期用地范围内，采用“高填土 + 沥水沟”相配合的方式排盐，降低土壤盐碱度，打造校园的苗圃和果林区，并保障外环自然排雨区无管网布设情况下的雨洪安全。沥水沟是一种径流输送技术，沟深 1.5 m，沟壁、沟底由毛石砌护，用透水（砂浆）深勾缝，透水性好。伴随降雨过程，雨水入渗，随后携带盐碱成分沥出，排入明沟（图 5-1-63 和图 5-1-64）。

乔（果）木栽植区的土壤改良方案为：将现有厚 100 cm 的表层土起出后，在就近场地堆积，每平方米使用 8 kg 盐碱地专用改良肥，加 30 cm 厚酸性山皮砂、15 cm 厚腐熟牛粪，之后掺拌均匀。将掺拌后的土方进行摊铺至设计要求的标高。栽植时果木树穴内土壤需进一步改良，腐熟牛粪 : 河砂 : 草炭土 =4:2:1（体积比），参考用腐熟牛粪 0.18 m^3/ 穴，山皮砂 0.18 m^3/ 穴，草炭土 0.18 m^3/ 穴。

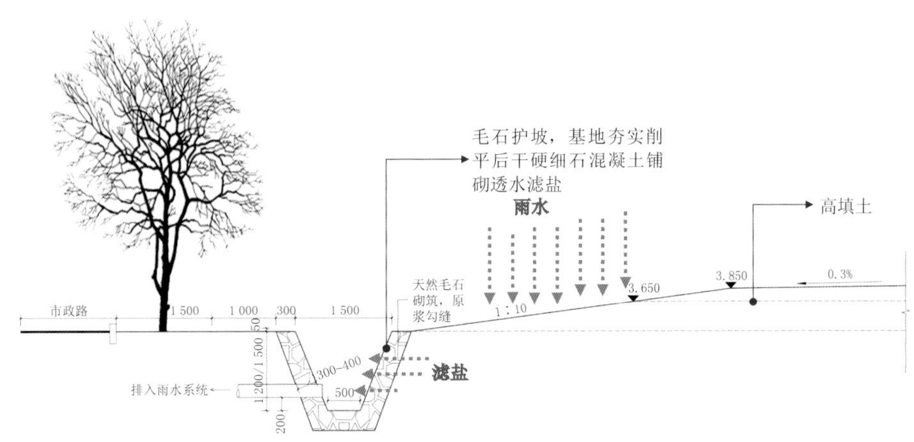

图 5-1-63　砌毛石排盐沟断面图与排盐作用原理

灌木栽植区的土壤改良方案为：将现有厚 60 cm 表层土起出后，在就近场地堆积，每平方米使用 8 kg 盐碱地专用改良肥、20 cm 厚酸性山皮砂、10 cm 厚腐熟牛粪掺拌均匀。将掺拌后的土方进行摊铺至设计要求的标高。栽植时对灌木树穴内土壤进一步改良，种植土：腐熟牛粪：河砂：草炭土 =5：2：2：1（体积比）。地被及宿根花卉种植区的土壤改良方法为每平方米土壤上施 5 cm 厚腐熟牛粪、5 cm 厚草炭土，掺拌均匀。

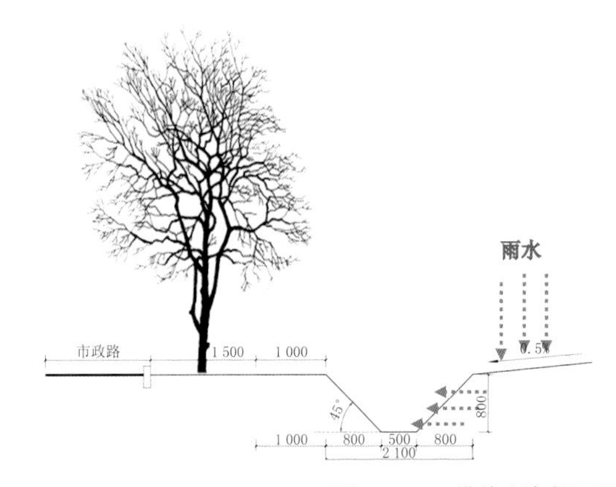

图 5-1-64　排盐土沟断面图

抬高地坪有利于降低现状土中盐碱成分对植物生长的影响，山皮砂、牛粪等不仅有助于提高土壤肥力，保障苗圃区苹果树、桃树、山楂树等苗木的成活率，而且可以明显改善现状土质的渗透性，提高雨水下渗率，促使排盐碱效能的充分发挥。项目采用沥水沟，利用降雨实现滤盐洗盐的目标，不仅洗盐效果好，返盐率低，而且兼顾了该片区的雨洪管理，多目标集合特性显著。排盐沟实景和做法见图 5-1-65 ～图 5-1-67。

图 5-1-65　苗圃中的排盐沟

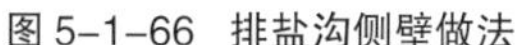

图 5-1-66 排盐沟侧壁做法

图 5-1-67 排盐沟砌筑过程

5.1.2.4 多专业综合的景观规划设计方法

天津大学北洋园校区景观工程在方案构思设计阶段，充分强调与总体规划的结合，一方面延续总体规划“一个中心、三个融合”的思想，将天津大学文脉基因延续的设计理念落实到具体的景观方案细节中去；另一方面分析和挖掘总体规划布局的特点和优势，巧妙利用水网关系、水系与用地的关系，搭建生态健康、高效绿色的校园环境，特别是“自然做功”的雨洪管理系统。

在方案深化设计阶段，设计团队注重设计方案的落地性和设计细节的合理性，与编制北洋园校区水资源综合利用专项规划的团队充分沟通交流，提出适合不同功能区的景观化雨洪管理措施，并进一步就其功能有效性与环境工程、水文工程、水利工程方面的专家展开深入细致的讨论，对方案的可行性进行定性、定量的论证。经过北洋园校区规划集雨区可产流量计算、规划集雨区可利用雨水径流量与景观补水需求量对比、水资源系统水量平衡分析、河湖水系调蓄能力计算后，设计团队对校区低影响开发雨洪管理措施的功能、规模以及形式进行核准，确定最终方案。

例如在化工组团海绵景观方案深化设计中，整体景观设计立足于建设“综合性、研究型、开放式、国际化的世界一流专业”为目标，提炼校园典型景观元素，营造促进学术交流与人际交往的氛围。化工组团绿地景观设计见图 5-1-68 和图 5-1-69。设计结合区域特点，充分考虑功能分区、交通组织、环境与建筑围合的空间形式，为师生提供交流、休憩、休闲的场所，利用景观小品、绿植围合休闲空间，提供具备多重功能的环境，提升区域活力。设计运用生态技术手段，将水资源耗用、土地资源耗用、能量资源耗用和对环境的污染降低到最低限度；将下凹绿地、生态植草沟的技术手段结合功能运用进行景

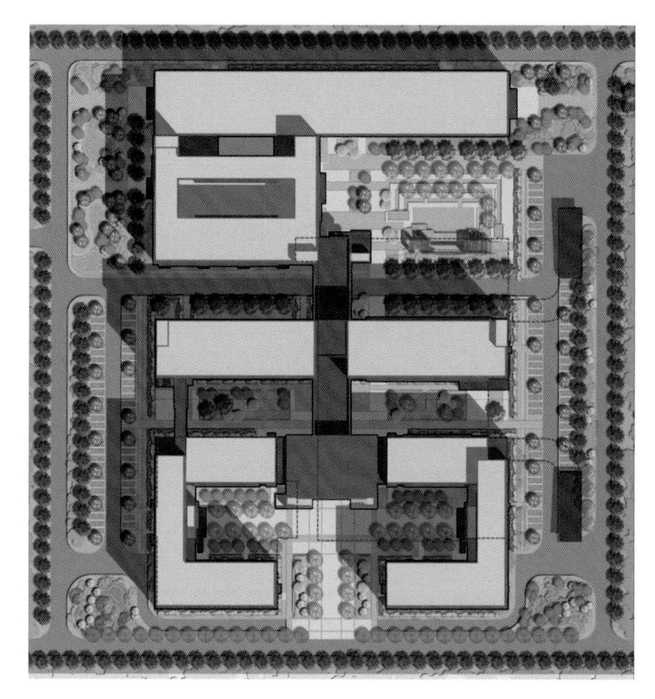

图 5-1-68 化工组团绿地景观设计总平面图

观化处理，创造兼具参与性、多样性、时尚性、趣味性的空间环境（图 5-1-70 ～图 5-1-72），从而营造出高效、低耗、无废、无污染、可持续发展的景观空间。

图 5-1-69　化工组团中心绿地景观效果图

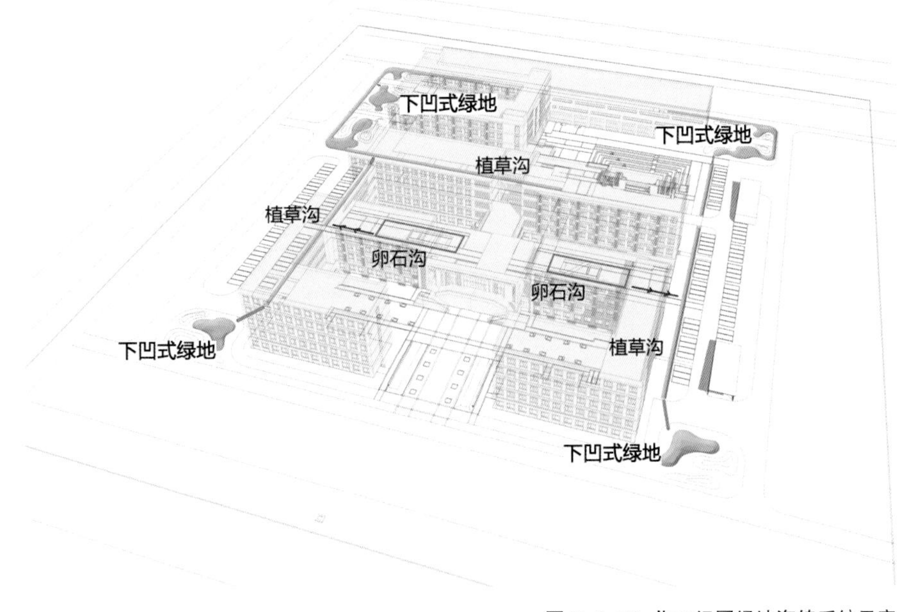

图 5-1-70　化工组团绿地海绵系统示意

图 5-1-71 化工组团海绵绿地施工结构示意（组图）

图 5-1-72 化工组团海绵绿地局部效果图（组图）

5.1.3 案例总结

天津大学北洋园校区景观工程是海绵城市建设理念和方法系统、全面应用的一个典型案例，建成后效果见图5-1-73～图5-1-79。该案例秉承“安全管理为首，资源利用为继”的雨洪管理策略，以总体规划为基础，构建了多层级分区的雨洪管理系统宏观框架，在此基础上，充分考虑不同分区的场地条件、功能定位及景观氛围，提出了针对各分区具体情况的低影响开发措施，并与现状及规划河湖水系紧密联系，与市政管网、溢流系统密切配合，由此搭建起一套完整高效、生态绿

图5-1-73 北洋园校区实景照片1

色的校园海绵系统。景观设计团队在海绵系统的景观表达上，注重与百年老校文化基因相融合，与新时期校园使用需求相契合，兼顾文脉延续与生态可持续。该案例很好地诠释了《指南》中海绵城市建设“规划引领、生态优先、安全为重、因地制宜、统筹建设”的 5 项基本原则及建设途径，为海绵试点城市建设，特别是新城区建设提供了有价值的借鉴。

图 5-1-74 北洋园校区实景照片 2

图 5-1-75 北洋园校区实景照片 3

图 5-1-76　北洋园校区实景照片 4（组图）
（上图来源：北洋光影；下图来源：韩宝志拍摄）

图 5-1-77 北洋园校区实景照片 5（组图）

图 5-1-78 北洋园校区实景照片 6（组图）

图 5-1-79　北洋园校区实景照片 7（组图）

5.2 天津大学老校区海绵景观设计改造方案

5.2.1 天津大学老校区北洋广场景观改造

天津大学卫津路校区的北洋广场是校园东门的入口广场，于 1984 年国庆前夕投入使用。最初广场的设计理念是结合绿地、园林小品、雕塑等元素的开放型喷泉广场，主要功能是满足师生游览、读书和集会的需求。在此前提下，广场以大型喷水池为中心，形成了结合灌草种植、大面积铺装的规则的开敞布局。水面、绿地的面积与水泥花砖铺地的面积各占一半，以保证较大的人流容量。植物种植以大面积的野牛草草坪、桧柏绿带以及黄杨与月季圆盘为主，强调整体感和规则的构图美感（图 5-2-1）。

随着师生对校园绿地认识的不断加深、使用需求的日渐多元以及审美方式的改变，对北洋广场的设计改造，除了满足最初游览、读书、集会的功能，更是加入了不同尺度的空间组合，以及传承展示校园文脉、改善生态环境等的功能诉求，不再追求大面积广场，而是强调人性化的景观氛围和宜人的空间尺度。

特别是在海绵校园建设过程中，北洋广场是校园中硬化面积较为集中的区域，设计团队通过设置下沉式绿地、自然种植与规则种植相结合的方式（图 5-2-2），将广场周边和道路的径流汇集到绿地中，减少了校园东门及其周边的雨洪压力。此外，种植形式的变化打破了原来严肃规则的构图模式，使得入口空间的氛围变得自然活泼，体现出具有青春活力的当代校园风貌（图 5-2-3）。除了植物景观的改造，水景观的设计中也加入了对校园文脉的展示。水带环绕广场四周，在广场绿地两侧的 8 个涌泉节点上分别设置石板雕刻，展示学校的发展历程。潜流湿地和涌泉景观（图 5-2-4 ～图 5-2-6）不仅与原有的大喷泉产生呼应，而且盘活了整个场地的水循环，为雨水资源的再利用提供可能（图 5-2-7 ～图 5-2-10）。

图 5-2-1 北洋广场老照片

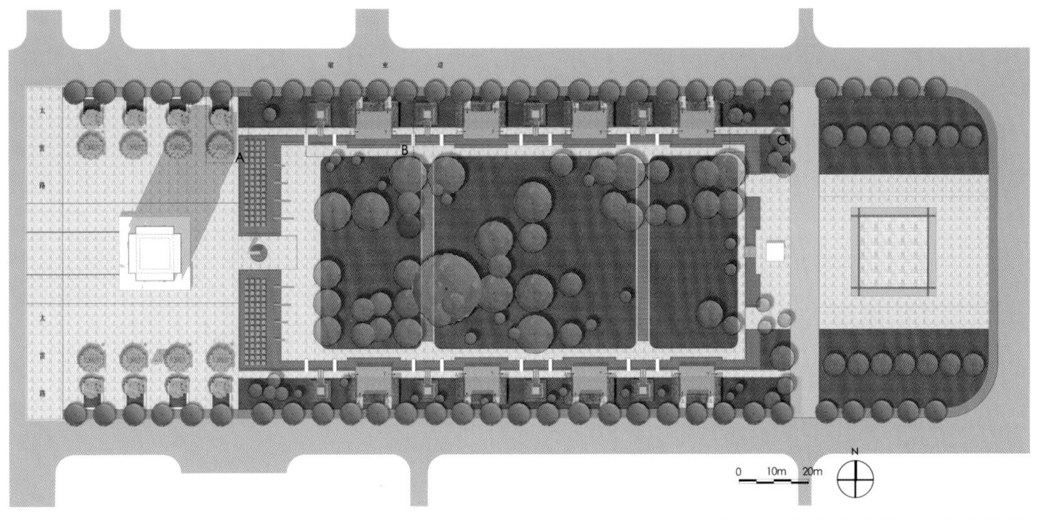

图 5-2-2　北洋广场中心绿地平面图

图 5-2-3　北洋广场景观效果图（组图）

图 5-2-4　潜流湿地雕塑小品效果图（组图）

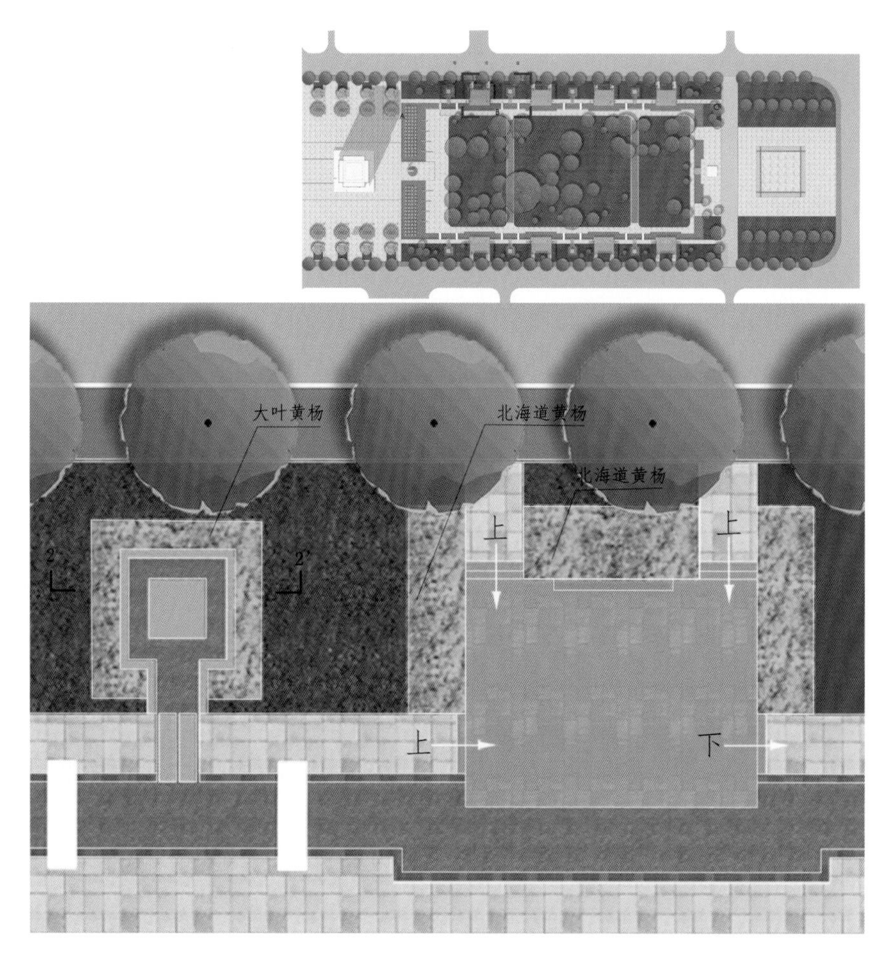

图 5-2-5 北洋广场潜流湿地标准段 B 平面图（1：100）

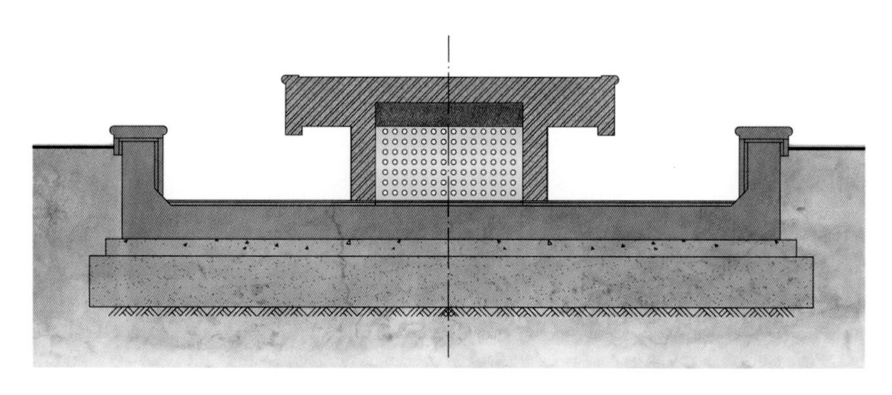

图 5-2-6 潜流湿地雕塑小品剖面图（1：20）

图 5-2-7　潜流湿地透视效果图

图 5-2-8　潜流湿地人视效果图

图 5-2-9 北洋广场实景照片 1（组图）

图 5-2-10 北洋广场实景照片 2（组图）

5.2.2 天津大学老校区建筑环境实验舱景观基地

5.2.2.1 案例介绍

天津大学建筑空间环境实验舱位于天津大学西门外，建筑用地面积为3780㎡，建筑面积为1588.16㎡，建筑占地面积为1068.21㎡。该建筑作为绿色建筑智能化评估监测对象，用于建筑空间、能耗、舒适度三者的耦合影响机理研究，探究各项空间要素对主观热感受的影响。建筑室内分为南北两部分空间，其中南侧为24 m×24 m×9 m的实验区，用于定量研究建筑空间要素对人体主观感受的影响。建筑升降顶板、移动式脚手架隔墙的设计以及地源热泵等设备的安装，使实验舱的空间要素和环境物理参数可根据实验要求进行变化，有利于开展空间尺度、空间界面、空间光照度等建筑空间要素对人体主观感受产生影响的实验。舱体北侧为声学、光学实验室以及办公等其他辅助功能空间。

建筑空间环境实验舱不仅为绿色建筑研究提供监测、实验平台，而且其本身也是一栋绿色建筑，应用了多项先进的绿色建筑技术，主要表现在：①采用新型能源系统——地源热泵，在夏季可为建筑免费供冷；②为节约能源，采用地板辐射的末端供冷、供热方式。根据中华人民共和国住房和城乡建设部颁布的《绿色建筑评价标准》，除了节能与能源利用外，节水与水资源利用也是绿色建筑评价标准的重要内容之一。因此，合理使用非传统水源，将雨水资源利用与景观设计相结合，成为建筑空间环境实验舱景观设计的基本出发点。

建筑空间环境实验舱所在地原为学校存放煤、建筑材料等的闲置地，地形平整，西面略高于东侧。该地块水文环境简单，西、北、南三面围墙使降雨时外围场地产流无法汇入，而是直接绕过该地块流向下游。场地现状地表具有一定下渗能力，雨季地表产流量有限，且由于场地内很少有人员活动，故一直未建市政排水系统。但是实验舱建成后，场地的硬质化率大幅提高，建筑屋顶面积占整个场地的近30%，东西两侧共有16根雨落管接向场地。雨季，屋面径流在短时间内集中向场地汇集，且汇流量较大。实验舱建筑设计效果见图5-2-11，空间分析见图5-2-12。

图5-2-11 实验舱建筑设计效果图

5.2.2.2 构建弹性的海绵系统——净污分管、开源节流

对于非传统水源的回收再利用而言，首要的是回收净化后的水体能够严格满足用水水质要求。因此一方面为了保障回用水水质，另一方面为了合理降低净水设施规模，缩减建设成本，设计团队根据雨水径流的污染程度不同，遵循净污分管的海绵系统规划设计原则，即将道路、停车场径流与建筑屋面径流的收集管理路线分隔，形成屋面集雨系统和道路集雨系统两套系统，彼此独立运行。前者主要对

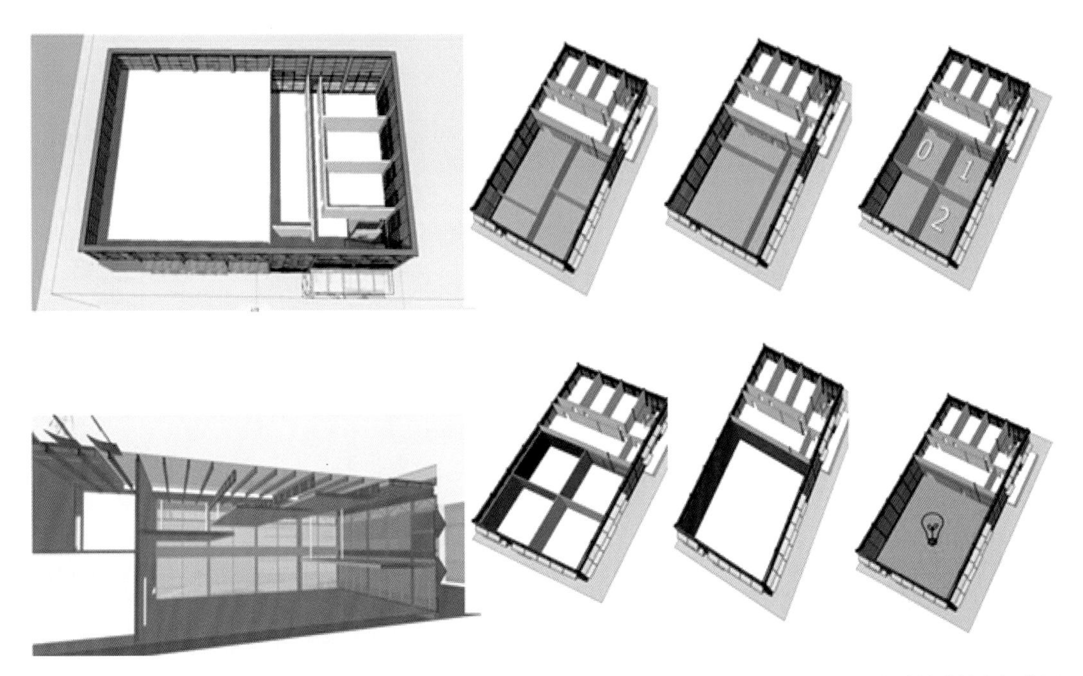

图 5-2-12　实验舱建筑空间分析

通过屋面汇流的雨水进行收集、输送以及过滤等水质处理，之后将雨水存入储水设施以供使用。后者主要对道路、停车场的雨水进行收集、输送、油水分离净化处理，促使径流下渗，补充地下水。

研究表明，与场院、道路或自然坡面等产生的径流相比，屋面雨水径流的污染程度较小，污染物主要为悬浮物和有机物。屋面雨水经常表现出初期冲刷效应，即初期雨水径流中的污染物含量高，但随着降雨的持续、冲刷效应的完成，污染物浓度减小到相对稳定的数值，雨水径流的水质明显提高。据相关资料介绍，初期径流雨水中污染物的含量占降雨径流中总污染物含量的 75% 以上，并且主要集中在一场降雨的前 2 mm 降雨量中。因此，屋面集雨系统的第一环节是初期雨水弃流设施。本项目中，位于雨落管下方、环绕实验舱一周的砾石沟承担上述功能，即一场降雨前 2 ～ 3mm 的屋面径流被截留在砾石沟中约 30% 的孔隙空间中。当砾石沟中水深超过 3mm 时初期弃流结束，径流经砾石沟外侧边壁上的凹槽流入建筑前 9 m×30 m 的雨水花园中。在这个过程中，砾石沟同时兼顾着对屋面径流的缓冲消能作用。

雨水花园由两部分组成，分别是位于中央的复杂型生物滞留池和四周的调节干塘。调节干塘内有若干凸出塘底 20mm 的矩形条石，彼此交错呈鱼骨形布置。屋面径流从砾石沟溢出流入调节干塘后受条石阻隔，以 S 形路线流动，流程得到有效增长，汇集速度明显减缓。这种做法有效增加了径流与干塘中植物茎根的接触时间，悬浮物沉淀、有机物过滤功效明显。位于中央的生物滞留池，其上表面略低于四周干塘表面，是整个雨水花园的最低点。雨水径流穿过干塘后，汇集到生物滞留池中。生物滞留池自上而下由蓄水层（也称植物层，一般深度为 100 ～ 200mm）、种植土层（75 ～ 85 mm）、填料层（800mm）以及砾石层（500mm）组成，其中填料层与砾石层间由透水土工布分隔，砾石层内埋有多孔 PVC 管。填料层中沙子（粒径在 0.05 ～ 2 mm）一般占到 85% ～ 88%，有机物占到 3% ～ 5%，其余则为细料。根据研究，这种组合填料对雨水径流中悬浮物的去除率可达 60% ～ 100%，总磷的平均去除率为 70%，总氮的去除率为 45% ～ 50%，细菌的去除率为70%左右，水质净化效果明显。为尽可能多地将净化后的雨水径流收集起来进行再利用，本项目中生物渗透池的池底及侧壁均用土工膜包裹。过滤净化后，储存在砾石层中的雨水经埋于其中的多孔PVC管传输到下游集中式储水箱中。

集中式储水箱尺寸为10 m× 9 m×0.9 m，埋于地下，四周边壁和底做防渗处理，顶部留有检修井。为对回收径流的水质做进一步提升，水体经砂滤罐进行二次处理后进入储水箱，使箱中储存水体能够达到《城市杂用水水质标准》（GB/T 18920—2002）中有关冲厕水的指标要求。此后，经泵提升，储水箱中水体进入建筑室内的冲厕供水环节和绿化供水环节。

项目中的道路集雨系统简洁清晰，停车场与道路地面雨水经由亚科一体式树脂混凝土排水沟收集后，排至轻油分离器，沉泥去油后再排进PP蓄水模块，做下渗处理，回补地下水。整个场地的海绵设施情况见图5-2-13～图5-2-17）。

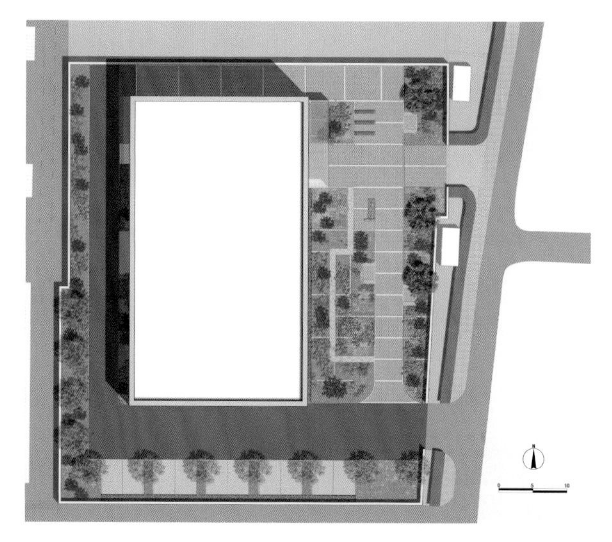

图 5-2-13　总平面图

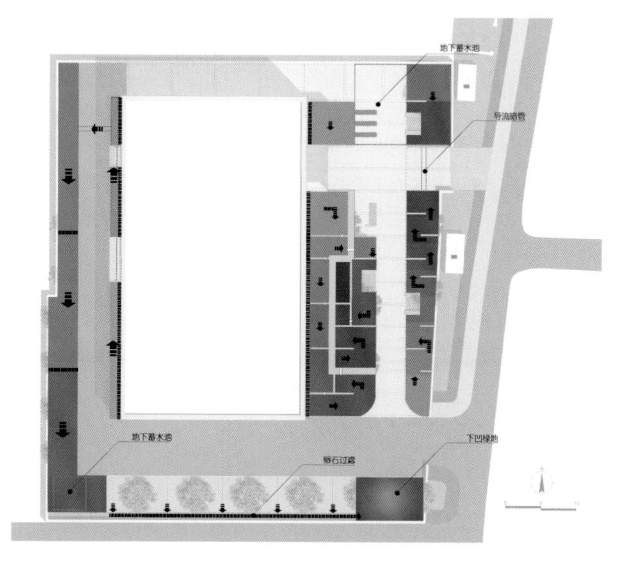

图 5-2-14　场地净污分管系统模式图

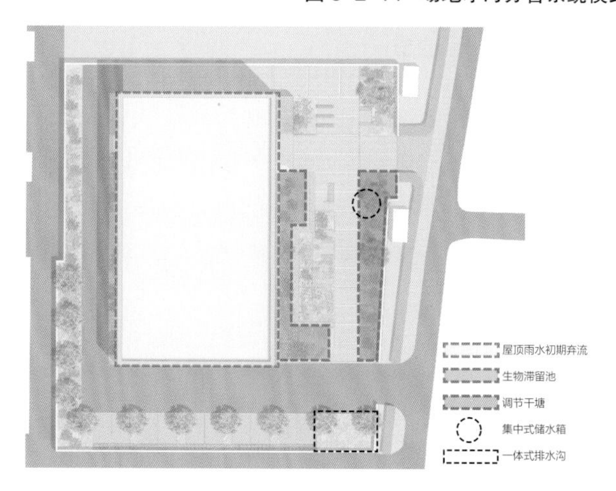

图 5-2-15　场地海绵措施分布图

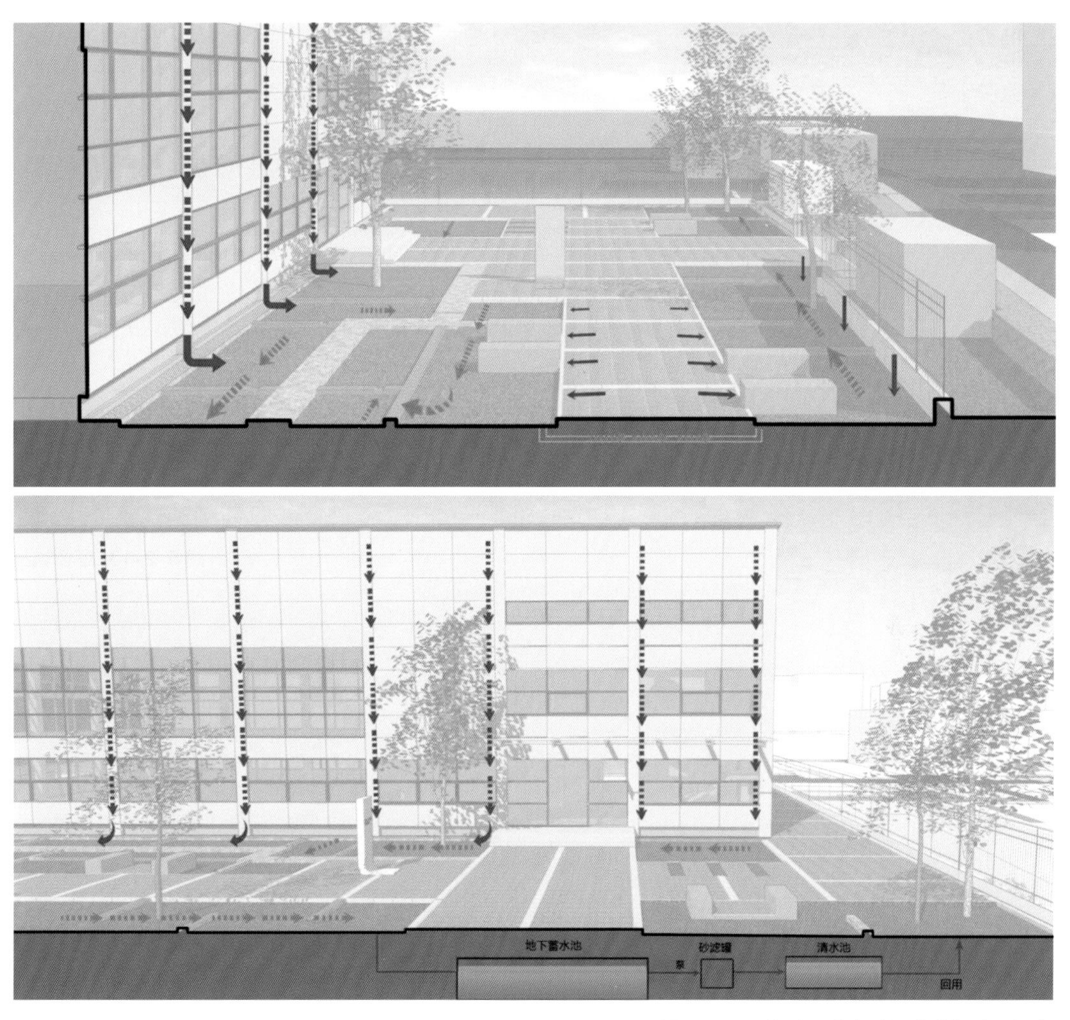

图 5-2-16 场地雨水径流汇水分析（组图）

图 5-2-17 室外排水及雨水管理系统示意（由亚科排水科技有限公司提供）

5.2.2.3 创造宜人的景观感受

实验型的绿色低碳建筑无论简洁的外形还是内部先进的实验平台都呈现出一种现代、智慧的空间氛围。整个场地的景观设计不仅如上文所述运用了丰富的生态技术，实现了绿色建筑节水和水资源再利用的目标，而且充分满足了景观美学的要求。景观设计见图 5-2-18、图 5-2-19。

项目中，设计团队反对为设计而设计，明确“净污分管、开源节流”的设计目的，去掉与功能不相干的、刻意和不必要的设计形式和手段，去掉繁复的材料变化。由此，景观布局、绿地的细节设计、构造设计虽简洁却也包含着顺其自然的深刻含义，既符合了使用者行、观、停、游的需求，也顺应了水流、水净的自然规律。

在这里，因结构框架而在建筑立面形成的竖向分隔线、因延长径流游线而在雨水花园中出现的条石分隔线以及场地铺装的拼接线，三者形式呼应，连贯统一，以简单、纯粹的景观设计形式与建筑体有机融合，构建起完整的场地空间。道路边沟、雨落管下的砾石沟以及建筑前的雨水花园既在功能层面实现了建筑内外水系统的连接，同时也在空间塑造层面加强了建筑内外的空间渗透和视线沟通。场地施工图细节见图 5-2-20。

图 5-2-18 场地鸟瞰效果图

图 5-2-19 场地局部效果图（组图）

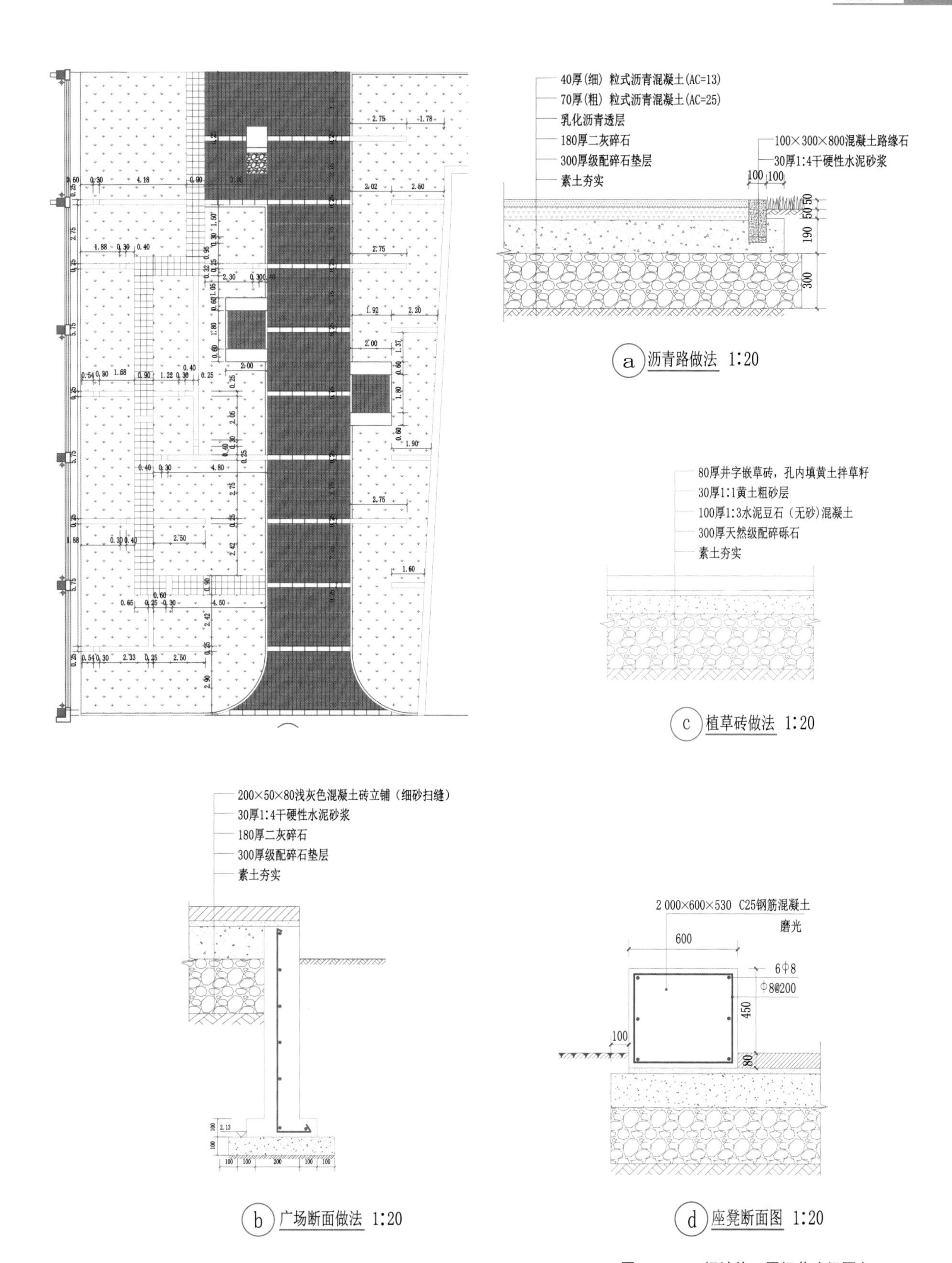

图 5-2-20　场地施工图细节（组图）

5.2.2.4 满足多重功能需求

整个项目中，不仅仅建筑舱体是一个用于进行空间、能耗、舒适度耦合关系研究的实验对象，其景观环境也是一个可用于生态化雨洪管理研究、水资源循环利用研究的监测观察对象。师生可根据实验（如雨水花园植物种类对水体净化效果研究、生物渗透池填料层填充物水质净化效率研究、水力停留时间与汇集路由关系研究等）观测目标的不同，对已有系统进行一定程度的改变、调整，因此该景观设计项目是一个实验性的景观。

5.2.2.5 案例总结

天津大学建筑空间环境实验舱景观设计是一个兼顾校园景观环境改善与教学科研需求的项目。一系列巧妙融入景观环境的水调控、水净化技术的应用，使得该项目成为不同于原始自然生态景观的人工生态化景观（图 5-2-21）。它以一种特有的艺术形象简洁大方地呈现出来，与建筑形式、使用者需求相契合。该项目成为生态化景观技术付诸实践的示范，在我国海绵城市建设乃至“美丽中国”的建设中发挥作用。

图 5-2-21 场地实景照片（组图）

5.2.3　天津大学老校区阅读体验舱景观设计

5.2.3.1　场地概况

天津大学建筑学院阅读体验舱是利用集装箱重新组合、拼接搭建起来的构筑物，建于原天津大学附属中学（简称“附中”）前广场西侧。由于天津大学附属中学迁出，操场（图 5-2-22）作为运动场地的功能需求明显减弱。为了充分利用校园空间，在原附中操场西侧、建筑学院本科教学楼对面修建了阅读体验舱（图 5-2-23、图 5-2-24），作为教学空间的延伸，丰富学生的阅读、

图 5-2-22 原天津大学附属中学操场

图 5-2-23 天津大学阅读体验舱效果图（由天津大学 AA 建筑创研工作室提供）

图 5-2-24 天津大学阅读体验舱平面图

自习空间。

阅读体验舱新颖独特的建筑形式、现代舒适的阅读交流空间，得到了师生的广泛好评。师生在此举办了形式多样的活动。但是建成后，经过几次降雨，阅读体验舱入口前区域积水问题突出（图 5-2-25），成为体验舱景观设计项目需要解决的主要问题之一。

阅读体验舱所在的原附中操场南低北高，场地水文环境简单、清晰。体验舱建成前，场地原有的产汇流过程为雨水径流向位于场地南侧边缘的雨水井汇集排出，汇流路径短、直，汇流速度快。据原附中的老师、学生回忆，以前场地无内涝积水问题。而体验舱落成后，由于其位于场地南侧正中，且东西跨度较大 (44.7m)，故场地原有自北向南的汇水路径被阻隔。排水路径不畅是阅读体验舱建成后门前积水的主要原因（图 5-2-26）。

图 5-2-25　阅读体验舱前的积水问题

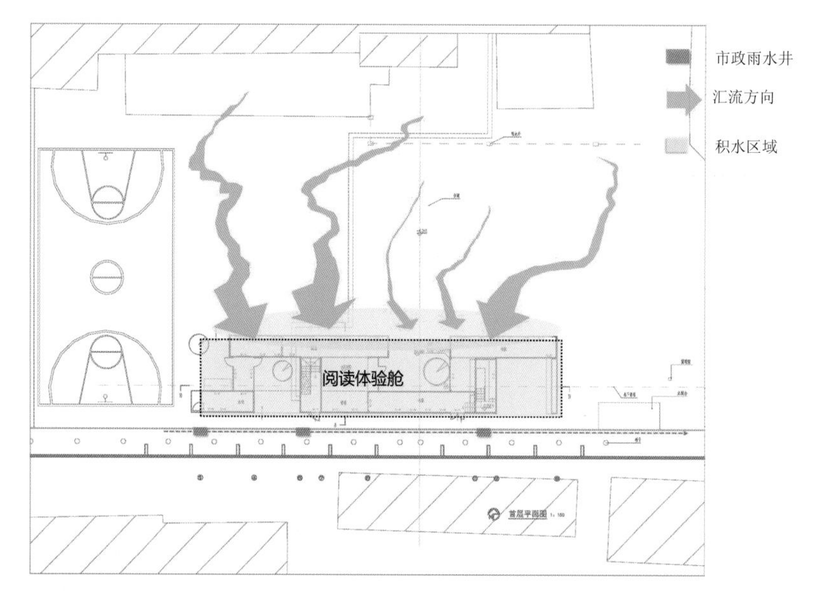

图 5-2-26　阅读体验舱前积水成因分析

不仅如此，阅读体验舱所在的西南汇水区的下垫面包括集装箱铁质屋面和操场胶皮面两种，均为硬质面，透水率为零，场地产流量大。为保障景观设计的科学合理性，项目前期研究团队对操场胶皮面下的构造做法进行现场勘测，得知阅读体验舱所在场地的下垫面为 4 层构造，自上向下为 8cm 厚胶皮层、15cm 厚沥青层、10cm 厚灰土层、15cm 厚砂石垫层以及自然土层。由此可知，要下挖近半米至自然土层，场地才可能实现自然下渗。

针对场地内涝积水的主要问题和下垫面透水性为零的不利因素，考虑体验舱前有举办全院公共活动的需求，因此阅读体验舱景观设计保留了舱前原有场地的开敞性和完整性，而选择在舱体至院墙的狭长空间中，充分利用低影响开发措施以及市政管网、排水管网等要素，集中设计了雨洪调蓄系统、废水与径流的污染控制系统、水资源再利用系统 3 个相互关联的子系统，通过灰绿基础设施的耦合，构建出兼具雨洪调控、净化径流功能的海绵体。同时，3 个子系统在体验舱的背侧创造出郊野氛围浓郁的半私密空间，与由废旧集装箱搭建起的创意阅读空间有机融合，作为室内阅读空间的外延，为需要诵读的学生、感到倦意的读者提供了一处更为自然、轻松的景观环境。海绵系统中的绿色要素（包括砾石沟、植物过滤带、潜流湿地、滞留池等）布局巧妙，它们或穿插于建筑的负空间中，或依傍于舱体一侧，不仅有效加强了建筑室内外空间的连贯性、整体性，而且通过不同景观形式的塑造，为阅读体验舱创造出充满趣味、变化的户外空间，明显提高了阅读环境的舒适度和多样性。

以《天津市海绵城市建设技术导则》中提到的天津市 85% 年径流总量所对应的 1 h 总降雨量 37.8mm 为场地降雨边界条件，计算模拟结果显示，该设计方案的实施一方面可以有效削减峰值径流流量，增建海绵系统后峰值流量仅为建设前的 37.6%；另一方面，该设计有效减缓了地面产汇流过程，增建海绵系统后峰值流量出现的时间较建设前滞后 75 min（图 5-2-27）；最后，在降雨总量方面，实现了对 10.6% 降雨总量的蓄滞再利用，雨洪调节能力明显。

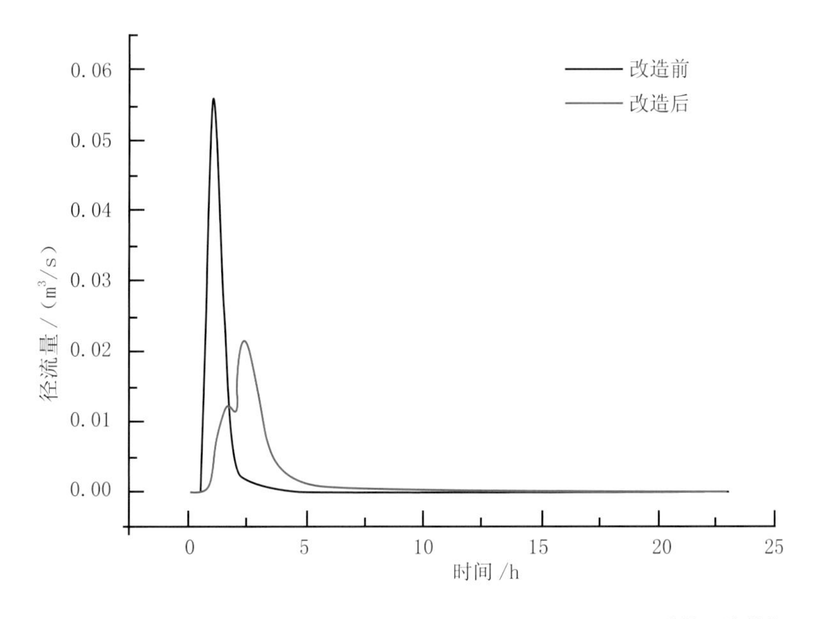

图 5-2-27　海绵系统效能

5.2.3.2　构建弹性的海绵系统——灰绿基础耦合设施

在该项目中，针对场地的雨洪内涝问题，结合场地的排水、用水需求，规划设计了涵盖雨洪调蓄系统、废水与径流的污染控制系统、水资源再利用系统的“海绵体”。

1. 雨洪管理系统

如前文所述，场地原为塑胶操场，地表与自然土层被胶皮、沥青、灰土等隔开，不透水层厚度近 50 cm，直接导致场地产流量大的问题。若大范围将场地下垫面更换为透水材质，虽能在一定程度上缓解场地积水的问题，但挖、填方工程量巨大，对场地破坏程度极高。鉴于场地的客观条件，面对降雨后不可避免的大量产流，利用雨水调蓄系统有序组织、管理雨水的汇流过程，成为项目的核心内容。

本项目中，雨水调蓄系统（图 5-2-28）包括环绕阅读体验舱一周的砾石沟、舱体背侧（南侧）与砾石沟并排的植物过滤带、场地墙缘的市政管网以及舱体东侧的原位修复湿地。由于阅读体验舱前的场地有举办室外活动如毕业典礼、庆祝活动等的功能需求，因此景观规划设计过程中充分保留了舱前场地规整、开敞的景观氛围，较为集中地利用舱体背侧与墙缘 5.6 m 空间规划雨水调控的绿色与灰色基础设施。海绵系统构成要素及布局见图 5-2-29。

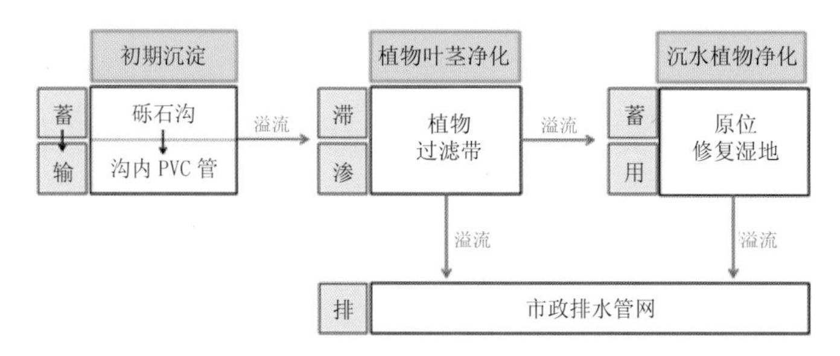

图 5-2-28　雨洪调蓄系统

砾石沟（图 5-2-29 细节 1）以建筑入口为界，分为两段，沟底分别向东、西两侧倾斜。来自舱前场地的雨水径流首先被收集进入填满砾石的沟内，沿坡降方向穿流于砾石缝隙中，同时得到初步沉淀过滤。北侧砾石沟内还布设有直径为 16 cm 的 PVC 多孔管，埋于沟底。填满砾石的沟渠与 PVC 多孔管的组合，虽然施工过程非常简单，却巧妙地实现了单项措施雨洪管理功能由蓄转排的自由切换。当降雨强度较小或处于一场降雨的初期，场地排水压力较小时，由于满填的砾石严重缩小了过流断面，径流在沟内的流速缓慢，主要以蓄积形式存留在沟内，表现为沟内水位不断抬升。而当降雨大且急或者经过一段降雨历时后，为了保障舱体前不积水，场地短时产生的大量径流则需快速地输导至舱后的调蓄空间，否则会由于排水不畅导致积水。管顶布孔的 PVC 管则满足了雨水径流管理方式随降雨强度的不同而改变的需求，即当沟内水位与 PVC 管管孔高度持平后，沟内径流转流入 PVC 管内，随后可被快速疏导至砾石沟南侧。

体验舱南侧砾石沟与植物过滤带并排布置（见图 5-2-29 细节 2），两者通过砾石沟外侧边壁上的凹槽实现水流的沟通。南侧砾石沟内未铺设多孔管，因此随着径流不断从北侧疏导过来，南侧沟内水位抬升，当其与边壁凹槽底高度持平时，雨水径流由砾石沟溢流至植物过滤带。植物过滤带宽为 1.00 m，4 段总长为 29.3 m，下凹 0.40 m。为保障过滤带内植物良好生长，施工过程中去除胶皮、沥青和灰土层，在原有砂石垫层的基础上覆土厚 0.08 m。受场地可利用空间约束，下凹的植物过滤带较窄，但滞、渗作用明显。径流经过植物一定程度的过滤净化后下渗，回补地下水，是对砾石沟蓄、输管理能力的有效补充。此外，植物过滤带既通过沿线布设的溢流槽与墙缘市政管网连通（图 5-2-29 细节 3），也在其东端通过一小段涵管与原位修复湿地连接，涵管底高程低

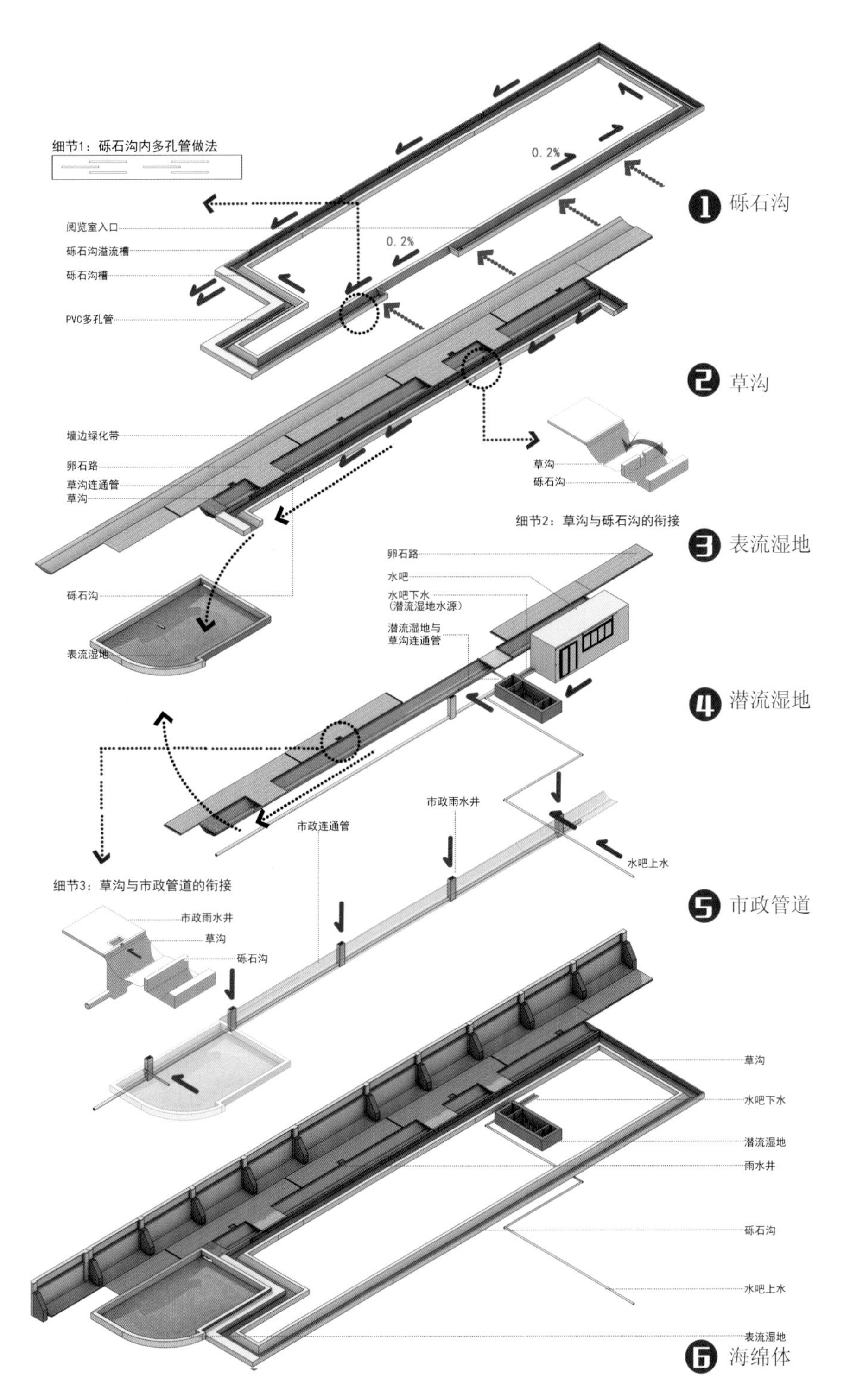

图 5-2-29 海绵系统构成要素及布局

于溢流槽底高程，因此常规情况下收集的过量径流可通过植物过滤带向终端湿地补水，而在超标降雨情况下，则可就近经过溢流槽向市政系统排水，保障安全。

2. 废水与径流的污染控制系统

本项目重点考虑了针对径流产生量的弹性化调控方式，同时也关注了水质对环境的影响，规划设计了仿自然过程的水体污染控制系统。该系统由潜流湿地、植物过滤带以及原位修复湿地 3 个模块构成。

潜流湿地位于体验舱水吧外侧的中庭空间内，承接水吧清洗餐具、水果等的废水，主要污染物包括碗盘油渍，洗涤剂所含的烷基磺酸钠、脂肪醇醚硫酸钠等，以及少量的食物残渣。潜流湿地从上游至下游包括配水池、水平潜流型人工湿地以及集水池 3 个要素。水吧排出的废水首先进入配水池预沉淀，去除大颗粒污染物。当水深达到进水管高度后，水体经进水管下游相连的穿孔布水管进入人工湿地进行净化。配水池内布设上游和下游两根穿孔布水管，两者对称布置，下游的高程较上游低 10 cm，两者均沿管长方向等距离钻有大小一致的圆孔。这样的构造可以有效实现湿地净水填料中水流的均匀化，保障出水水质。

水平潜流型湿地主要依靠植物的丰富根系、填料以及填料表面微生物形成的生物膜三者协同作用，对污水进行净化。在本项目中，除了采用常规的不同粒径级配的卵砾石层作为净水填料，还特别针对废水以油污为主要污染物的实际情况，在人工湿地的上游布置陶粒滤料层。用于水处理的陶粒滤料通常以黏土、页岩、粉煤灰、火山岩等为原料加工而成。针对油污问题，本项目采用的是粉煤灰净水陶粒，其在物理微观结构方面表现为粗糙多微孔、比表面积大、孔隙率高、强度高、耐摩擦、物化性能稳定、不向水体释放有毒有害物的特点。这些物理特性使得粉煤灰陶粒不仅吸附截污能力强，还特别适合微生物在其表面生长、繁殖，从而提高净水效率。另外，此类滤料空隙分布较为均匀，可克服因滤料层空隙分布不均匀而引起的水头损失大、易堵塞、板结的问题。湿地表层的植物选用耐寒喜湿的千屈菜。

与潜流湿地不同，植物过滤带与原位修复湿地均主要利用浸没在水中的植物叶、茎基部的生物膜完成水质净化。鉴于植物过滤带与原位修复湿地水文环境的明显差异，前者因间断有水，故主要选用耐湿亦耐旱的陆生植物如鸢尾、旱伞、菖蒲等起到过滤和初级净化的作用。而原位修复湿地则栽植了大量的沉水植物，包括狐尾藻、竹叶眼子菜、伊乐藻以及苦草。这些沉水植物作为初级生产者，能大量吸收水体、底泥中的氮、磷以及部分重金属元素。另外，由于沉水植物整个植株都浸没在水中，因此其光合作用产生的氧气可全部释放到水体中，增加水体的溶氧量，促进有机污染物和某些还原性无机物的氧化分解，从而起到净化水体的作用。

由此可见，项目规划设计了一套能模拟自然净化过程，由不同净水措施并、串联混合连接的污染控制系统。由于雨水径流与水吧废水的污染程度和污染物不同，污染控制系统上游采用并联模式，即水吧废水与收集的雨水径流分别连接两个独立运行的净水模块。废水流入水平潜流湿地集中去除油污、洗涤剂中的活性剂；被收集的雨水径流在植物过滤带上游段预沉淀，过滤大颗粒污染物。随着两种水体中待进一步净化物（以氮、磷为主）的趋同，污染控制系统下游采用串联方式，即均通过植物过滤带下游段汇入原位修复湿地进行最终的水质提升。

3. 水资源再利用系统

雨水径流和水吧排放的废水得到净化后，储存在原位修复湿地中，以坑塘景观形式存在，不仅结合水生、陆生植物的种植，在场地中塑造出一个自然、生态的水景观节点，而且通过提升泵的作用，储存其中的雨水。水资源再利用系统主要有两个用途：其一，用于植物灌溉，增加场地植物量；其二，作为消防储水，实现雨水资源、中水资源的循环再利用。

综上所述，基于场地透水率为零、原排水路径被阻隔的问题，规划设计的砾石沟、植物过滤带以及湿地作为LID措施发挥着雨洪调节典型的蓄、渗功能，可以实现小雨时场地雨水的自然积存、自然下渗。而整个雨水管理系统中，埋于砾石沟内的多孔管以及位于系统终端的场地原有市政管网则通过与LID绿色基础设施的耦合大大提高了整个雨水管控系统的“弹性”范围。PVC 管上的孔洞、砾石沟边壁、草沟边壁以及湿地的溢流槽均实现了雨洪调蓄系统功能由“蓄”到“排”的自由切换，使得场地即使面对超标降雨仍可避免内涝积水问题的出现。此外，规划设计不仅关注了从降雨、产流到坡面汇流的自然水文循环过程，还考虑到了体验舱从供水、用水到排水的人工水文循环过程，通过污染控制系统与雨水管理系统的巧妙结合，实现了场地水资源的循环再利用，构建起完整的海绵体（图 5-2-30、图 5-2-31）。

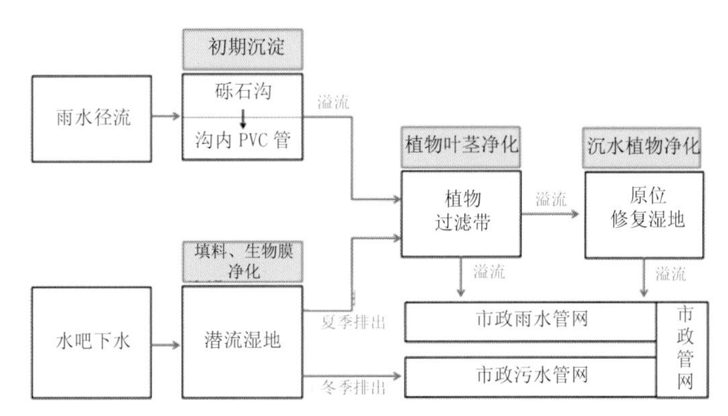

图 5-2-30　废水与径流的污染控制系统

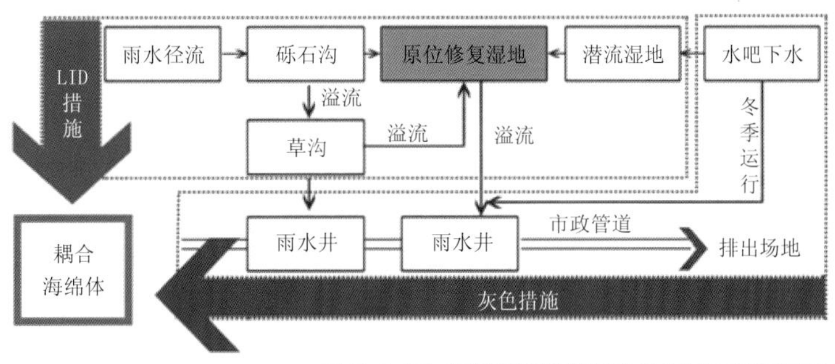

图 5-2-31　灰绿基础设施耦合的海绵系统运行模式

5.2.3.3 创造宜人的景观感受

由场地内涝积水问题引发的水环境改善与景观规划设计，既要重视对降雨的弹性管理与调节，又要将雨水视为场地环境中一种有趣的设计元素予以展示，使场地中的人可以看到、感受到雨水径流产生、汇集、溢流、传输以及停滞的完整过程。被雨水润湿的砾石呈现出比常态砾石更为黝黑的颜色，人们可以从砾石颜色的差异感受到沟内雨水的悄然流动，此情景与体验舱作为阅览空间的静谧氛围相呼应。

溢流槽的布设是决定雨水径流流动方向的重要因素，也是对雨水在不同调控措施之间游走痕迹的表露，使人们可以更为直观地看到系统及系统中各环节的运行，而溢流槽上下游高差的设计则赋予水体流态变化，为由植物过滤带、砾石沟、卵石路构筑而成的带状序列空间增添强烈的视觉吸引点。

带状空间终点处规划设计的湿地坑塘，对净化后的雨水和废水进行集中展示，结合驳岸设计和乡土植物种植，提供了一个可以亲水、观水、戏水的停留空间。

该景观规划设计项目很好地说明，消除雨洪影响的方式多种多样，但传统工程化、灰色的方式缺失审美和文化元素。而本方案则致力于将雨洪管理与读者服务有机结合，提供更舒适的景观体验（图 5-2-32）。

5.2.3.4 满足多重的功能需求

1. 雨洪管理与使用、审美需求的融合

本项目的规划设计十分注重场地功能的融合。如前文所述，项目场地原为操场，在增建以阅览、

图 5-2-32 实景照片（组图）

沙龙活动为主要功能的构筑物后，使用者对场地空间提出了新的功能要求，即在原有完全公共、开敞的场地中增加半私密性空间，满足学生、教师以及科研、办公人员户外休憩、思考以及交流的需求。鉴于体验舱前有举办全院公共活动的需求，因此规划方案保留了舱前原有场地的开敞性和完整性，而选择集中利用舱后侧与院墙所夹的带状空间，在实现雨洪管理功能的同时创造介于公共与私密之间的半私密空间。具体设计中，体验舱四周由宽 65 cm 的砾石沟围合；在雨洪调蓄方面，砾石沟收集、疏导建筑四周汇集的雨水径流；在空间塑造方面，连贯、满铺砾石的沟槽与地表暗红色橡胶材质形成明显对比，在略显混杂的旧有场地中简洁而有效地界定出体验舱的对外边界，强化了舱体整体性。特别是在舱体后仅 5.6 m 宽的带状空间中，砾石沟作为建筑体与景观绿化的过渡带，使集装箱这种强烈的城市人工景观与植物过滤带、墙缘的乡土花草景观有机结合起来。

规划设计充分利用了舱体背后空间，并使之与建筑的负空间、出入口、转折点等相结合，形成了功能多样、形式相异的自然湿地景观。其由规整、顺直的植物过滤带连接，在强化完整空间序列的同时，充实了视觉焦点，使通行步道与半私密的交流空间相融合。此外，设计人员充分利用原位修复湿地水面集中、挺水植物群落丰富的特点，将该湿地位置选择在体验舱转角区的大片落地窗前，形成室内外景色的互动沟通，使读者在体验舱内亦可感受到自然景观的舒适怡人。

2. 雨洪管理与海绵城市教学实验功能的融合

阅读体验舱的景观规划设计不仅满足了读者、师生对于阅读空间景观品质的要求，而且具有宣传海绵城市建设理念，促进师生、民众了解雨洪管理方法的示教作用，有助于在参访人中确立“雨洪管理与景观建设可同步实现”的观念。天津大学建筑学院风景园林系将该项目作为“海绵城市建构模式与效能评估”实验基地。为方便项目建成后的实验观测、数值采集，建设过程对部分措施的构造设计进行了改造。如砾石沟方面，专门用带孔钢板分隔出无砾石填充的监测段，底部下凹 3cm，便于多普勒流速仪取值等。同时，场地中安放了展示雨洪管理运行模式、功能的解说牌，一方面辅助教学，向学生展示低影响开发措施的功能和做法；另一方面作为原型实验基地，科研人员在雨季展开原型监测和相关科学实验，对海绵城市单项措施、措施组合系统进行效能分析评估。

5.2.3.5　多专业综合的景观规划设计方法

项目从设计到施工的完整过程均有来自景观规划设计、水利工程以及环境专业的研究人员和工程师的全程参与。场地的竖向设计、不同雨洪管理措施溢流口之间相对高程的设计，均通过设计师与施工人员在现场的反复推敲试验确定，以保障 LID 措施间的沟通优先于其向市政管网的溢流。环境工程师针对水吧废水的污染物特点对潜流湿地内填料的材料和比例进行了针对性调整。

特别是该项目还引入 SWMM 模型（Storm Water Management Model，暴雨洪水管理模型），通过对场地建设前后水文环境（产汇流过程）的模拟比较，辅助景观设计方案的形成。SWMM 模型是美国环境保护署开发的一种动态的降水－径流模拟模型，可得到径流水量和水质的短期或连续性结果。本项目中，根据场地平面竖向及管网图，将相关区域共划分子汇水区 124 个、铰点 17 个、管段 21 个、分流器 4 个、出水口 1 个。场地 SWMM 模型界面如图 5-2-33 所示，包含黑色方点的几何形网格为各子汇水区，黑色方点为其所在子汇水区的几何中心；图下边界处的黑点为管道节点；黑色粗实线为管段。

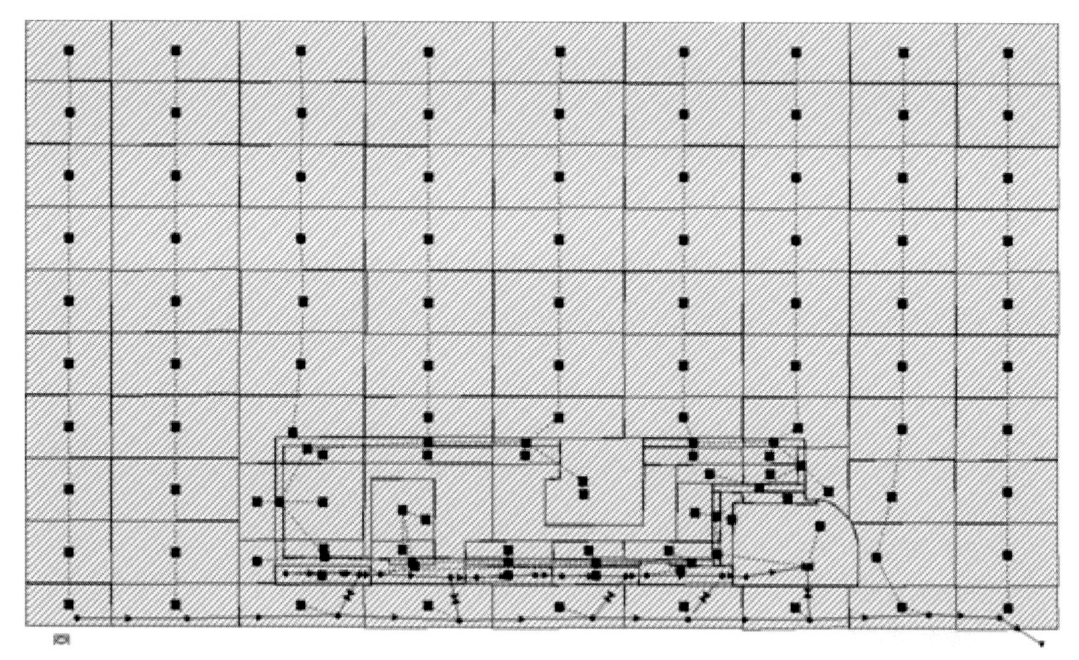

图 5-2-33 场地 SWMM 模型界面

对于模型中参数的选择，面积和特征宽度从 SWMM 模型底图中量取；坡度根据实测数值取 0.02%；透水率根据场地实际情况取值为 0；模型中各节点内底相对标高根据坡度确定；管道设定了两种类型，一类为南侧边缘的圆形管道，根据地下管网资料确定内径值，曼宁系数取 0.01；另一类为场地排水层，模型将其概化为矩形明渠，曼宁系数为 0.01。

模拟计算结果显示，海绵体建设前体验舱前积水深度为 1.5 ～ 2.0 cm，需要 12 h 左右减退为零。该模拟数值与现场观测值相吻合。海绵体建设后，在降雨总量方面，实现对 10.6% 降雨总量的蓄滞再利用，中小强度降雨不积水。

将基于计算模拟的定量分析方法引入海绵城市景观规划设计中，可为规划设计方案提供重要参考，便于设计师根据场地问题和项目目标对方案进行及时调整，保障规划设计方案中雨洪管理功能的有效性和达标性。

5.2.3.6 案例总结

天津大学阅读体验舱景观建设项目是海绵城市建设理念和相关措施在约束性较强的场地上进行巧妙运用、合理统筹的一个典型案例。项目用地规模虽仅为 290.5 m²，但以小见大，关注了人工水循环系统与自然水循环系统的结合，强调了灰色与绿色基础设施的耦合叠加，并在较强场地约束的条件下（场地下垫面渗透性为零、可利用空间有限）将雨洪管理功能巧妙地与场地景观营造有机融合，构建起既可满足师生阅读、交流、休憩等需求，又可解决场地积水问题，实现水资源循环利用的海绵系统，对我国城市旧城区雨洪系统的改造提升具有启发和借鉴作用。

参考文献

REFERENCE

[1] 王林，周浩．森林城市、海绵城市、智慧城市的理论研究现状分析 [J]. 江西建材，2019(8): 3-5.

[2] 王红瑞，钱龙霞，赵自阳，等．水资源风险分析理论及评估方法 [J]. 水利学报，2019(8): 980-989.

[3] 刘家宏，李泽锦，张颖春，等．基于城市水文模型的海绵城市智慧管控 [J]. 水利水电技术，2019, 50(9): 1-9.

[4] 王焱，曹磊，沈悦．海绵城市建设背景下的景观设计探索：记天津大学新校区景观设计 [J]. 中国园林，2019, 35(4): 112-116.

[5] 蒋冬林．浅析海绵城市智慧低碳在城市公园建设中的应用：以天河智慧城智慧水系（东部水系）连通一期工程为案例 [J/OL]. 低碳世界，2019(7)[2019-11-15]. https://doi.org/10.16844/j.cnki.cn10-1007/tk.20190729.008.

[6] 杨潇，杨童治．西安市智慧水利与海绵城市建设耦合体系探讨 [J]. 地下水，2019, 44(4): 87-89.

[7] 杨帆，韩晶，肖羽．SWAT 模型在缺资料地区的应用：以高明河为例 [J]. 人民珠江，2019, 40(7): 24-29.

[8] 钟凯，肖林，王晓强，等．BIM 技术在玉溪海绵城市建设中的应用 [J]. 中国给水排水，2019, 35(12): 108-111.

[9] 顾大治，罗玉婷，黄慧芬．中美城市雨洪管理体系与策略对比研究 [J]. 规划师，2019, 35(10): 81-86.

[10]Sasaki 事务所．以健康理念出发：戴尔医学区景观设计 [J]. 风景园林，2019, 26(5): 50-54.

[11] 侯蕾．北方水资源短缺流域生态 – 水文响应机制研究 [D]. 北京：中国水利水电科学研究院，2019.

[12] 况劲芳，刘燕，程晓波．从中西方校园历史背景探究中美校园规划发展模式的不同 [J]. 现代园艺，2019(8): 232-233.

[13] 姜涛，屈雯雯，HASSAN A. 美国大学雨洪管理中的非结构性措施初探 [J]. 中国水利，2019(7): 57-60.

[14] 周格格．智慧化海绵城市建设路径探讨：以池州市为例 [J]. 农家参谋，2019(7): 286-287.

[15] 梅超．城市水文水动力耦合模型及其应用研究 [D]. 北京：中国水利水电科学研究院，2019.

[16] 韦静．生态优先，让智慧城市更宜居 [J]. 中国生态文明，2018(S1): 75-77.

[17] 李宏伟，叶盛，李光辉．海绵城市智慧管控平台设计研究：用新一代信息技术提升海绵城市管理能力 [C]// 中国城市科学研究会，中国城镇供水排水协会，重庆市住房和城乡建设委员会，等．2018 第十三届中国城镇水务发展国际研讨会与新技术设备博览会论文集．北京：北京邦蒂会务有限公司，2018:5.

[18] 张净，程冬平，蒋礼兵，等．基于物联网的海绵城市水雨情智慧监管系统研究 [J]. 信息技术，2018(11): 5-9, 14.

[19] 王荷池．南京近代教育建筑研究（1840—1949）[D]. 南京：东南大学，2018.

[20] 王秋菲，唐冰洁，栾丹 . 沈阳市海绵城市的建设研究：以沈阳建筑大学海绵校园改造为例 [J]. 资源节约与环保，2018(9): 133.

[21] 古润竹，陈力，丁磊 . 美国雨水 BMP 评估体系对我国海绵城市建设的借鉴 [J]. 给水排水，2018, 54(S2): 115-120.

[22] 胡宏 . 基于绿色基础设施的美国城市雨洪管理进展与启示 [J]. 国际城市规划，2018, 33(3): 1-2.

[23] 陈厚霖 . 历史文脉在高校校门设计中的应用研究 [D]. 株洲：湖南工业大学，2018.

[24] 王玮，王浩，田晓冬，等 . 基于海绵校园背景下校园景观设计研究：以南京林业大学景观设计为例 [J]. 中国园林 ,2018, 34(6): 65-69.

[25] 伍祯 . 北京交通大学海绵校园景观规划设计研究 [D]. 北京：北京交通大学，2018.

[26] 李清 . 基于“海绵城市”理念下的绿色校园设计 [J]. 建材与装饰，2018(24): 56-57.

[27] 李小帅 . 理查德・哈格的生态景观设计研究 [D]. 长春：吉林建筑大学，2018.

[28] 徐建刚，张翔，林蔚，等 . 流域视角下的智慧型海绵城市规划减灾效应评估方法研究 [J]. 城市建筑，2018(15): 17-21.

[29] 曹玮，王晓春，张羽 . 基于 SITES 的美国小尺度雨洪管理景观设计：以乔治华盛顿大学 Square 80 广场为例 [J]. 华中建筑，2018, 36(5): 22-27.

[30] 冯都喜 . 海绵城市技术导向下的住区绿地系统参数化设计方法研究 [D]. 重庆：重庆大学，2018.

[31] 牛洪刚 . 智慧海绵城市监测系统与平台设计及研究 [J]. 铁道建筑技术，2018(4): 37-40.

[32] 姜涛，李姝，陈其兵 . 美国大学校园总体规划文件中的雨洪管理初探 [J]. 广东园林，2018, 40(2): 41-44.

[33] 姜涛，李念，鄢晓洵，等 . 美国高校雨洪管理专项规划文件内容初探 [J]. 中国水利，2018(7): 37-39, 43.

[34] 苏林 . 基于智慧水务的呼和浩特市供排水信息系统改进 [D]. 呼和浩特：内蒙古大学，2018.

[35] 徐锦志 . 基于物联网的海绵城市水雨情测控系统的设计与实现 [D]. 镇江：江苏大学，2018.

[36] 时惠来，林中杰 .“上善若水”：昆山杜克大学生态景观设计 [J]. 建筑学报，2018(3): 94-100.

[37] 苏锋 . BIM 技术在小寨海绵城市全生命周期工程建设应用 [J]. 水利规划与设计，2018(2): 19-22, 44.

[38] 刘海龙 . 清华校园生态景观的建成后评估：以胜因院为例 [J]. 住区，2018(1): 96-101.

[39] 张彧，杨冬冬，曹磊 . 基于城市生态化雨洪管理的径流污染控制措施优化方法研究 [J]. 现代城市研究，2018(2): 9-15.

[40] 樊志红 . 智慧型海绵城市的探讨与展望 [J]. 中国水运（下半月），2018,18(2): 197-198.

[41] 龚玲玲，吕宇航，张咏，等 . 智慧化海绵园区在世博城市最佳实践区的实践与展望 [J]. 上海节能，2017(12): 688-691.

[42] 裴力 . 海绵城市建设下的广州天河智慧城核心区城市绿地规划设计研究 [D]. 广州：华南理工大学，2017.

[43] 姜宇逍 . 雨洪防涝视角下韧性社区评价体系及优化策略研究 [D]. 天津：天津大学，2018.

[44] 董金凯，孟青亮，冯力文 . 智慧海绵系统的总体架构与关键技术初探 [J]. 智能城市，2017, 3(12): 19-21.

[45] 陈静 . 绿色生态校园的建筑设计分析 [J]. 建材与装饰，2017(45): 85-86.

[46] 张尚义，阳妍，邵知宇，等 . 美国洪水风险地图编制技术分析及对我国的启示 [J]. 中国给水排水，2017, 33(21): 124-128.

[47] 张彧，杨冬冬，曹磊 . 雨洪管理设施管理维护方法研究：以天津大学阅读体验舱为例 [J]. 风景园林，2017(10): 93-100.

[48] 孙硕，祝明建，徐天然 . 基于海绵城市理念的校园景观规划设计研究：以北京交通大学为例 [J]. 华中建筑，2017,

35(10): 109-114.

[49] 应验，刘红波．协同性与智慧化：海绵城市建设的路径选择——基于深圳的实践 [J]. 城市建筑，2017(27): 49-52.

[50] 杨冬冬，曹磊，赵新．灰绿基础设施耦合的“海绵系统”示范基地构建：天津大学阅读体验舱景观规划设计 [J]. 中国园林，2017, 33(9): 61-66.

[51] 李力，丁琨，范卓越，等．海绵城市下的高校“海绵校园”建设 [J]. 长江大学学报（自然科学版），2017, 14(17): 32-38, 4-5.

[52] 曾颖．水生态在空间与时间维度上的塑造　昆山杜克大学校园作为微型海绵城市设计的解析 [J]. 时代建筑，2017(4): 52-57.

[53] 刘姝慧，张永年．面向智慧城市的泉州微空间设计研究 [J]. 美术大观，2017(7): 102-103.

[54] 李婷睿．基于海绵城市理念的智慧水务应用研究 [J]. 给水排水，2017, 53(7): 129-135.

[55] 刘晖，吴小辉，李仓拴．生境营造的实验性研究（二）: 场地生境类型划分与分区 [J]. 中国园林，2017, 33(7): 46-53.

[56] 魏巍．国家示范性绿色校园建设策略研究：以天津大学北洋园校区为例 [J]. 建设科技，2017(12): 25-29.

[57] 王晓玲，安春生．我国新型城镇化发展的对策建议 [J]. 宏观经济管理，2017(6): 66-70.

[58] 黄艺璇．基于生态显露的严寒地区校园雨水花园设计研究 [D]. 北京：北京交通大学，2017.

[59] 孙硕．基于海绵城市理念的校园景观规划设计研究 [D]. 北京：北京交通大学，2017.

[60] 张梦雅．高校校园雨水景观设计研究 [D]. 长春：东北师范大学，2017.

[61] 王墨．应对气候变化和城市发展的城市雨洪管控模式研究 [D]. 福州：福建农林大学，2017.

[62] 包莹，王静，丘建发，等．“两观三性”视野下的以色列校园建筑生态策略分析 [J]. 动感（生态城市与绿色建筑），2017(2): 36-41.

[63] 周耀，张吉庆．海绵城市背景下的绿色校园景观设计初探 [J]. 设计，2017(9): 36-37.

[64] 张毅川．海绵城市导向下绿地典型下垫面的雨水特征及优化 [D]. 武汉：武汉大学，2017.

[65] 安喆．武汉市暴雨内涝灾害风险评估和预警机制 [D]. 武汉：武汉大学，2017.

[66] 李夏蓓．山西近代教育建筑的发展研究 [D]. 太原：太原理工大学，2017.

[67] 贺娟茹．智慧城市项目 PPP 模式的应用研究 [D]. 成都：西南石油大学，2017.

[68] 张金．智慧海绵在城市建设中的应用 [J]. 智能城市，2017, 3(4): 90.

[69] 刘骁．湿热地区绿色大学校园整体设计策略研究 [D]. 广州：华南理工大学，2017.

[70] 赵印．智慧城市排水管网（内涝）云服务系统设计及监测点优化布置 [D]. 广州：华南理工大学，2017.

[71] 刘世皎，魏征．大学文化视域下校园规划建设的思考 [J]. 西北工业大学学报（社会科学版），2017, 37(1): 92-95.

[72] 刘晖，王晶懋，吴小辉．生境营造的实验性研究 [J]. 中国园林，2017, 33(3): 19-23.

[73] 仇保兴．国务院参事仇保兴：打造更具“弹性”的“海绵城市”[J]. 建筑设计管理，2017, 34(2): 1,4.

[74] 方世南，戴仁璋．海绵城市建设的问题与对策 [J]. 中国特色社会主义研究，2017(1): 88-92,99.

[75] 谢刚．海绵城市网格智慧型雨水利用及管理系统原理和特点 [J]. 建设科技，2017(1): 24-26.

[76] 向祥林．城市防洪排涝系统建设研究 [D]. 杭州：浙江大学，2017.

[77] 武中阳．基于雨洪系统模拟的海绵型校园设计策略研究 [D]. 哈尔滨：哈尔滨工业大学，2017.

[78] 邬尚霖．低碳导向下的广州地区城市设计策略研究 [D]. 广州：华南理工大学，2016.

[79] 王少谷，许章华，孙斌，等．基于 GIS 的校园道路景观质量评价 [J]. 海峡科学，2016(11): 3-8.

[80] 王星．低影响开发下海绵校园景观规划策略及评价：以华中科技大学为例 [C]// 中国风景园林学会．中国风景园林学会 2016 年会论文集．南宁：中国风景园林学会，2016: 135-140.

[81] 叶露莹，吴东，薛秋华．基于海绵城市视角下的生态校园建设 [J]. 重庆工商大学学报（自然科学版），2016, 33(4): 43-47.

[82] 徐进，陈则睿．基于"海绵城市"理念下的校园景观规划设计探讨 [J]. 山西建筑，2016, 42(22): 5-6.

[83] 唐双成．海绵城市建设中小型绿色基础设施对雨洪径流的调控作用研究 [D]. 西安：西安理工大学，2016.

[84] 刘萍．基于 RS 的太原城区水生态系统服务价值研究 [D]. 太原：太原理工大学，2016.

[85] 梁闾．基于场地生境类型划分的校园绿地小气候效应研究 [D]. 西安：西安建筑科技大学，2016.

[86] 王星岩．北京市大学校园绿化空间的生态化设计研究 [D]. 呼和浩特：内蒙古农业大学，2016.

[87] 朱伟伟．海绵城市评价指标体系构建与实证研究 [D]. 杭州：浙江农林大学，2016.

[88] 卢倚天．基于规划文件分析的当代美国大学校园动态更新规划设计方法初探 [D]. 广州：华南理工大学，2016.

[89] 邵妙馨．基于"海绵城市"理念下雨水可持续利用的高校校园景观营造研究 [D]. 西安：长安大学，2016.

[90] 吴亚男．基于 SWMM 的海绵城市径流总量控制指标分解及验证 [D]. 西安：西安建筑科技大学，2016.

[91] 束方勇．基于水文视角的重庆市海绵城市规划建设研究 [D]. 重庆：重庆大学，2016.

[92] 吴羽．关于海绵城市建设模式的实践研究 [D]. 杭州：浙江工业大学，2016.

[93] 倪丽丽．北方典型城市暴雨内涝灾害规划防控研究 [D]. 天津：天津大学，2016.

[94] 刘海龙．海绵校园：清华大学景观水文设计研究 [J]. 城市环境设计，2016(2): 134-141.

[95] 袁媛．基于城市内涝防治的海绵城市建设研究 [D]. 北京：北京林业大学，2016.

[96] 林伟斌．基于 SUSTAIN 模型的校园雨洪管理措施规划研究 [D]. 福州：福建农林大学，2016.

[97] 李运杰，张弛，冷祥阳，等．智慧化海绵城市的探讨与展望 [J]. 南水北调与水利科技，2016, 14(1): 161-164, 171.

[98] 张益章．基于低影响开发的景观规划设计 [D]. 北京：清华大学，2015.

[99] 刘玉龙，王宇婧．中小学绿色校园设计策略 [J]. 建筑技艺，2015(9): 76-79.

[100] 毛彬．美国大学校园道路交通景观设计探析 [J]. 华中建筑，2015, 33(9): 117-120.

[101] 魏惠荣，张静，李晓芳．兰州某高校校园内涝问题研究 [J]. 环境科学与管理，2015, 40(7): 51-53.

[102] 王文亮．基于多目标的城市雨水系统构建技术与策略研究 [D]. 北京：中国地质大学，2015.

[103] 王诗鑫．城市公园中雨洪管理系统设计研究 [D]. 北京：北京建筑大学，2015.

[104] 刘晖，李莉华，董芦笛，等．生境花园：风景园林设计基础中的实践教学 [J]. 中国园林，2015, 31(5): 12-16.

[105] 孟岭超．基于"海绵城市"理念下的城市生态景观重塑研究 [D]. 郑州：河南大学，2015.

[106] 刘勇，张韶月，柳林，等．智慧城市视角下城市洪涝模拟研究综述 [J]. 地理科学进展，2015, 34(4): 494-504.

[107] 宋珊珊．基于低影响开发的场地规划与雨水花园设计研究 [D]. 北京：北京林业大学，2015.

[108] 王雅．基于校园场地特征的多功能雨洪管控技术研究 [D]. 福州：福建农林大学，2015.

[109] 卞素萍．国外大学校园绿化景观的塑造及借鉴 [J]. 江苏农业科学，2015, 43(2): 190-194.

[110] 李帅杰，谢映霞，程晓陶．城市洪水风险图编制研究：以福州为例 [J]. 灾害学，2015, 30(1): 108-114.

[111] 王宵阳．绿色建筑理念下生态校园建筑设计分析 [J]. 硅谷，2014, 7(19): 186,194.

[112] 高艳英．集美学村的空间发展及其对大学城建设的启示 [D]. 泉州：华侨大学，2014.

[113] 朱斌，骆永锋．高校改建项目下的校园道路景观评价 [J]. 安徽农业科学，2014, 42(9): 2625-2626.

[114] 刘宁 . 大学园区对城市发展的影响研究 [D]. 上海 : 华东师范大学 , 2014.

[115] 刘家琳 . 基于雨洪管理的节约型园林绿地设计研究 [D]. 北京 : 北京林业大学 , 2013.

[116] 张婷婷 . 基于低影响发展理念的校园设计：以辽宁公安司法管理干部学院新校区为例 [J]. 园林 , 2013(5): 43-47.

[117] 常俊丽 . 中西方大学校园景观研究 [D]. 南京 : 南京林业大学 , 2013.

[118] 常俊丽 , 王浩 . 西方古代大学校园形成及景观特色 [J]. 金陵科技学院学报 (社会科学版), 2012, 26(3): 58-62.

[119] 黎小龙 . 雨洪管理目标下的城市公园规划设计研究 [D]. 武汉 : 华中农业大学 , 2012.

[120] 刘建现 . 基于文脉思想的美国高校校园景观文化研究 [D]. 重庆 : 重庆大学 , 2012.

[121] 俞孔坚 , 张慧勇 , 文航舰 . 生态校园的综合设计理念与实践：辽宁公安司法管理干部学院新校区设计 [J]. 建筑学报 , 2012(3): 13-19.

[122] 洪泉 , 唐慧超 . 从美国风景园林师协会获奖项目看雨水花园在多种场地类型中的应用 [J]. 风景园林 , 2012(1): 109-112.

[123] 海佳 . 基于共生思想的可持续校园规划策略研究 [D]. 广州 : 华南理工大学 , 2011.

[124] 叶庆 , 狄建明 , 李霞 . 海河教育园区的规划与建设研究 [J]. 天津职业院校联合学报 , 2011, 13(6): 3-8.

[125] 花弦 . 高校校园景观的文化表现 [D]. 南京 : 南京林业大学 , 2011.

[126] 王扬 , 窦建奇 . 大学教育理念与大学校园发展历史沿革 [J]. 华中建筑 , 2011, 29(1):127-132.

[127] 张秀芹 . 天津市重要城市规划事件及规划思想研究 [D]. 天津 : 天津大学 , 2010.

[128] 周梦佳 , 蔡平 . 中外校园景观的历史回顾与当代思考 [J]. 南方农业 (园林花卉版), 2010, 4(4): 49-52.

[129] 王超 . 以适宜生态设计策略为指导的大学校园规划 [D]. 济南 : 山东建筑大学 , 2010.

[130] 李芳 . 生态理念下的大学校园景观设计研究 [D]. 长沙 : 中南大学 , 2009.

[131] 刘万里 . 大学校园空间的文化性研究 [D]. 哈尔滨 : 哈尔滨工业大学 ,2009.

[132] 刘涛 . 高校数字化校园平台建设探索与思考 [J]. 现代教育技术 , 2009, 19(S1): 99-101， 123.

[133] 朱绚绚 . 大学校园景观的整体设计 [D]. 重庆 : 重庆大学 , 2009.

[134] 陈晓恬 . 中国大学校园形态演变 [D]. 上海 : 同济大学 , 2008.

[135] 崔萌 . 生态校园的指标体系、评价方法及环境教育的研究 [D]. 天津 : 天津大学 , 2007.

[136] 陈守珊 . 城市化地区雨洪模拟及雨洪资源化利用研究 [D]. 南京 : 河海大学 , 2007.

[137] 杨艺红 . 高校绿地景观文化研究 [D]. 南京 : 南京林业大学 , 2006.

[138] 张国祯 . 建构生态校园评估体系及指标权重 [D]. 上海 : 同济大学 , 2006.

[139] 冯刚 . 中国当代大学校园规划设计分析 [D]. 天津 : 天津大学 , 2005.

[140] 龙岳林 , 甘德欣 , 周晨 , 等 . 湖南农业大学生态校园规划设计 [J]. 湖南农业大学学报 (自然科学版), 2005(2): 173-176.

[141] 窦强 . 生态校园：英国诺丁汉大学朱比丽分校 [J]. 世界建筑 , 2004(8): 64-69.

[142] 臧树良 , 陶飞 . 生态校园探析 [J]. 辽宁大学学报 (哲学社会科学版), 2004(4): 21-25.

[143] 张健 . 欧美大学校园规划历程初探 [D]. 重庆 : 重庆大学 , 2004.

[144] 万里鹏 , 陈雅 , 郑建明 . 中国高校数字化校园建设与思考 [J]. 情报科学 , 2004(3): 356-362.

[145] 秦华茂 . 美国当代园林的发展历程研究 [D]. 南京 : 南京林业大学 , 2003.

[146] 包小枫 , 张轶群 , 荣耀 . 生态的校园 诗意的空间：四川大学双流新校区与厦门大学漳州新校区规划设计 [J].

城市规划汇刊 , 2002(2): 14-16.

[147] 王海蒙 . 保护历史环境寻找发展方向：东南大学本部校区校园规划 [J]. 南方建筑 , 2002(1): 54-56.

[148] 洪泉 , 唐慧超 . 从美国风景园林师协会获奖项目看雨水花园在多种场地类型中的应用 [J]. 风景园林 ,2012(1):109-112.

[149] 杨布生 , 彭定国 . 中国书院与传统文化 [M]. 长沙 : 湖南教育出版社 , 1992: 162-268,183-188.

[150] 玛格丽丝 , 罗宾逊 . 生命的系统 [M]. 大连 : 大连理工大学出版社 , 2009.

[151] 布思 . 风景园林设计要素 [M]. 北京 : 中国林业出版社 ,1989.

[152] 傅抱璞 . 小气候学 [M]. 北京：气象出版社 ,1997.

[153] 西蒙 . 景观设计学：场地规划与设计手册 [M]. 北京 : 中国建筑工业出版社 , 2000.

[154] 斯蓝尼 . 海绵城市基本基础设施雨洪管理手册 [M]. 潘潇潇 , 译 . 桂林 : 广西师范大学出版社 , 2017.

[155] 庞伟 . 海绵城市理论与实践 [M]. 沈阳 : 辽宁科学技术出版社 , 2017.

[156]ZHANG S J, XIAO T Q. Building information modeling and sustainable architecture design analysis[C]//International Conference on Advanced Information and Communication Technology for Education, 2013: 758-760.

[157]EEB. The economics of ecosystems and biodiversity for water and wetlands[EB/OL]. (2013-02-01)[2014-02-27]. http://www.teebweb.org/publication/the-economics-of-ecosystems-and-biodiversity-teeb-for-water-and-wetlands.

[158]DELETIC A B, MAKSIMOVIC C T. Evaluation of water quality factors in storm runoff from paved areas[J]. Journal of environmental engineering, 1998, 124(9): 869-879.

[159]STERN D N, MAZZE E M. Federal water pollution control act amendments of 1972[J]. American business law journal, 1974, 12(1): 81-86.

[160]GROMAIRE M C, GARNAUD S, SAAD M, et al. Contribution of different sources to the pollution of wet weather flows in combined sewers[J]. Water research, 2001, 35(2): 521-533.

[161]JENNINGS D B, JARNAGIN S T. Changes in anthropogenic impervious surfaces, precipitation and daily streamflow discharge: a historical perspective in a mid-Atlantic subwatershed[J]. Landscape ecology, 2002, 17(5): 471-489.

[162]WEITMAN D. Reducing stormwater costs through LID strategies and practices[C]//The U.S. Environmental Protection Agency. 2008 International Low Impact Development Conference, Washington, 2008.

[163]U.S. Green Building Council. LEED reference guide for green building design and construction[M]. Washington: U.S. Green Building Council, 2009: 2.

[164]SCHLUTER W, CHRIS J. Modelling the outflow from a porous pavement[J]. Urban water, 2002, 4(3): 245-253.

[165]YEZIORO A, CAPELUTO I G, SHAVIV E. Design guidelines for appropriate insolation of urban squares[J]. Renewable energy, 2006,31(7): 1011-1023.

[166]COHEN P, POTCHTER O,MATZARAKIS A. Daily and seasonal climatic conditions of green urban open spaces in the Mediterranean climate and their impact on human comfort[J]. Building and environment, 2012, 51: 285-295.

[167]GóMEZ F, CUEVA A P, VALCUENDE M, et al. Research on ecological design to enhance comfort in open spaces of a city (Valencia, Spain). Utility of the physiological equivalent temperature (PET)[J]. Ecological engineering,

2013, 57: 27-39.

[168]LENZHOLZER S, KOH J. Immersed in microclimate space: microclimate experience and perception of spatial configurations in Dutch squares[J]. Landscape and urban planning, 2010, 95(1-2): 1-15.

[169]SANTAMOURIS M, GAITANI N, SPANOU A, et al .Using cool paving materials to improve microclimate of urban areas：design realization and results of the Flisvos project[J]. Building and environment, 2012, 53: 128-136.

[170] WOOD C R, PAUSCHER L, WARD H C, et al. Wind observations above an urban river using a new lidar technique, scintillometry and anemometry[J]. Science of the total environment, 2013, 442: 527-533.

[171]OLSEN N R B. Closure to "Three-dimensional CFD modeling of self-forming meandering channel" by Nils Reidar B. Olsen[J]. Journal of hydraulic engineering, 2004, 130(8): 838-839.